电子通信行业职业技能等级认定指导丛书

计算机及外部设备装配调试员（初、中、高级工）指导教程

工业和信息化部教育与考试中心 组 编
张 雪 陈良生 刘 可 主 编
周 昕 陈 磊 时 巍 史迎新 李建光 林 喆 吕明珠 副主编
崔立民 冯 宇 刘 丽 参 编
贾英姿 苏连贺 主 审

電子工業出版社
Publishing House of Electronics Industry
北京•BEIJING

内 容 简 介

本书以《计算机及外部设备装配调试员国家职业技能标准》为依据，紧紧围绕“以职业活动为导向，以职业技能为核心”的理念编写，力求突出职业技能培训特色，满足职业技能培训与鉴定考核的需要。

本书详细介绍了计算机及外部设备装配调试员（初、中、高级工）应掌握的相关知识和能力要求，共分为上、下两篇。上篇为理论基础，主要介绍职业道德与职业守则、电子电路及机电一体化技术基础、计算机知识、计算机外部设备及网络设备、安全生产知识、相关法律法规及标准规范等相关理论知识。下篇为技术实训，包括组装计算机、Windows 操作系统安装与配置、电子产品检验、产品包装、计算机网络设备、培训与指导 6 个项目，以任务分解的形式指导学生进行实训项目的演练，具有很强的可操作性。

本书可作为参加计算机及外部设备装配调试员（初、中、高级工）职业技能培训与鉴定考核的教材，也可作为相关人员参加在职培训、岗位培训的参考书。

图书在版编目（CIP）数据

计算机及外部设备装配调试员（初、中、高级工）指导教程 / 工业和信息化部教育与考试中心组编. —北京：电子工业出版社，2020.12

ISBN 978-7-121-40202-9

Ⅰ. ①计… Ⅱ. ①工… Ⅲ. ①电子计算机－职业技能－鉴定－教材②电子计算机－外部设备－职业技能－鉴定－教材 Ⅳ. ①TP3

中国版本图书馆 CIP 数据核字（2020）第 247985 号

责任编辑：蒲　玥　　　　特约编辑：田学清
印　　刷：河北鑫兆源印刷有限公司
装　　订：河北鑫兆源印刷有限公司
出版发行：电子工业出版社
　　　　　北京市海淀区万寿路 173 信箱　　　邮编：100036
开　　本：787×1 092　1/16　印张：19.75　字数：505.6 千字
版　　次：2020 年 12 月第 1 版
印　　次：2024 年 7 月第 14 次印刷
定　　价：59.80 元

凡所购买电子工业出版社图书有缺损问题，请向购买书店调换。若书店售缺，请与本社发行部联系，联系及邮购电话：（010）88254888，88258888。

质量投诉请发邮件至 zlts@phei.com.cn，盗版侵权举报请发邮件到 dbqq@phei.com.cn。

本书咨询联系方式：（010）88254485，puyue@phei.com.cn。

前　言

当今世界，科学技术迅猛发展，产业技术更新换代。随着电子信息产业的转型升级，整个产业对人才培养也提出了新的要求。为促进电子信息产业人才培养与产业需求相衔接，助力“制造强国”、“网络强国”建设，工业和信息化部教育与考试中心组织专家以工业和信息化部、人力资源和社会保障部发布的电子信息产业相关职业标准为依据，结合电子信息产业新标准、新技术、新工艺等电子行业现行技术技能特点，编写了这套电子行业职业技能等级认定指导图书。

本套图书内容包括电子产品制版工、印制电路制作工、液晶显示器件制造工、半导体芯片制造工、半导体分立器件和集成电路装调工、计算机及外部设备装配调试员、广电和通信设备电子装接工、广电和通信设备调试工八个职业。

本套图书的编写紧贴国家职业技能标准和企业工作岗位技能要求，以职业技能等级认定为导向，以培养符合企业岗位需求的各级别技术技能人才为目标，以行业通用工艺技术规程为主线，以相关专业知识为基础，以现行职业操作规范为核心，按照国家职业技能标准规定的职业层级，分级别编写职业能力相关知识内容。图书内容力求通俗易懂、深入浅出、灵活实用地让读者掌握本职业的主要技术技能要求，以满足企业技术技能人才培养与评价工作的需要。

本套图书的编写团队主要由企业一线的专业技术人员及长期从事职业技能等级认定工作的院校骨干教师组成，确保图书内容能在职业技能、工艺技术及专业知识等方面得到最佳组合，并突出技能人员培养与评价的特殊需求。

本套图书适用于电子行业职业技能等级认定工作，也可作为电子行业企业岗位培训教材以及职业院校、技工院校电子类专业的教学用书。

根据《计算机及外部设备装配调试员国家职业技能标准》的有关规定，计算机及外部设备装配调试员分为五级/初级工、四级/中级工、三级/高级工、二级/技师和一级/高级技师五个等级。本书包括初、中、高级工三部分的内容。为便于区分，书中进行了标注，其中△表示初级工、◇表示中级工、☆表示高级工。

本书分为上、下两篇。其中上篇：第 1 章由张雪（辽宁省电子行业职业技能鉴定指导中心）编写，第 2 章由林喆（辽宁装备制造职业技术学院，§2.1~§2.4）、吕明珠（辽宁装备制造职业技术学院，§2.5、§2.6）编写，第 3 章由陈磊（渤海船舶职业学院，§3.1）、时巍（沈阳大学，§3.2、§3.4）、史迎新（辽宁农业职业技术学院§3.3）编写，第 4 章由周昕（沈阳大学）编写，第 5 章由史迎新（辽宁农业职业技术学院）编写，第 6 章由陈良生（沈阳大学）编写。下篇：项目 1 由陈磊（渤海船舶职业学院）编写，项目 2 由史迎新（辽宁农业职业技术学院）编写，项目 3 由刘可（辽宁省电子行业职业技能鉴定指导中心）编写，项目 4 由李建光（辽宁机电职业技术学院）编写，项目 5 由崔立民（沈阳大学）编写，项目 6 由冯宇、刘丽（渤海船舶职业学院）编写。辽宁省先进装备制造业基地建设工程中心的贾英姿和苏连贺负责审稿工作。

限于编者的水平以及受时间等外部条件影响，书中难免存在疏漏之处，恳请使用本书的企业、培训机构及读者批评指正。

工业和信息化部教育与考试中心

2020 年 6 月

目　录

上篇　理论基础

下篇　技术实训

上篇
理 论 基 础

第 1 章　职业道德与职业守则

1.1　职业道德（△◇☆）

所谓道德，是指由一定的社会经济基础所决定的，以善恶为评价标准、以法律为保障并依靠社会舆论和人们内心的信念来维系的，调整人与人、人与社会及社会各成员之间关系的行为规范的总和。道德是一种特殊的社会意识形态，是社会经济关系的反映。首先，社会经济关系的性质决定着各种道德体系的性质。其次，社会经济关系所表现出来的利益决定着各种道德基本原则和主要规范。再次，在阶级社会中，社会经济关系主要表现为阶级关系。最后，社会经济关系的变化必然引起道德的变化。

职业道德是指从业人员在职业活动中应该遵循的符合自身职业特点的职业行为规范的总和，它涵盖从业人员与服务对象、职业与从业人员、职业与职业之间的关系。职业道德行为规范是根据职业特点确定的，它是指导和评价人们职业行为的准则。对于每一个从业人员，既有需要共同遵守的职业道德基本规范，又有带有自身行业特征的职业道德规范，如教师的有教无类、法官的秉公执法、官员的公正廉洁、商人的诚实守信、医生的救死扶伤等，都反映出相关行业的职业道德特点。

1.1.1　职业道德概述

1．职业道德的主要内容

《中共中央关于加强社会主义精神文明建设若干重要问题的决议》规定了今天各行各业的人应共同遵守的职业道德的五项基本规范，即“爱岗敬业、诚实守信、办事公道、服务群众、奉献社会”。

1）爱岗敬业

爱岗敬业是职业道德最基本的要求。爱岗敬业作为最基本的职业道德规范，是对人们工作态度的一种普遍要求。爱岗是指热爱自己的工作岗位，热爱本职工作。爱岗要求从业人员以正确的态度对待各种职业劳动，努力培养自己在所从事工作中的幸福感、荣誉感。敬业是爱岗的升华，是指以恭敬、严肃的态度对待自己的职业，对本职工作一丝不苟。任何时候用人单位都倾向于选择那些既有真才实学又踏踏实实工作，并且对工作持有良好态度的人。这就要求从业人员养成干一行、爱一行、钻一行的职业精神，专心致志搞好工作，理解敬业的深层次含义，努力在平凡的工作岗位上创造出奇迹。

2）诚实守信

诚实守信是做人的基本准则，也是社会道德和职业道德的一个基本规范。诚实是指表里如一，说老实话，办老实事，做老实人。守信是指信守诺言，讲信誉，重信用。诚实守

信是各行各业的行为准则，也是做人做事的基本准则，是最基本的社会道德规范之一。

3）办事公道

办事公道是指对于人和事的一种态度，也是千百年来人们所称道的职业道德规范。它要求从业人员在办事或处理问题时，要站在公正的立场上，遵循同一标准和同一原则，即处理各种职业事务要不偏不倚、客观公正、公平公开，对不同的服务对象要一视同仁、秉公办事，不因职位高低、贫富或亲疏不同而区别对待。

4）服务群众

服务群众是指为人民服务，旨在使社会全体从业人员通过互相服务，促进社会发展，实现共同幸福。服务群众是一种现实的生活方式，也是职业道德要求的一个基本内容。服务群众是职业道德的核心规范，也是职业道德的基本精神。

5）奉献社会

奉献社会是指积极、自觉地为社会做贡献。奉献是指不论从事什么职业，从业人员都不是为了个人和家庭，也不是为了名和利，而是为了有益于他人，有益于国家和社会。正因为如此，奉献社会是职业道德的本质特征。奉献社会是职业道德的最高境界和最终目的，是职业道德的出发点和归宿。奉献社会就是要履行对社会、对他人的义务，自觉、努力地为社会、为他人做贡献。

2．职业道德的特征

1）职业性

职业道德的内容与职业实践活动紧密相连，反映着特定职业活动对从业人员行为的道德要求。职业道德的适用范围主要限于从事本职业的人，而对于从事其他职业的人不一定适用。每一种职业道德都只能规范本行业从业人员的职业行为，在特定的职业范围内发挥作用。

2）实践性

职业行为过程就是职业实践过程，只有在职业实践过程中才能体现出职业道德的水准。职业道德的作用是调整职业关系，对从业人员职业活动的具体行为进行规范，解决现实生活中的具体道德冲突。

3）继承性

在长期职业实践过程中形成的职业道德规范，会被作为经验和传统继承下来。在不同的社会经济发展阶段，同一种职业的服务对象、服务手段、职业利益、职业责任和义务相对稳定，职业行为的道德要求的核心内容将被继承和发扬，从而形成在不同社会发展阶段被人们普遍认同的职业道德规范。这种由不同职业的人在不同生活方式下长期积累逐渐形成的相对稳定的职业心理、道德传统、道德观念、道德规范、道德品质，体现了职业道德的继承性。

4）纪律性

纪律也是一种行为规范，但它是介于法律和道德之间的一种特殊的规范。它既要求人们自觉遵守，又带有一定的强制性。就前者而言，它具有道德色彩；就后者而言，它又带有一定的法律色彩。也就是说，遵守纪律一方面是一种美德，另一方面带有一定的强制性。例如，工人必须遵守操作规程和安全规定；军人要有严明的纪律等。因此，职业道德有时又以制度、章程、条例的形式表达，让从业人员认识到职业道德也具有纪律的规范性。

5）多样性

随着社会的不断进步、科学技术的飞速发展，社会分工也向着多样化方向发展，社会分工越来越细。社会分工的多样性决定了职业道德的多样性。可以说，有多少种社会分工就有多少种职业道德。

3．职业道德的基本内容

职业道德的基本内容包括：忠于职守，乐于奉献；实事求是，不弄虚作假；依法行事，严守秘密；公正透明，服务社会。

1）忠于职守，乐于奉献

忠于职守是从业人员应该具备的一种品质，是做到求真务实、优质服务、乐于奉献的前提和基础。首先，从业人员要专心工作、热爱工作、热爱自己所从事的行业，把自己远大的理想和追求落到工作实处，努力在平凡的工作岗位上做出非凡的贡献。从业人员只有有了忠于职守的精神，才能在实际工作中积极进取，忘我工作，把好工作质量关。其次，从业人员要对工作认真负责，把在工作中所得出的成果作为自己的收获和荣誉，同时认真分析自己的不足并积累经验。

乐于奉献是从业人员的职业道德的内在要求。随着市场经济的发展，人们对从业人员的职业观念、态度、技能、纪律和作风都提出了新的、更高的要求。

职业作为认识和管理社会的基础性工作，可谓默默无闻、枯燥烦琐。没有乐于奉献的道德品质，只有“不唯上、不唯书、只为实”的求实精神，是很难出色地完成任务的。为此，广大从业人员要有高度的责任感和使命感，热爱工作，献身事业，树立崇高的职业荣誉感；要克服任务繁重、条件艰苦等困难，勤勤恳恳，甘于寂寞，乐于奉献；要适应新形势的变化，刻苦钻研。要加强个人的道德修养，处理好个人、集体、国家的关系，树立正确的世界观、人生观和价值观，把传承中华民族传统美德与弘扬时代精神结合起来，坚持解放思想、实事求是，与时俱进、勇于创新，淡泊名利、乐于奉献。

2）实事求是，不弄虚作假

实事求是不只是思想路线和认识路线的问题，也是一个道德问题，而且是职业道德的核心问题。我们必须办实事、求实效，坚决反对和制止在工作上弄虚作假。这就要求从业人员有无私的职业良心和无畏的职业作风与职业态度。如果在工作中夹杂私心，为了满足自己的私欲或迎合某些人而弄虚作假、虚报浮夸，就背离实事求是这一最基本的职业道德。

3）依法行事，严守秘密

坚持依法行事和以德行事。要抓住国家大力推进法治建设的有利时机，进一步加大执法力度，严厉打击各种违法乱纪行为，依靠法律的强制力量消除腐败滋生的土壤。严守秘密是职业道德的重要准则，要求从业人员严守国家、企业的秘密。

4）公正透明，服务社会

公正透明要求从业人员在处理各种职业事务时要不偏不倚、客观公正、公平公开。服务社会即奉献社会，是职业道德的最高境界和最终目的，是职业道德的出发点和归宿。服务社会就是要履行对社会、对他人的义务，自觉、努力地为社会、为他人做贡献。当社会利益与局部利益、个人利益发生冲突时，要求每一个从业人员把社会利益放在首位。当一个人任劳任怨，不计较个人得失，甚至不惜献出自己的生命从事某种职业时，他看重的其实是这一职业对人类、对社会的意义。

4．职业道德的作用

职业道德是社会道德体系的重要组成部分，它一方面具有社会道德的一般作用，另一方面具有自身的特殊作用，具体表现为以下几点。

（1）调节职业交往中从业人员内部及从业人员与服务对象之间的关系。

职业道德的基本职能是调节。它一方面可以调节从业人员内部的关系，即运用职业道德规范约束职业内部人员的行为，促进职业内部人员的团结与合作。例如，职业道德规范要求各行各业的从业人员要团结互助、爱岗敬业，齐心协力地为发展本行业、本职业服务。另一方面可以调节从业人员与服务对象之间的关系。例如，职业道德规定了制造产品的工人怎样对用户负责，营销人员怎样对顾客负责，医生怎样对病人负责，教师怎样对学生负责等。

（2）维护和提高企业的信誉。

一个企业的信誉，也就是它的形象、信用和声誉，是指企业及其产品与服务在社会公众中的取信度。提高企业的信誉主要依靠提高其产品质量和服务质量，而从业人员职业道德水平高是产品质量和服务质量高的有效保证。若从业人员职业道德水平不高，则很难生产出优质的产品和提供优质的服务。

（3）促进行业、企业的发展。

行业、企业的发展有赖于高的经济效益，而高的经济效益源于高的员工素质。员工素质主要包含知识、能力、责任心三个方面，其中责任心是最重要的，从业人员必须要有责任心。因此，职业道德能促进行业、企业的发展。

（4）提高社会道德水平。

职业道德是社会道德的主要内容。一方面，职业道德涉及每个从业人员如何对待职业，如何对待工作，这也是一个从业人员的生活态度、价值观念的表现，是一个人的道德意识、道德行为发展的成熟阶段，具有较强的稳定性和连续性。另一方面，职业道德是一个职业集体，甚至一个行业全体人员的行为表现，如果每个行业的人或每个职业集体都具备职业道德，那么整个社会的道德水平肯定会提高。

1.1.2　职业道德的主要范畴

职业道德的主要范畴包括职业义务、职业权力、职业责任、职业纪律、职业良心、职业荣誉、职业幸福和职业理想，它们是职业道德在职业活动中不同方面、不同层次的反映和折射。

1．职业义务

职业义务是指从业人员在职业活动中，在法律和道德上应尽的责任和不计报酬的奉献。它既是社会、行业对从业人员在职业活动中提出的道德要求，又是从业人员对他人、对社会应该承担的道德责任。例如，“文明经商，诚信无欺”既是行业对销售人员提出的职业道德要求，又是销售人员对社会应尽的道德责任。

职业义务的特点：利他性和无偿性。

2．职业权力

职业权力是指从业人员在自己的职业范围内或职业活动中拥有的支配人、财、物的权力。例如，一个厂长对工资、奖金、报销有财权，对原材料设备等有采购、调动权。职业权力不是只有有领导权的人才有，而是所有有职业的人都有。例如，交通警察在交通岗位上有指挥来往车辆行驶与否的权力，有对违反交通规则的驾驶员进行罚款、扣留驾照、给予相应处罚的权力。

职业权力的特点：权威性、利己性和隐蔽性。

3．职业责任

职业责任是指人们在一定职业活动中所承担的与职业有关的特定职责。由于社会分工不同，职业特点不同，职业作用不同，因此从业人员承担的职业责任也有所不同。例如，工人、农民、教师、医生这些职业在社会分工中所起的作用不同，其职业责任也就不一样。总之，各行业、各单位的人员都有自己的职业责任。

职业责任的特点：差异性、独立性和强制性。

4．职业纪律

职业纪律是在特定的职业范围内从事某种职业的人要共同遵守的行为准则。例如，在银行工作的职员必须为存款人的姓名、住址、存款金额等保密，这就是对银行从业人员的职业纪律最基本的要求。为了维护正常的生活和工作秩序，确保安全生产，保证产品质量，各行业、各单位、各岗位都要制定相应的行为规则，这些行为规则对本行业、本单位、本岗位的从业人员来说都是职业纪律。

职业纪律的特点：一致性、特殊性和强制性。

5．职业良心

职业良心是指从业人员在履行职业义务的过程中所具备的职业责任感，以及对自己职业行为的稳定的自我评价与自我调节的能力。职业良心有个体表现与群体表现两种形式。职业良心的个体表现是指从业人员在职业活动中对工作的负责精神、对他人的同情感、对社会的责任感、对自己职业行为的是非感和对错误行为的羞耻感。职业良心的群体表现是指职业良心在某个企业、某个行业的整体表现。

职业良心的特点：时代性、内隐性和自育性。

6．职业荣誉

职业荣誉是指社会对职业行为的社会价值所做出的肯定性评价，也是从业人员对自己

的职业行为所具有的社会价值的认识和体验。换句话说，职业荣誉就是从业人员的职业行为得到社会的肯定和褒奖，以及从业人员对自己的职业行为的认同和欣赏。

职业荣誉的特点：阶级性、激励性和多样性。

7．职业幸福

职业幸福是指从业人员在具体的职业活动中，由于奋斗目标、职业理想的实现而获得的精神上的满足和愉悦。例如，解决了某一项技术难题，得到了领导和同事的高度评价，就会产生一种精神上的满足感；攻克难关，做出某项创新和发明，就会产生一种自豪感。所有这些，都是职业幸福的具体体现。

职业幸福的特点：阶级性、层次性和广泛性。

8．职业理想

职业理想是指人们对未来职业、所要取得何种成就和对社会做出哪些贡献的向往和追求。它包括人们对职业的认识、态度和职业选择，如有人想当教师、工程师、科学家或医生等。职业理想也是人们对职业人生的一种认识和态度。无论从事什么职业，在什么岗位上工作，都是在为人民服务，在为建设中国特色社会主义做贡献，只有本着这样的认识和态度，才能够真正实现自身的职业理想。树立正确的职业理想，有利于明确个人奋斗的正确方向，坚定为中国特色社会主义事业奋斗的信念，增强为追求事业成功而战胜困难的力量，最终也有利于正确世界观的形成和人生价值的实现。

职业理想的特点：时代性、阶段性、共性与个性。

1.1.3　公民道德行为规范与职业道德行为规范

社会主义道德建设以为人民服务为核心，以集体主义为原则，以爱祖国、爱人民、爱劳动、爱科学、爱社会主义为基本要求，以社会公德、职业道德、家庭美德的建设为落脚点。

1．公民道德行为规范

《公民道德建设实施纲要》提出了“爱国守法、明礼诚信、团结友善、勤俭自强、敬业奉献”的公民基本道德行为规范。它不仅体现了道德的先进性与广泛性的统一，还体现了中国传统美德、革命道德和社会主义市场经济条件下产生的新道德的统一。公民道德行为规范主要由公民道德基本行为规范、社会公德行为规范、职业道德行为规范、家庭美德行为规范构成，涵盖了社会生活的各个领域，适用于不同社会群体，是每个公民都应该遵守的行为准则。

1）社会公德

社会公德是全体公民在社会交往和公共生活中应该遵循的行为准则，涉及人与人、人与社会、人与自然之间的关系。换句话说，社会公德是建立在公共生活基础之上的、必须人人遵守的、最基本的行为准则。

社会公德的主要行为规范：文明礼貌、助人为乐、爱护公物、保护环境、遵纪守法。

2）职业道德

职业道德是从业人员在职业活动中应该遵循的符合自身职业特点的职业行为规范的总和。

职业道德的主要行为规范：爱岗敬业、诚实守信、办事公道、服务群众、奉献社会。

3）家庭美德

家庭美德是每个公民在家庭生活中应该遵循的准则，包括处理夫妻关系、长幼关系、邻里关系的道德规范。

家庭美德的主要行为规范：尊老爱幼、男女平等、夫妻和睦、勤俭持家、团结邻里。

4）职业道德与社会公德、家庭美德之间的关系

社会公德、职业道德、家庭美德是一个有机的统一体，其外延由大到小，内涵由浅到深，与个人品德一起构成一个完善的道德体系。三者之间互为基础、互相促进。同时三者之间由于发挥作用的领域不同，所以调节人们的利益关系的范围也不同。只有具有良好的社会公德和家庭美德，才有可能具备高尚的职业道德。这种一致性如果能在绝大多数公民身上得到较好的体现，整个国家和社会的道德风尚、社会风气就会呈现出健康向上、和谐奋进的良好局面。

2. 职业道德行为规范

职业道德行为规范是从业人员在职业活动中必须遵守的符合人民根本利益的职业行为准则。它包含职业道德基本行为规范和职业道德特殊行为规范。

职业道德行为规范的形式多种多样，其内容因工作岗位的不同而不同。《公民道德建设实施纲要》中明确提到的“爱岗敬业、诚实守信、办事公道、服务群众、奉献社会”是我国所有从业人员应该共同遵守的主要行为规范。

1）职业道德基本行为规范

职业道德基本行为规范的内容包括：爱岗敬业，忠于职守；诚实守信，宽厚待人；办事公道，服务群众；以身作则，奉献社会；勤奋学习，开拓创新；精通业务，技艺精湛；讲究质量，注重信誉；遵纪守法，文明安全；团结协作，互帮互助；艰苦奋斗，勤俭节约。这些内容是对“爱岗敬业、诚实守信、办事公道、服务群众、奉献社会”的细化，形成了一个比较具体的职业道德基本行为规范体系。

2）职业道德特殊行为规范

职业道德特殊行为规范是具有从业人员自身职业特点的职业道德行为准则。例如，教师要关爱学生，医生要实行人道主义、救死扶伤，服务员要热情周到、文明礼貌，汽车驾驶员要爱护车辆、安全行驶、准班正点、尊客爱货等。职业道德特殊行为规范往往还反映在各行各业的规章制度中。

从业人员除了要遵守共同的职业道德基本行为规范，还应遵守本行业的职业道德特殊行为规范。

3. 公民道德行为规范与职业道德行为规范的关系

公民道德行为规范中包含职业道德行为规范，两者是包含与被包含的关系。从业人员

在职业行为中必须做到：第一，遵守公民道德行为规范；第二，遵守职业道德基本行为规范；第三，遵守具有从业人员自身职业特点的职业道德特殊行为规范（包括本行业职业道德规范和所在岗位的职业道德规范）。

1.1.4 职业道德行为修养

从业人员的职业道德行为修养不是先天就有的，而是在职业活动中不断自我教育、自我磨炼、自我完善而逐渐形成的。自我教育、自我磨炼、自我完善的过程就是职业道德行为修养提高的过程。这个过程就是一个选择职业道德行为、评价所选择的职业道德行为和在职业实践中努力体现这种职业道德行为的过程。

1. 职业道德行为修养的含义

1）道德行为

人的行为是人类的一种生存方式，具有多种多样的层次结构和复杂的表现形式，如政治行为、经济行为、法律行为、艺术行为、道德行为和日常生活行为等。其中，道德行为主要研究的是各种社会行为的道德意义。

道德行为是指在道德意识支配下表现出来的、对他人和社会有利害关系且可进行善恶评价的行为。这种行为不仅是人的道德意识在外部的具体表现，还是人的道德品质在外部的具体表现，更是实现道德动机的唯一手段。

道德行为分为善行和恶行两种。善行是指应该的行为，也就是人们通常讲的道德的行为，它是指行为人从善良的动机出发，做出有利于他人和社会的事情，能够得到“善”的评价的行为。恶行是指不应该的行为，也就是人们通常讲的不道德的行为，它是指行为人从非善或邪恶的动机出发，做出有害于他人和社会的事情，不可能得到“善”的评价的行为。

2）职业道德行为

把道德行为与职业活动联系起来，就产生了职业道德行为。职业道德行为就是从业人员在职业活动中，按照道德原则和规范的要求处理自己与他人、自己与社会、自己与国家的利益关系时表现出来的行为。这种行为可以联系职业活动进行善恶评价。职业道德行为包括符合职业道德要求的行为和违反职业道德要求的行为两种。凡是符合职业道德要求的行为，都是道德的行为或善的行为；凡是违反职业道德要求的行为，都是不道德的行为或恶的行为。

3）职业道德行为修养

职业道德行为修养是指从事各种职业活动的人员，按照职业道德基本原则和规范，在职业活动中进行自我教育、自我锻炼、自我改造、自我完善，从而养成的良好的职业道德品质。提高职业道德行为修养是一种自律行为，关键在于自我锻炼和自我改造。一个人职业道德行为修养的提高，不仅要靠社会的培养和组织的教育，更要靠自己的主观努力。

2. 职业道德行为修养的内容

职业道德行为修养的内容包括职业道德知识、职业道德行为规范、职业道德品质和职业道德自育。

1）职业道德知识

职业道德知识主要包括职业道德基本理论知识、职业道德范畴、职业道德行为规范等方面的知识。理解和掌握这些知识，是提高职业道德行为修养的基础。

2）职业道德行为规范

职业道德行为规范主要包括4个层面：公民道德基本行为规范，比较具体的职业道德基本行为规范，所在行业的职业道德行为规范，所在岗位的职业道德行为规范。

从业人员首先是公民，应遵守“爱国守法、明礼诚信、团结友善、勤俭自强、敬业奉献”的公民道德基本行为规范，这既是公民道德要求也是职业道德要求。公民基本道德行为规范与比较具体的职业道德基本行为规范是对所有从业人员的共同要求，每个从业人员都必须遵守。一个行业的职业道德行为规范，全行业从业人员应共同遵守。从业人员所在岗位的职业道德行为规范，是最具体的职业道德行为规范。这4个层面的职业道德行为规范讲的是怎样做才符合职业道德的要求，是从业人员在职业活动中必须熟知并努力做到的。

3）职业道德品质

职业道德品质包括职业道德认识、职业道德情感、职业道德意志、职业道德信念、职业道德行为习惯等方面的内容。在职业活动中，人们在职业道德基本理论的指导下，按照职业道德行为规范的要求进行职业道德实践，把职业道德的各项行为规范内化为自觉的职业道德意识和行为，就形成了职业道德品质。

4）职业道德自育

职业道德自育包括为达到职业道德的一定境界所进行的自我教育、自我锻炼、自我改造、自我陶冶和自我反省。这是一个动态过程，也是一个长期的过程，需要坚定的意志，持之以恒地修正自己的职业道德行为。这是职业道德修养最有生命力、最重要的内容。

3. 提高职业道德行为修养的意义

（1）有利于提高个人的职业道德素质。

一个人的职业道德素质既不是先天就有的，也不是自然形成的。即使是接受职业道德教育，也只是帮助自己提高职业道德素质的外在条件。职业道德素质的真正提高，更有赖于职业道德自育。职业道德自育是提高个人职业道德素质的原动力。

对于每个从业人员来说，职业道德素质的提高，重在自我教育、自我锻炼、自我改造、自我陶冶和自我反省。通过这一长期、反复循环的职业道德自育过程，就能逐渐达到应有的职业道德水平，形成稳定的正确区分职业行为中善良与邪恶、诚信与虚伪、高尚与卑鄙、自私与奉献、光荣与耻辱等的能力。有了这种能力，就能在职业活动中自觉地调整自己的职业行为以达到职业道德行为规范的要求，使自己的职业道德水平不断提升到更高的境界。

（2）有利于发挥职业道德的社会功能。

职业道德的社会功能表现为规范全社会职业秩序和劳动者的职业行为；提高劳动的质量、效益和确保职业安全以促进社会生产力的发展；提高劳动者的职业道德素质；提高党和政府的执政能力；促进企业文化建设；促进社会良好道德风尚的形成。职业道德的社会

功能是以从业人员的道德实践为基础，并通过人们的职业道德行为来实现的。因此，提高从业人员的职业道德行为修养，是发挥职业道德的社会功能的重要前提。

（3）有利于行业的职业道德建设。

在社会生活和现代化建设中，每个职业都是不可缺少的重要组成部分，任何职业都需要其他职业的服务与支持，任何职业也都必须为其他职业提供服务与支持。职业不同只能说明分工有别，职业本身没有高低贵贱之分，各个职业的从业人员都应恪守相应的职业道德。如果每个人、每个行业都注重职业道德行为修养，就会形成互相学习、互相帮助、互为榜样、共同进步的可喜局面，分布在不同行业、不同企业、不同地区、不同岗位的从业人员的职业道德素质也都能得到提高。

（4）有利于中华民族优良道德传统的弘扬。

人类社会生活分为公共生活、职业生活和家庭生活。每个人在社会中生活不是在公共场所就是在工作岗位上或在自己家庭中。在职业生活中养成的职业道德与在公共场所应具备的社会公德和在家庭生活中应有的家庭美德具有正相关关系。例如，职场中的宽厚待人、遵纪守法等同样适用于公共场所；又如，职业生活中的互相关心、互相帮助等同样适用于家庭生活。职业道德与社会公德、家庭美德相辅相成、互为基础、互相促进。因此，提高职业道德行为修养，不仅有利于职业道德本身的提高，还有利于社会公德和家庭美德的弘扬，进而有利于中华民族优良道德传统得到更好的弘扬。

4．提高职业道德行为修养的途径和方法

提高职业道德行为修养的方法很多，不同的人往往有不同的方法。提高职业道德行为修养是一个连续不断、循环往复、逐渐攀升的过程。

（1）学习理论知识是提高职业道德行为修养的起点。

首先要把握提高职业道德行为修养的方向。其次要认真学习有关职业道德的基本知识，明确职业道德行为规范的要求，把握提高职业道德行为修养的标准，为进一步提高职业道德行为修养打下坚实的基础。

（2）实践是提高职业道德行为修养的基础。

积极参加职业道德实践，是提高职业道德行为修养的重要方法和根本途径。职业道德实践在提高职业道德行为修养过程中具有决定性的意义。只有理论联系实际，才能把职业道德的原则和行为规范变为自己的真实行为；只有言行一致，才能把职业道德的理念转化为自己的道德品质，从而达到提高职业道德行为修养的目的，实现知行合一。因此说实践是提高职业道德行为修养的基础。

通过职业道德实践来提高职业道德行为修养，必须把职业道德与具体的职业行为相结合，与日常的职业活动相联系，日积月累，实现从积小善到积大德的转变。在具体的工作岗位上，在日常的职业活动中，坚持从我做起，勿以恶小而为之，勿以善小而不为，从微不足道的小事做起，不弃小善，终能积成大德。在积小善的同时，还要不断祛除恶念，不断检查自己的言行，摒除道德意识中的恶念，远离道德行为中的恶行，使自己的品行达到更高境界。

（3）向先进模范人物学习是提高职业道德修养的有效方法。

榜样的力量是无穷的，学习先进模范人物的高尚品德和崇高精神是社会主义精神文明

建设的重要内容，也是从业人员提高职业道德行为修养，提升自身职业道德水平的必由之路。向先进模范人物学习还要密切联系自己职业活动和职业道德的实际，注重实效，自觉抵制拜金主义、享乐主义、极端个人主义等腐朽思想的侵蚀，提升职业道德水平，立志在本岗位多做贡献。

职业道德评价中最重要的是自我评价。如果从业人员能够结合职业道德实践，严于剖析自己，反躬自省，毫不留情地挑出自己的问题，找出差距，切实地订好措施，认真地实践，就会收到更好的效果。进行自我评价更有利于形成内心信念，而内心信念正是弃恶扬善的精神力量，是调整职业道德行为的动力内因。

（4）“慎独”是职业道德修养的最高境界。

“慎独”一词出自《礼记·中庸》，是指在无人监督的情况下，自觉遵守道德准则的一种能力。职业道德行为修养到了无人监督就能自觉做好事、不做坏事的境界，就可以说到了极高的境界。提高职业道德行为修养，根在实践，贵在自觉，重在坚持，难在“慎独”。“慎独”既是提高职业道德行为修养行之有效的重要方法和途径，也是一种崇高的思想道德境界。

职业道德品质和职业道德行为践行能力的培养是由认识到实践，又由实践到认识的循环往复的过程，必须长期坚持，才能做到理论联系实际，知行合一。只有不断实践，才能不断提高职业道德行为修养。

1.2 职业守则（△◇☆）

1.2.1 守则

守则是由国家机关、社会团体、企事业单位制定的、要求所属人员共同遵守的行为规范。

守则的制定依据以下三方面的内容：一是党和国家的方针、政策；二是有关的法律法规；三是全社会共同遵守的道德规范。

守则具有原则性、约束性、完整性三个特点。

1.2.2 职业守则概述

职业守则就是在从事某种职业时必须遵循的基本准则。职业守则因行业不同而不同。计算机及外部设备装配调试员除要遵守国家法律法规和有关规章制度之外，还要牢记如下的《计算机及外部设备装配调试员守则》的内容：

爱岗敬业，遵纪守法。

认真严谨，忠于职守。

勤奋好学，不耻下问。

钻研业务，勇于创新。

精益生产，工匠精神。

该守则是所有计算机及外部设备装配调试员都必须遵守的行为规范。

1）爱岗敬业，遵纪守法

爱岗就是热爱自己的工作岗位，热爱本职工作；敬业就是用一种严肃的态度和认真负责的精神来对待本职工作。爱岗与敬业是相辅相成、不可分割的，只有把对工作的热爱之情体现在忘我的劳动创造和勤奋努力的工作过程中，才能取得优异的成绩。爱岗敬业要求从业人员在工作中尽职尽责，恪尽职守，自觉自愿地投身到本职工作之中，发挥自身的光和热。

遵纪守法既包括遵守法律也包括遵守纪律，要求从业人员在思想、品德、作风、纪律上成为表率，时时刻刻严格要求自己，自觉遵守各项政治纪律、劳动纪律、组织纪律、学习纪律和财经纪律等。在工作和生活中，每个人都应自觉遵纪守法，这是保证社会稳定发展的前提条件。

2）认真严谨，忠于职守

认真严谨就是要求从业人员不断积累专业知识和教学、管理经验，不断进取，努力把业务工作做得越来越好。忠于职守就是要兢兢业业、勤勤恳恳、尽职尽责地干好本职工作，以忘我的热情和献身精神，干一流的工作，创一流的业绩。

认真严谨和忠于职守与渴望获得职业成就有着十分密切的联系。一个热爱本职工作的人，必然希望自己在推动本行业发展方面有所作为。这种愿望可以被称为职业理想或职业成就感，它也是职业道德意识的重要组成部分。追求这种成就感的人对本职工作重要性的认识比一般人要高出一个境界，他们最看重的不是职业的谋生意义，而是职业的存在及发展的意义，以及职业成就感，他们把自己生命的价值融入到自己的事业中。

3）勤奋好学，不耻下问

勤奋好学和不耻下问是职业道德的另一个重要方面。在学习和工作上，只有勤奋好学、不耻下问，才能有所进步、不断创新。所以，只有勤奋好学，不断学习新知识、新技术，不断更新、改善知识结构，刻苦钻研，才能适应不断发展和变化的工作要求。因此，各类从业人员要在日常工作中孜孜不倦、持之以恒、勤奋读书、努力钻研，不断提高自己的业务水平。

4）钻研业务，勇于创新

当今时代是科技腾飞的时代，是计算机技术及设备快速发展的时代。随着社会经济的发展和全面改革的不断深入，职业工作在不断发展和变化。因此，从业人员只有勇于创新，不断学习新知识、新技术，不断更新、改善知识结构，刻苦钻研，树立终身学习的观念，才能适应不断发展和变化的工作要求。

创新的过程是观念更新的过程，是寻找和把握客观规律的过程，是不断突破内在局限和外在局限的过程，也是实事求是的过程。只有不断开拓创新，当下的工作才能给今后的工作提供有力的支持。创新是提高企业市场竞争力的重要途径。因此，从业人员必须通过深入调研明确发展方向，在体制、内容、方式、方法、思路等方面勇于创新。

5）精益生产，工匠精神

精益生产是指一种以最大限度地减少企业生产所占用的资源和降低企业管理和运营成本为主要目标的生产方式。实施精益生产是决心追求完美的历程，也是追求卓越的过程，还是在永无止境的学习过程中获得自我满足的一种境界。精益生产的特点是杜绝浪费，追求精益求精和不断改善，其目标是精益求精、尽善尽美。

工匠精神是指工匠对自己的产品精雕细琢，是一种精益求精、追求完美的精神理念。工匠精神的本质特征在于对本职工作的执着、专注，以及精益求精的态度和不图回报的付出。工匠精神体现了工作者精益求精、严谨、专注、创新、敬业的精神。新时代的工匠精神主要包括爱岗敬业的职业精神、精益求精的品质精神、协作共进的团队精神、追求卓越的创新精神这四个方面。

精益生产追求的是尽善尽美，而工匠精神正是追求将自己的工作做到完美，因此精益生产需要工匠精神，而工匠精神促进了精益生产。能工巧匠勤于思考、善于动手，不断尝试、改进，力求尽善尽美。工匠精神和精益生产都是通过改善和创新的方式追求精益求精，只有两者完美结合，才能创造最大效益，促进企业发展。

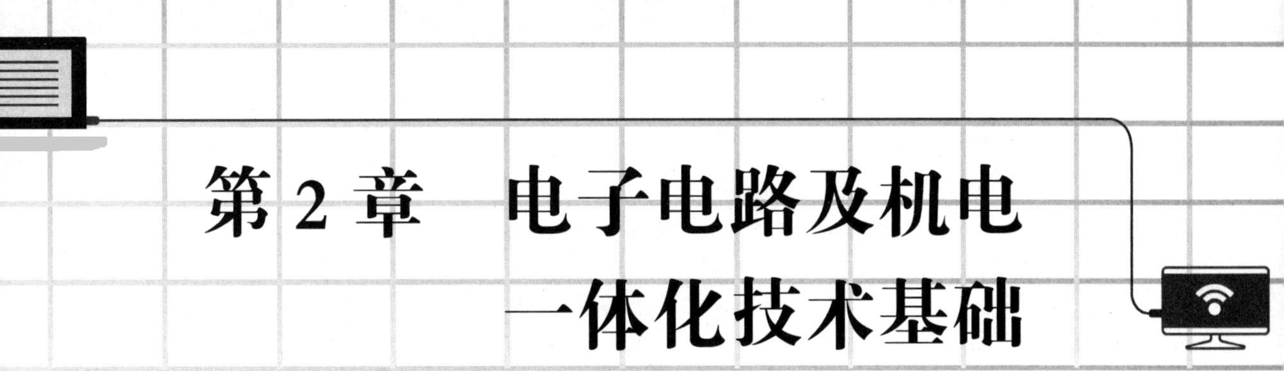

第 2 章　电子电路及机电一体化技术基础

电子电路是指由电子元器件和有关无线电元器件组成的电路，包括模拟电子电路、数字电子电路及各种控制电路。电子电路广泛应用于各种电子设备，是计算机及外部设备的重要组成部分。

机电一体化是指从系统工程观点出发，应用与机械、电子、信息等有关的技术，对它们进行有机的组织和综合，实现整体最佳化。机电一体化不是机械与电子的简单叠加，而是在信息论、控制论和系统论的基础上建立起来的应用技术。

2.1　电子电路基础（△◇☆）

2.1.1　电子电路的基本概念

在实际生产生活中，人们经常要使用一些电子设备，这些电子设备的重要组成部分就是电路。电路是为达到某些特定目的而设计、安装、运行，由电子元器件通过导线相互连接而成，具有传输电能、处理信号、测量、控制、计算等功能的导电回路。

电路一般由电源、负载和中间环节三大部分组成。电源的主要作用是将其他形式的能量转换为电能，常见的电源有发电机、电池等；负载是取用、消耗电能的设备，通常也称用电器，如白炽灯、电动机、电视机等；中间环节是传输、控制、分配电能的装置，如导线、开关和按钮等。

在电子设备中，电子电路一般有两个主要作用：一是实现电能的传输和转换，如计算机的电源就是依靠电源电路将外部的交流电转换为计算机能够使用的直流电并为其各个部件供电的；二是实现信号的传递与处理，如计算机内部的各种集成电路，它们对计算机接收到的输入信号进行转换与处理，并将结果信号由输出设备发送到计算机各个部件实现控制功能。

2.1.2　电路中的基本物理量

在电路中，一般用电流、电压、电功和功率等参数来描述电路的实际工作状态。

1．电流

电流是由电荷有规律的正向移动形成的，一般用 I 或 i 来表示，其有大小和方向之分，电路中一般使用单位时间内流过导体横截面的电荷量 Q 表示电流的大小，而使用正电荷移动的方向表示电流的方向。

电流的国际单位制单位是安培，简称安，一般用 A 来表示，其他常用单位还有毫安（mA）和微安（μA），$1A=10^3mA=10^6μA$。电子手表的一般工作电流为 2μA，白炽灯的一般工作电流为 200mA，手机的一般工作电流为 100mA，空调的一般工作电流为 5～10A。

2．电压

电荷在电路中受电场力的作用运动形成了电流，在此过程中电场力对电荷做功，而电压就是衡量电场力做功大小的物理量，一般用 U 或 u 来表示。与电流类似，其也有大小和方向之分，电压的大小等于单位正电荷受电场力作用从一点移动到另外一点所做的功，电压的方向一般规定为从高电位（电位是指电路中某点的电压值与电压值为 0 的参考点之间的电压差值）指向低电位。

电压的国际单位制单位是伏特，简称伏，一般用 V 来表示，其他常用单位还有千伏（kV）、毫伏（mV）和微伏（μV），$1kV=10^3V=10^6mV=10^9μV$。无线电信号在天线上的感应电压约为 0.1mV，5 号碱性电池的标称电压为 1.5V，手机电池两极间的电压为 3.7V，人体安全电压一般不超过 36V，家庭电路电压为 220V，工厂动力电路电压为 380V，列车电网电压为 25kV。

3．电功和功率

在电路工作过程中，经常要将电能转换成其他形式的能量，在此过程中电流所做的功称为电功。为了衡量电路做功的快慢，我们经常将单位时间内电流所做的功称为电功率，简称功率，一般用 P 或 p 来表示。功率的计算公式为

$$P = UI = I^2R = U^2 / R$$

式中，U 为电压；R 为电阻；I 为电流。

功率的国际单位制单位是瓦特，简称瓦，一般用 W 来表示，其他常用单位还有千瓦（kW）和毫瓦（mW），$1kW=10^3W=10^6mW$。

在日常生活中，人们通常还用“度”或“kW · h”来衡量电功，如果一个设备在 1 小时内做功 1 千瓦，那么该设备消耗了 1 度电。在一般的台式计算机中，CPU、主板、硬盘、光驱、显卡等设备的功率约为 150W，17in 显示器的功率约为 40W，那么该台式计算机 1 小时内所消耗的电能为

$$(150W+40W)\times 1h=0.19kW \cdot h=0.19 \text{度}$$

2.1.3　直流电与交流电

电路中的电流、电压按照大小和方向是否随时间变化而变化可以分为直流电和交流电。

1．直流电

直流电（DC）是指大小和方向都不随时间变化而变化的电流或电压。直流电流如图 2-1 所示，其中横轴 t 表示时间，纵轴 I 表示电流，从图 2-1 中可以看出，当时间发生变化时，电流 I_1 的大小和方向从未发生改变，因此该电流是直流电流。电路中的电流是否为直流电流一般与电路所采用的电源有关，通常情况下，如果电路采用直流电源（如干电池、直流稳压电源等），那么该电路中的电流就是直流电流，大部分计算机和外部设备都需要在直

流电条件下进行工作。直流电源一般有两个引脚，分别称为正极和负极，正极电位一般高于负极电位。

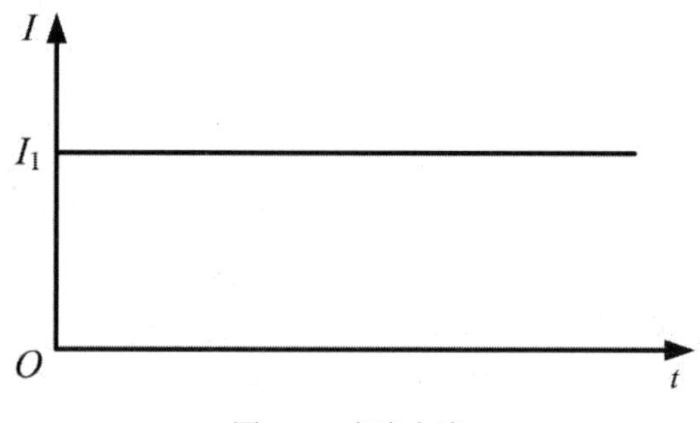

图 2-1　直流电流

2. 交流电

交流电（AC）是指大小和方向随时间变化周期性变化的电流或电压，不同于直流电，其大小和方向时刻在发生着变化。交流电流如图 2-2 所示。

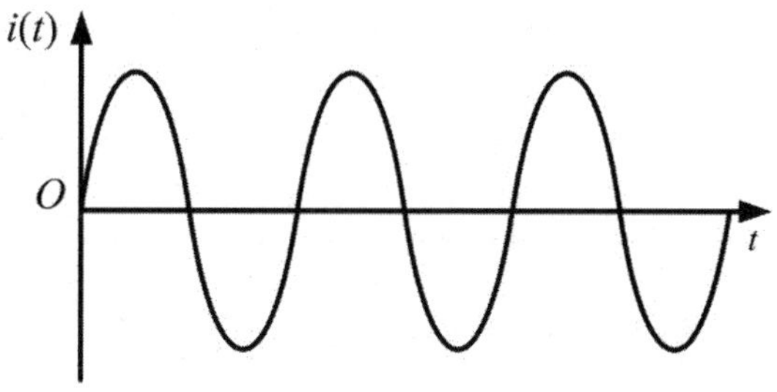

图 2-2　交流电流

从图 2-2 中可以看出，交流电流 $i(t)$的大小和方向随时间 t 进行周期性的变化，坐标横轴上半部分的电流与坐标横轴下半部分的电流方向相反，随着时间的变化，电流大小也一直在发生着变化。

一般情况下，使用交流电能够有效地进行电力的传输，所以在日常生活中使用市电（有效值为 220V、频率为 50Hz 的正弦交流电）对各种用电设备进行供电，再通过电源电路将交流电转换为直流电供用电设备使用。市电的电源一般采用火线和零线接入用电设备的电源中，火线上有 220V 交流电压，零线与大地相连，二者之间形成交替变化的电压，但一般不能直接将市电接到电子电路中，我们需要先了解用电设备所使用的电压和电流值，在经过变压（将高电压变成用电设备工作所需要的低电压）、整流（将交流电变成直流电）、滤波（除去高频率的噪声干扰）和稳压（使直流电压保持稳定）等流程后，再对用电设备进行供电。

2.1.4　模拟信号与数字信号

计算机及外部设备中使用了大量的电子电路，这些电子电路大体上可以分为模拟电子电路和数字电子电路两类，区分二者主要依据被传递、加工和处理的信号的形式。模拟电子电路中的信号是连续信号，又称模拟信号，这类信号的特点是幅值连续；数字电子电路中的信号是离散信号，又称数字信号，它是计算机及外部设备中所使用的主要信号形式，计算机及外部设备采用高电平表示“1”、低电平表示“0”的数字信号进行信息的传输和处理。

1．模拟信号和模拟电子电路

1）模拟信号

在自然界中，模拟信号都是以幅值连续变化的形式存在的，而人们一般也采用连续变化的幅值来描述这些信号。例如，气温在某一范围内连续变化，如果气温从 25℃变化到 31℃，那么温度的取值不是只有 25℃和 31℃，而可能是这两个温度值之间的任意一个值，所以某一时间段内的温度变化可以用一条平滑、幅值连续的曲线表示出来，这就是典型的模拟信号，如图 2-3 所示。其他模拟信号还有压力信号、速度信号、语音信号和图像信号等。

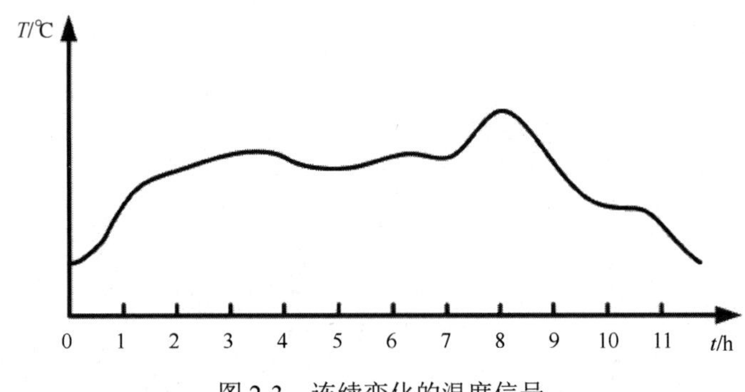

图 2-3　连续变化的温度信号

2）模拟电子电路实例

一个广播系统的示意图如图 2-4 所示，这个广播系统的主要作用是将变化的声波信号经麦克风转换为音频信号后输入放大电路，经放大后的音频信号再经扬声器输出为放大的声波信号，这是一个典型的模拟电子电路，在其内部所转换、传递和处理的信号都是幅值连续的模拟信号。

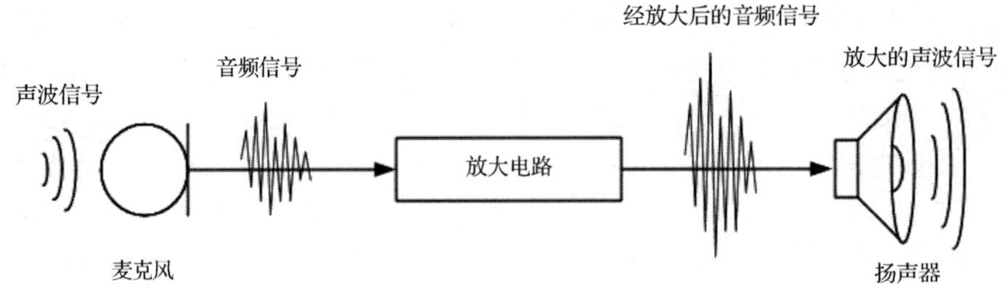

图 2-4　一个广播系统的示意图

2．数字信号和数字电子电路

1）数字信号

对于如图 2-3 所示的连续变化的温度信号，如果每隔一段时间对其进行一次采样（如每小时采样一次），就可以得到离散的温度值，也就将连续信号转换成了离散信号，如图 2-5

所示。图 2-5 中的温度信号的幅值只有几种可能，所以是离散信号，但是它本身并不是数字信号。

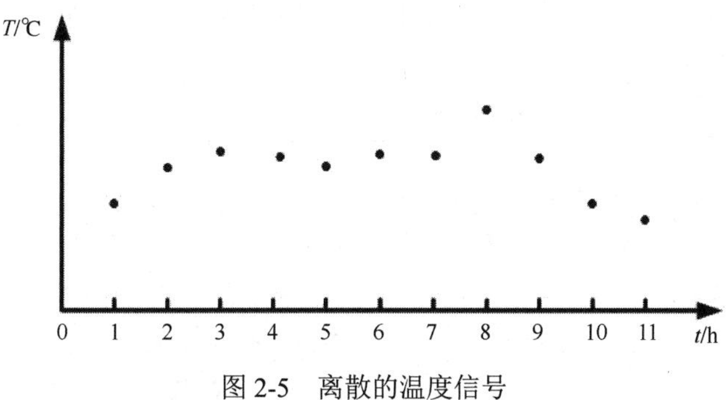

图 2-5 离散的温度信号

数字信号只有两种可能的状态：1 和 0。这两种状态在数字电子电路中一般使用不同的电平状态表示，即高电平和低电平，这两种状态也可以用两个不同的物理状态来表示，如二极管的导通和截止，CD 表面的凸起和凹陷等。在数字电子电路中，通常采用 0 和 1 的组合表示数字、字母、符号和指令等信息。

2）数字信号与模拟信号之间的转换

数字信号和模拟信号都是信息的载体，都可以用来表示和传递信息，模拟电子电路对信号的放大和削减是通过元器件的放大特性实现的，而数字电子电路对信号的传递和处理是通过元器件的开关特性实现的。虽然数字信号和模拟信号表示信息的方式方法不同，但二者可以通过电路进行相互转换。

CD 播放器是一个同时使用数字电子电路和模拟电子电路的系统，其基本结构如图 2-6 所示。

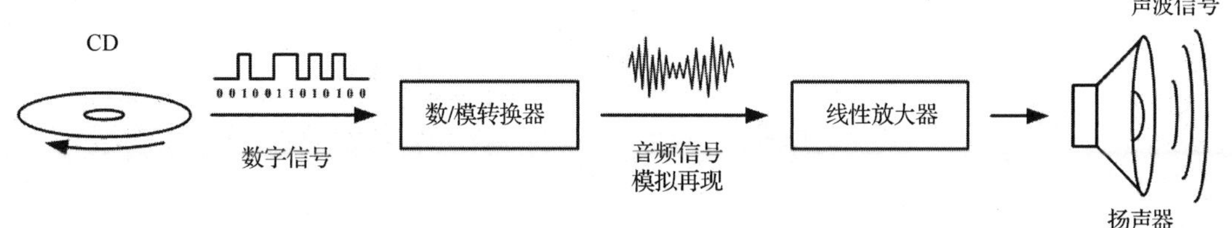

图 2-6 CD 播放器的基本结构

数字信号以凸凹的形式存储在 CD 表面，当 CD 旋转时，激光二极管的光学系统读取旋转的 CD 表面的数字信号，然后将其送至数/模转换器，数/模转换器将这些数字信号转换成模拟信号，模拟信号通过线性放大器被传送到扬声器使扬声器发出声音。声波信号也可以通过相反的过程被记录到 CD 上，这时使用的是模/数转换器。

3）数字信号的优点

与模拟信号相比，数字信号在处理和传输方面更有效、更可靠。由于数字信号使用 1 和 0 表示信号的有无，因此数字信号的有无比较容易区分，受到噪声的干扰比较小，所以其处理和传输更稳定。此外，由于数字信号采用二进制数表示，凡具有两个状态的电路都可以用来表示 1 和 0 两个状态，因此基本单元电路的结构简单，对电路参数一致性的要求较低，有利于将众多的基本单元电路集成在同一个芯片上批量生产。另外，数字信息可以通过磁盘、光盘等介质长期地保存下来，不易丢失，数字信号通过编码等形式进行加密处理后可提高信息的安全性，且数字电子电路产品系列多、通用性强、成本低。

3. 二进制数和逻辑电平

1）二进制数

在数字电子电路中，通常采用 0 和 1 的组合表示数字、字母、符号和指令等信息，每个 0 或 1 称为位（bit），数字信号采用不同的电平状态表示这两个位。一般情况下，高电平用 1 来表示，低电平用 0 来表示，这称为正逻辑，即高电平（H）=1，低电平（L）=0。在另一种称为负逻辑的系统中，1 表示低电平，0 表示高电平。

2）逻辑电平

在实际数字电子电路中，高电平一般是某个指定范围内最大值 $U_{H(max)}$ 和最小值 $U_{H(min)}$ 之间的任意值，而低电平是另外一个指定范围内最大值 $U_{L(max)}$ 和最小值 $U_{L(min)}$ 之间的任意值，但是这两个指定范围不能有重叠，如图 2-7 所示。

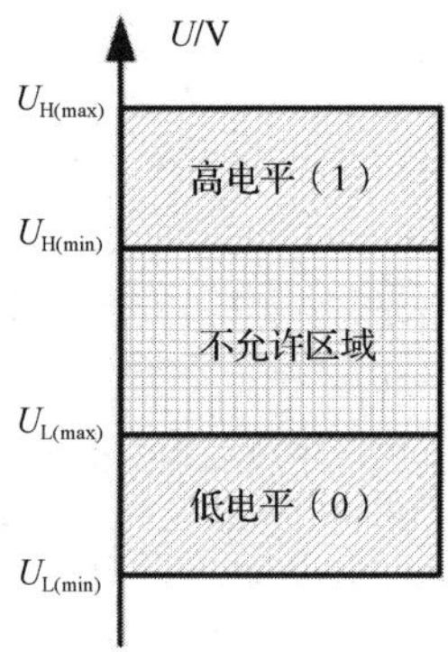

图 2-7　实际数字电子电路中的高电平和低电平

例如，在 CMOS 数字电子电路中，高电平的取值范围是 2～3.3V，低电平的取值范围是 0～0.8V，因此 0.8～2V 的电平是不允许出现的。

2.2　常用电子元器件（△◇☆）

2.2.1　电阻、电容、电感

1. 电阻

电阻是电子电路中使用最多的器件，它在电路中起到阻碍电流的作用，虽然它在工作过程中会消耗能量，但通过它可以改变、分配电路中的电流和电压。电阻可以单独使用，也可以与其他电子元器件一起构成各种功能电路，从而实现某些特定的功能。

电阻的大小一般用 R 来表示，单位为欧姆，用 Ω 表示，除欧姆以外，电阻的单位还有千欧（kΩ，$1k\Omega=10^3\Omega$）、兆欧（MΩ，$1M\Omega=10^6\Omega$）等。为了衡量电阻的大小，在物理意

义上可以用电压与电流的比值表示电阻，即

$$R = U / I$$

电阻的符号如图 2-8 所示。在图 2-8 中，矩形表示电阻，矩形两端的横线表示该电阻的两个引脚，“R1”为该电阻在电路中的标号，“10kΩ”表示该电阻的阻值为 10 千欧。

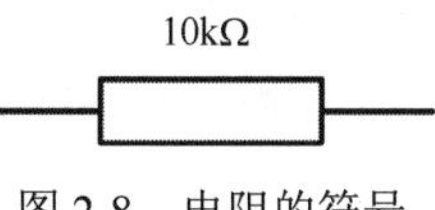

图 2-8 电阻的符号

在电子电路中，电阻的种类有很多，按照功能不同可以分为固定电阻和可变电阻；按照制造工艺和材料不同可以分为合金型电阻、薄膜（碳膜、金属膜、金属氧化膜）型电阻、合成型电阻和绕线型电阻；按照用途不同可以分为通用型电阻、精密型电阻、特殊型电阻和高阻型电阻。各类电阻的符号如图 2-9 所示。

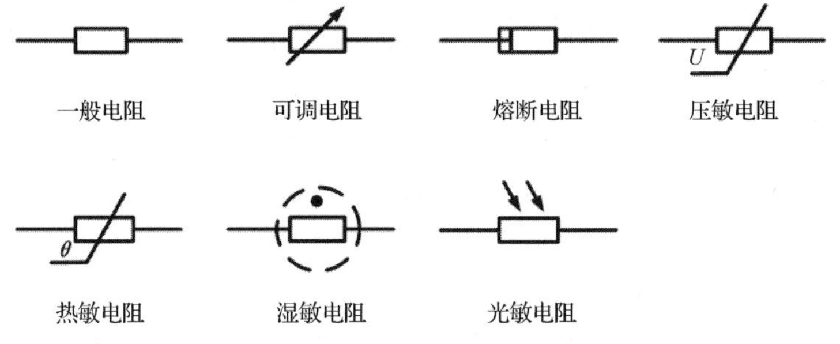

图 2-9 各类电阻的符号

在电子电路中应用较多的电阻有两种：一种是色环电阻，其外形一般呈圆柱形，长约 1cm，直径约为 0.3cm，表面为蓝色或黄色，有两个引脚，两个引脚没有极性，在电阻上标有 4 条或 5 条色环，通过色环可以读出电阻的阻值；另一种是贴片电阻，其体积极小，呈黑色块状，在表面印有阻值，在贴片电阻的两端有两个金属电极，可以不通过导线而直接在 PCB 上进行焊接安装。色环电阻和贴片电阻的外形如图 2-10 所示。

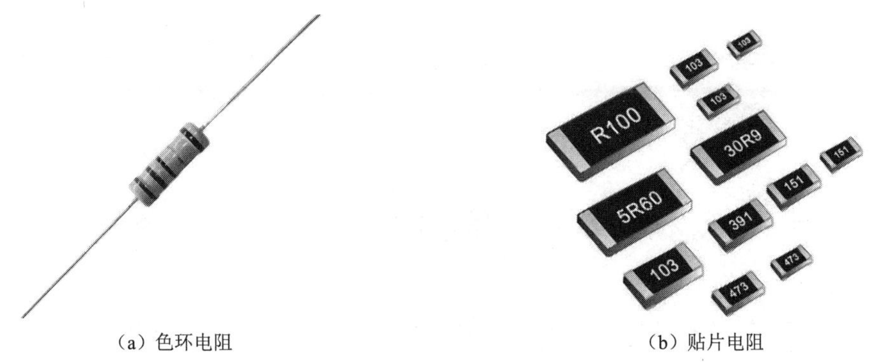

（a）色环电阻　　（b）贴片电阻

图 2-10 色环电阻和贴片电阻的外形

2. 电容

电容是在两个相互靠近的导体（极板）中间夹一层不导电的绝缘介质构成的，当在两个极板之间加电压时，电容就会储存电荷。电容是一种在对交流信号进行处理时经常用到的元件，具有隔直通交（不允许直流电流通过，只允许交流电流通过）、储能（能够存储电荷）和容抗（电容对不同频率交流电的阻碍作用不同）等特性，因此在充放电、旁路、耦合、滤波等电子电路中起着重要的作用。

电容的容量一般用 C 来表示，单位为法拉，用 F 来表示。如果电容在 1V 的直流电压作用下，能够存储的电荷为 1C（库仑），那么该电容的容量为 1F，但在实际使用过程中电容的容量比 1F 要小很多。经常使用的电容容量的单位还有微法（μF，$1F=10^6μF$）和皮法（pF，$1μF=10^6pF$）。一般采用电荷量与电压的比值来衡量电容容量的大小，即

$$C = Q / U$$

电容一般分为无极性电容和有极性电容，它们的符号也有差别，如图 2-11 所示。

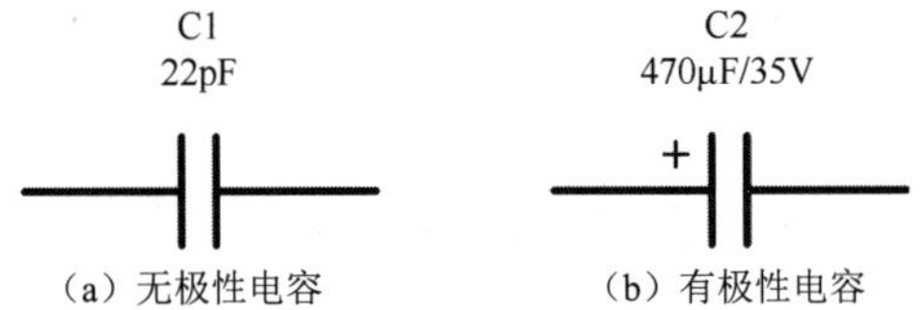

图 2-11　无极性电容和有极性电容的符号

在图 2-11 中，两条竖线表示电容的两个极板，两条横线表示电容的两个引脚，“C1”“C2”为电容在电路中的标号，“22pF”“470μF”表示电容的容量。图 2-11（b）中的“35V”表示该电容在正常工作时能承受的最大直流电压为 35V，“+”表示该电容的正极。

在电子电路中使用较多的电容有瓷介电容、电解电容、金属化聚丙烯薄膜电容和涤纶电容等。各种电容的外形如图 2-12 所示。

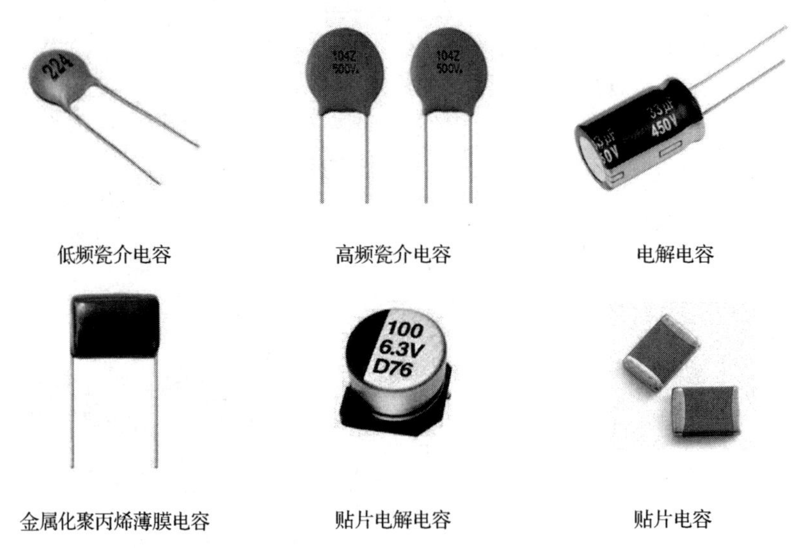

图 2-12　各种电容的外形

3. 电感

电感是使用绝缘导线根据自感现象构成的各种线圈，是一种储能元件，在电子电路中的使用量比电阻和电容要少很多。电感的很多特性与电容相反，具有隔交通直（不允许交流电流通过，只允许直流电流通过）、感抗（对不同频率的电流有阻碍作用）和励磁（当电流流过电感时在电感周围产生磁场）等特性。电感可以单独使用，也可以与其他电子元

器件构成功能电路，如 LC 串联或并联谐振电路、滤波电路等，但大多数电感为非标准元件，需要根据电路要求自行设计。

电感量一般用 L 表示，单位为亨，用 H 表示，但是由于 H 太大，所以经常使用毫亨（mH，1H=10^3mH）和微亨（μH，1mH=10^3μH）。电感的线圈数越多、线径越大，电感量就越大，当线圈内装有磁芯或铁芯时，电感量将大大增加。电感的符号如图 2-13 所示，其中“L1”“L2”为电感在电路中的标号。

图 2-13　电感的符号

除电感量以外，电感重要的参数还有品质因数、额定电流和固有电容。品质因数又称 Q 值，Q 值越高，说明电感的功率损耗越小，效率越高。

$$Q = \omega L/R$$

式中，ω 为工作频率；L 为电感量；R 为电感线圈的损耗电阻。额定电流是指电感中允许通过的最大电流，如果电感的工作电流大于这一数值，那么电感将会被烧坏。固有电容又称分布电容或寄生电容，它的产生有多种原因，相当于并联在电感线圈两端的一个总的有效电容，这将影响电感量的稳定性，因此必须尽量减小固有电容。常见电感的外形如图 2-14 所示。

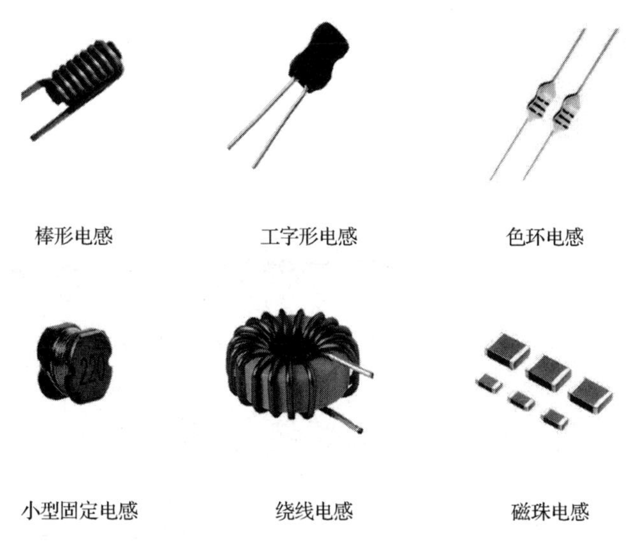

图 2-14　常见电感的外形

2.2.2　二极管、三极管

1. 二极管

二极管是电子电路中常用的元件之一，它是由 P 型半导体和 N 型半导体相接构成的

PN 结加上电极引线和管壳封装而成的，具有单向导电性（电流只能单方向流过二极管），所以经常被应用在显示（发光）、整流（交流电变为直流电）、检波（从高频载波中提取低频信号）、钳位（限制电路中某点的电压）、限幅（限制电路中某点电压的最大值）、开关（导通、截止状态快速切换）和变容（在高频调节电路中作为电容使用）等电路中。

二极管有两种工作状态：正向导通和反向截止。当二极管正极电压高于负极电压，即二极管两端所加的电压为正向偏置电压（硅二极管须大于 0.6V，锗二极管须大于 0.2V）时，二极管处于导通状态，此时二极管相当于导体，二极管的两个引脚之间的电阻很小；当二极管正极电压低于负极电压，即二极两端所加的电压小于正向偏置电压或加反向电压时，二极管处于截止状态，此时二极管的两个引脚之间的电阻很大，电路相当于断路。二极管的符号如图 2-15 所示。

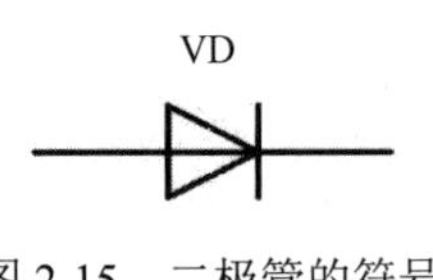

图 2-15　二极管的符号

在图 2-15 中，符号左端为二极管的正极（在实物中无标注或为长引脚），符号右端为二极管负极（在实物中为银色圆环或为短引脚），箭头所指方向为电流方向。当二极管正向导通时，其正极电压高于负极电压；当二极管反向截止时，其正极电压低于负极电压。图 2-15 中的“VD”为二极管在电路中的标号。

二极管的种类很多，按结构不同可以分为点接触型二极管和面接触型二极管两种。点接触型二极管由于接触面积小，通过的电流较小，分布电容较小，故适用于高频电路，多用于高频检波电路、鉴频电路、限幅电路、开关电路和小电流整流电路，而面接触型二极管则多适用于大功率整流电路。常见二极管的外形如图 2-16 所示。

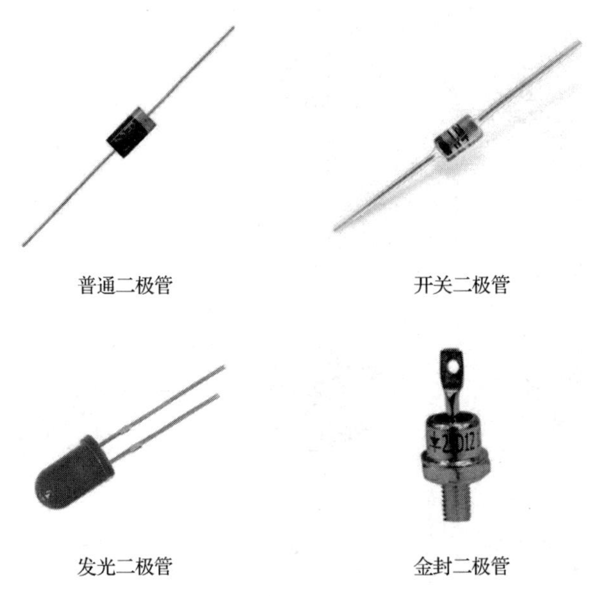

图 2-16　常见二极管的外形

值得注意的是，一般二极管的银色或黑色圆环、短引脚、带螺纹端为负极，无标注、长引脚端为正极。在选用二极管时应注意最大反向工作电压、最大整流电流、反向电流、管压降和最高工作频率等参数。

2. 三极管

三极管是电子电路中比较常见的一种元件，在电路中主要起放大、开关控制和处理信号的作用。三极管主要由两个PN结（集电结、发射结）构成，根据PN结的摆放位置不同可以分为NPN型三极管和PNP型三极管。三极管有3个引脚，分别是基极（B）、集电极（C）和发射极（E），三极管的主要工作原理就是用较小的基极电流控制较大的集电极电流和发射极电流。三极管的符号如图2-17所示。

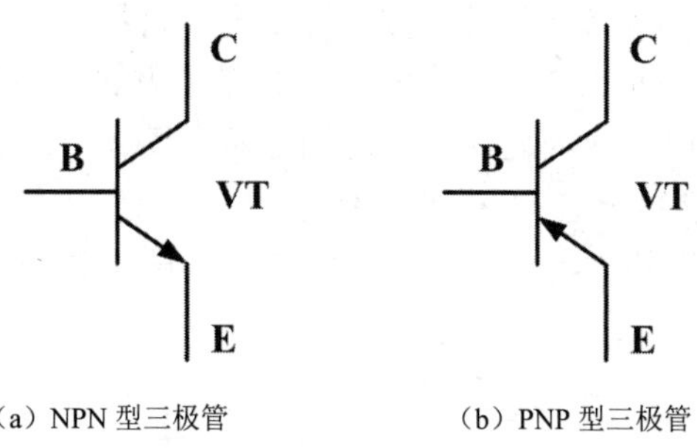

（a）NPN型三极管　　（b）PNP型三极管

图2-17　三极管的符号

三极管的主要参数有电流放大系数、极间反向电流、反向击穿电压和集电极最大散耗功率等。三极管的种类有很多，按PN结的摆放位置不同可以分为NPN型三极管和PNP型三极管，按材料不同可以分为硅三极管和锗三极管，按工作频率不同可以分为低频三极管和高频三极管，按功率不同可以分为大功率三极管、中功率三极管、小功率三极管。常见三极管的外形如图2-18所示。

塑料封装小功率三极管　　塑料封装大功率三极管

金属封装大功率三极管　　贴片三极管

图2-18　常见三极管的外形

2.2.3　场效应晶体管

场效应晶体管（FET）简称场效应管，它利用输入电压产生的电场效应来控制输出电流，因此又称电压控制型元件。它在工作时只有一种载流子（多数载流子）参与导电，故也称单极型半导体三极管。它因具有很高的输入电阻，能满足高内阻信号源对放大电路的要求，所以是较理想的前置输入级元件。它还具有热稳定性好、功耗低、噪声低、制造工艺简单、便于集成等优点，因而得到了广泛的应用。

场效应管分为结型场效应管（JFET）、绝缘栅型场效应管（JGFET）两大类。结型场效应管因有两个 PN 结而得名，绝缘栅型场效应管则因栅极与其他电极完全绝缘而得名。目前，在绝缘栅型场效应管中，应用最为广泛的是 MOS 场效应管，即金属-氧化物-半导体场效应管（MOSFET），简称 MOS 管。按沟道半导体材料不同，结型场效应管和绝缘栅型场效应管都可分为 N 沟道的和 P 沟道的两种；按导电方式不同，场效应管可分成耗尽型的与增强型的，结型场效应管均为耗尽型的，绝缘栅型场效应管既有耗尽型的也有增强型的。MOS 管可分为增强型 P 沟道 MOS 管、增强型 N 沟道 MOS 管、耗尽型 P 沟道 MOS 管和耗尽型 N 沟道 MOS 管四大类。场效应管的符号如图 2-19 所示。

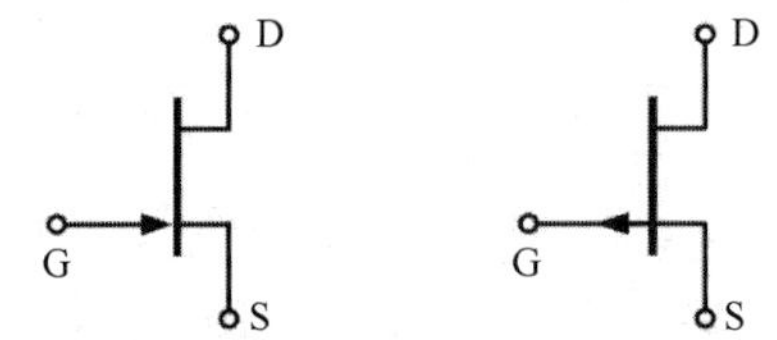

（a）结型场效应管

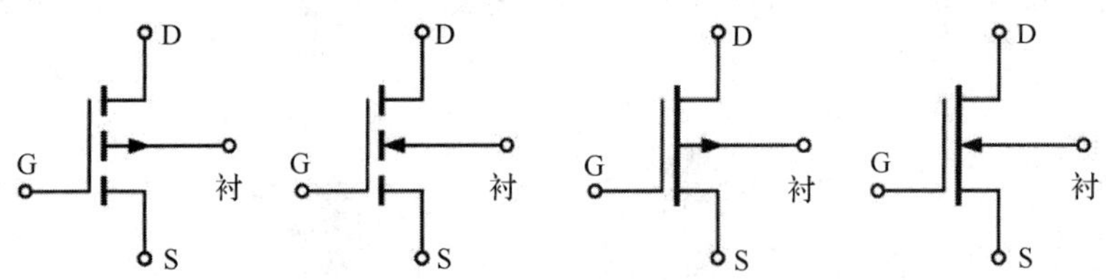

（b）MOS管

图 2-19　场效应管的符号

2.2.4　集成电路

在计算机及外部设备中，为了提高电路的集成度和可靠度，减小电路的体积，经常使用大量的集成电路。集成电路又称 IC（Integrated Circuit），是采用一定的工艺，把一个电路中所需的晶体管、电阻、电容和电感等元器件及导线连接在一起，制作在一个或几个半导体晶片或介质基片上，然后将其封装在一个管壳内，构成具有所需电路功能的微型结构。

集成电路按照规模不同可以分为小规模集成电路（SSI，集成少于 100 个元器件）、中规模集成电路（MSI，集成 10^2～10^3 个元器件）、大规模集成电路（LSI，集成 10^3～10^5 个元器件）和超大规模集成电路（VLSI，集成多于 10^5 个元器件）；按照信号形式不同可以分为模拟集成电路、数字集成电路和数/模混合集成电路；按照制造工艺和电路工作原

理不同可以分为双极型集成电路（主要采用 NPN 型三极管）和单极型集成电路（主要采用 MOS 管）。

由于集成电路的数量众多、功能各异，所以其具体电路功能需要参照用户手册进行了解，并依据实际功能需求情况来使用。集成电路的外观一般呈正方形或长方形，各引脚均匀分布，其封装（安装集成电路的外壳及引出引脚）形式有很多种，常见的集成电路封装形式如图 2-20 所示。

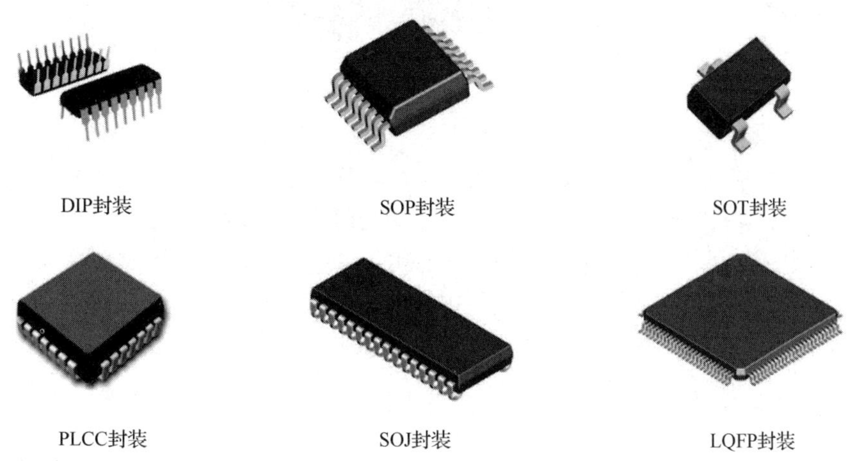

图 2-20　常见的集成电路封装形式

除上述封装形式以外，在计算机及外部设备中经常用到的封装形式还有 BGA 封装和 QFN 封装。

BGA（Ball Grid Array，球栅阵列或焊球阵列）封装是一种高密度表面装配封装技术，在封装底部，引脚都呈球状并排列成一个类似于格子的图案，因此命名为 BGA 封装。目前，计算机主板控制芯片组多采用此类封装技术，材料多采用陶瓷，采用 BGA 封装技术对内存进行封装，可以使内存在体积不变的情况下，容量提高 2～3 倍。BGA 封装如图 2-21 所示。

图 2-21　BGA 封装

QFN（Quad Flat no-Lead，方形扁平无引脚）封装是一种焊盘尺寸小、体积小、以塑料作为密封材料的表面贴装封装技术。由于 QFN 封装内部引脚与焊盘之间的导电路径短，自感系数及封装体内布线电阻很低，所以它能提供卓越的电性能。此外，它还可通过外露的引线框架焊盘提供出色的散热性能，该焊盘具有直接散热的通道，用于释放封装内的热量。QFN 封装如图 2-22 所示。

图 2-22　QFN 封装

随着集成电路的发展，生产集成电路所用的半导体工艺也急速提升，一般采用蚀刻尺寸来衡量集成电路的制造工艺是否先进、性能是否优良。蚀刻尺寸是制造设备在一个硅晶圆上所能蚀刻的最小尺寸，即晶体管的沟道长度，沟道长度越短说明该沟道体积越小，从而在集成电路尺寸相同的前提下能够放下更多的晶体管来提升性能，或采用同样的晶体管数量能制造出尺寸更小的集成电路。目前，主流的 CPU 集成电路蚀刻尺寸为 28nm、16nm、10nm，有些厂商的蚀刻尺寸甚至能达到 5nm。

2.3　电子元器件与电子产品测试（◇☆）

2.3.1　万用表

电子电路通常由多个子系统或模块组成，其连线也很复杂，在实际使用过程中经常会因为多种原因造成功能异常无法使用，因此经常需要对某些电子元器件或整个电子电路进行测试和故障分析。在电子元器件与电子产品测试过程中常使用的仪器与工具有直流稳压电源、信号发生器、示波器和万用表等，其中最常使用的仪器是万用表，借助它可以完成电压、电流和电阻等参数的测量，借此来实现对电子元器件和电子电路功能的测试。万用表按照显示方式不同可以分为指针式万用表和数字式万用表，如图 2-23 所示。

图 2-23　指针式万用表和数字式万用表

相对于指针式万用表，数字式万用表使用方便、读数准确、灵敏度高、内阻大，在测

量电压时，使用数字式万用表更接近理想测量条件，下面将以数字式万用表为例说明万用表的使用方法。

1．测量准备

在使用万用表进行测量时，应先将其黑表笔插入 COM 公共端插孔，红表笔根据测量对象的不同插入相应插孔，如图 2-24 所示。

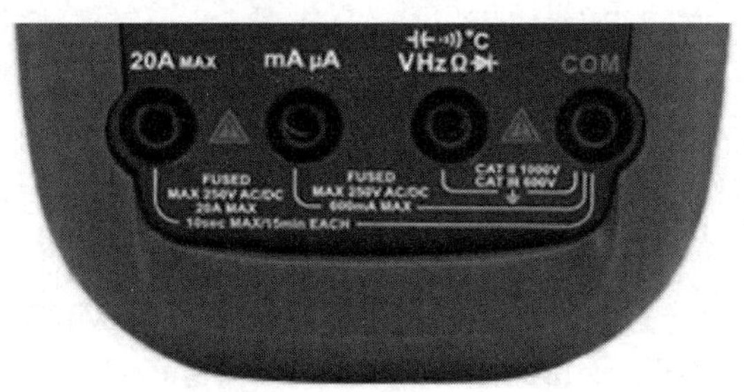

图 2-24　万用表表笔插孔

图 2-24 中，“20A”“mA μA”表示电流挡；“V Hz Ω ⊳|”表示电压、频率、电阻、通断挡；“COM”为公共端。

2．电压的测量

（1）直流电压的测量。在估计被测电压值的大小后，将旋钮旋转至直流电压挡“V⎓”，选择合适的量程。将黑表笔接电路负极或地线，红表笔接待测电路点，然后根据读数读出电压值，测量该点对地的电压。若测量两点之间的电压，如测量二极管两端的压降，则需要将万用表的两个表笔分别与两点相连，再进行读数。在测量过程中若显示为“1.”，则表明量程太小，应加大量程后测量；若在数值左边出现“-”，则表明表笔极性与实际电源极性相反，此时红表笔接的是电压较低的点。

（2）交流电压的测量。测量交流电压与测量直流电压的方法相似，根据电路电压选择合适的量程，并将旋钮旋转至交流电压挡“V～”。在使用交流电压挡时，万用表表笔不用分正负极接入电路，读数方法与直流电压的读数方法相同。在测量市电交流电压 220V 时应选用 250V 交流电压挡，并应注意人身安全，不要触及表笔金属部分和待测电路金属部分。

3．电流的测量

（1）直流电流的测量。首先应断开测量处的电路，估计被测电流值的大小，选择合适的量程，将旋钮旋转至直流电流挡“A⎓”，并将红表笔接电路断开处的电流流出端，黑表笔电路断开处的电流流入端。如果发现屏幕上显示“-”，则须对换表笔测量，然后进行读数，该读数即流过该电路的电流大小。

（2）交流电流的测量。测量交流电流与测量直流电流的方法相似，只是万用表表笔在接入电路时不用分正负极，然后将旋钮旋转至交流电流挡“A～”，便可进行读数。交流电流的测量一般针对的是大功率的电器及设备，实际上使用钳形电流表测量交流电流更加方便。

4．线路通断测试

线路通断测试又称万用表的蜂鸣器功能，它主要用于测量线路、电子元器件的通断。当两个表笔之间的测量阻值低于 50Ω 时，万用表内置的蜂鸣器将发出鸣叫声，使用这个功能可以测试电子电路中两点是否断开或短路。蜂鸣器功能可以提高线路通断测试的工作效率，是电子电路测试中经常使用到的功能之一。

2.3.2　其他电子产品测试仪器

1．示波器

示波器是在屏幕上显示出电信号波形的仪器，它是一种综合性的信号测试仪器。其主要特点是不仅可以显示电信号波形，还可以测量电信号的幅度、周期、频率和相位等。示波器的种类很多，实验室中常用双踪示波器，双踪示波器可以通过两个通道同时输入两个信号进行测量比较。示波器的外形如图 2-25 所示。

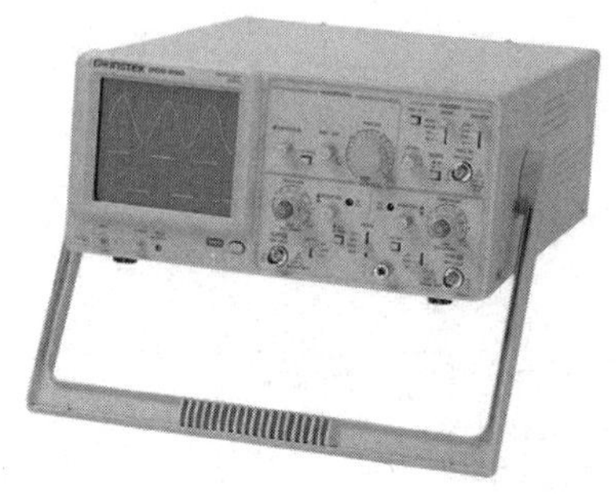
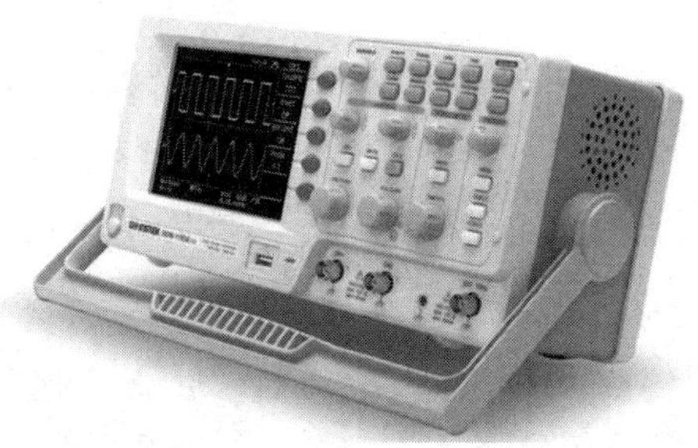

图 2-25　示波器的外形

2．函数信号发生器

函数信号发生器实际上是一种多波形信号源，能产生正弦波、矩形波、三角波、锯齿波，以及各种脉冲信号的波形，输出电压的大小和频率都能方便地进行调节，其外形如图 2-26 所示。由于其输出波形均可以用数学函数描述，所以又称函数发生器。目前，函数信号发生器的输出频率范围为 0.0005Hz～50MHz，除可以作为信号源使用以外，一般的函数信号发生器还具有频率计数和显示功能，既能显示自身输出信号的频率，又能测量外来信号的频率，有些函数信号发生器还具备调制和扫频等功能。

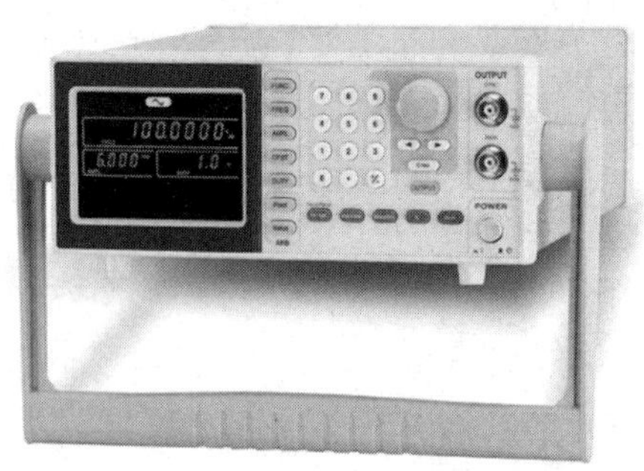

图 2-26　函数信号发生器的外形

3．直流稳压电源

直流稳压电源是一种为电路提供能源的设备，输入交流电压，输出可以调整的、稳定的直流电压。当电源电压波动和负载变化时可以保证输出电压基本不变。在实际测试过程中使用的直流稳压电源通常是双路直流稳压电源，可同时输出两路可以调整的、稳定的直流电压。直流稳压电源的外形如图 2-27 所示。

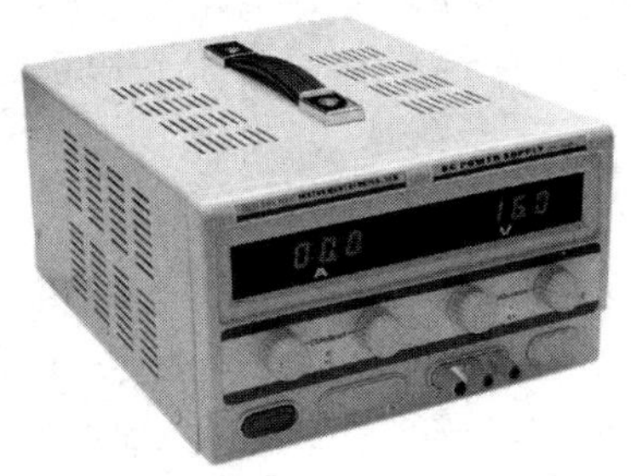

图 2-27　直流稳压电源的外形

2.3.3　电子元器件测试

1．电阻测试

在使用数字式万用表进行电阻测试时，应选用电阻挡。电阻挡（又称欧姆挡）一般用来测量电阻值或通过测量元器件引脚间阻值大小是否与正常数据相符来判断元器件好坏。在估计电阻值大小后，可将旋钮旋转至电阻挡“Ω”，在选择合适的量程（“200”的单位是“Ω”，“2k”到“200k”的单位是“kΩ”，“2M”及以上的单位是“MΩ”，被测元器件阻值与该挡量程越接近，测量结果越准确）后，将表笔分别连接至被测电阻两端并进行读数。

2．电容测试

在使用数字式万用表进行电容测试时，应选用电容挡，根据电容容量的大小选择合适的量程，在待测电容充分放电后，将两个表笔分别连接至电容引脚进行测量，万用表将直接显示出待测电容的容量。如果显示的数值等于或十分接近标称容量，则说明该电容工作正常；如果显示的数值远小于标称容量，则说明该电容的容量已下降，不能再使用；如果待测电容的容量超出万用表的测量范围，即显示“1.”，则不能使用该万用表进行测量，须换用量程更大的万用表进行测量。

3．二极管测试

在使用数字式万用表进行二极管测试时，可先将旋钮旋转至“⊣⊳⊢”挡，然后将红表笔与二极管正极相连，黑表笔与二极管负极相连，此时万用表读数为二极管的压降值（单位为mV，硅二极管压降约为0.7V，锗二极管压降约为0.3V，发光二极管压降约为1.8～2.3V），再将两个表笔颠倒后测量，若万用表显示超量程符号“1.”，则说明该二极管反向电阻无穷大，该二极管工作正常。

4．三极管测试

在使用数字式万用表进行三极管测试时，可先假定某个引脚 A 为基极，使用黑表笔与该引脚相连，并使用红表笔分别与其他两个引脚相连，若两次读数均为 0.7V 左右，则可使用红表笔连接 A 引脚，并使用黑表笔分别连接其他两个引脚，若均显示“1.”，则表明 A 引脚为基极，且此三极管为 PNP 型三极管。在判断集电极和发射极时，可以先将旋钮旋转至“hFE”挡，该挡位旁有一排小插孔，分别为 PNP 型三极管和 NPN 型三极管的测量插孔，根据前面已经判断出的管型，将基极引脚插入对应管型“B”孔，其余两个引脚分别插入“C”孔和“E”孔，此时可以读取数值，即 β 值。再次固定基极，将其余两个引脚对调并读取数值。比较两次读数，其中读数较大的一次引脚与插孔对应正确。

2.3.4 电子产品测试

电子产品测试是指检查电子产品是否能够达到预定功能要求和技术指标，其主要目的是排除电子产品中的故障。电子产品中的故障是指由一个或多个电子元器件损坏、接触不良、导线断裂与短路、虚焊等原因造成的功能错误现象。

1. 电子产品产生故障的原因

电子产品产生故障的原因有很多种，大致分为以下几类。

（1）线路损坏：电子电路的线路焊点松脱与损坏会造成断路，而位置相邻的导线过长或裸露导线搭接则会造成短路，有些电子电路中还会出现线路漏接或错接的情况。

（2）接触不良：电子产品插件松动、焊接不良、焊点氧化等会造成偶发性功能不良。

（3）工作环境恶劣：电子产品内部元器件对温度、湿度、电磁防护和工作时间等条件都有较高的要求，如果使用条件和环境未达到要求，那么电子产品在这样的工作环境下长时间工作后也会产生故障。

（4）超期使用：当电子产品的使用时间超过其设计使用期限时，电子元器件将发生老化，性能将降低，这也会导致电子产品产生故障。

2. 电子产品测试要求

在进行电子产品测试时，首先应检查电子产品的功能是否符合要求、能否正常使用，仔细观察电子电路有没有被腐蚀、有无破损，电源熔断器是否烧断，导线有无断路或短路，电子元器件有无变色或脱落，此外还应检查插件的松动、电解电容的漏液、焊点的脱落等情况。然后为电子产品通电，仔细观察有无异常现象，如有无因电流过大烧毁电子元器件产生的异味或冒烟，以及集成电路或晶体管的外壳过热的情况等，并使用仪表测试电路功能是否正常，在测试时，还可以将电路主要测试点的电流、电压等参数和标准电路对应测试点的参数进行对比，以完成对电子产品的测试。

2.4 传感器基本知识（◇☆）

2.4.1 传感器的定义

在工业生产和日常生活中，人们经常会使用各种传感器对生产过程、周围环境进行检测与监控，传感器技术是现代装备系统安全、经济运行的重要保证，也是其先进性和实用

性的重要标志。例如，在由计算机及外部设备组成的自动控制系统中，传感器是不可缺少的重要组成部分，要实现自动化，只有精确检测出被控对象的参数并将其转换成易于处理的电信号，控制系统才能够正常工作。

传感器是一种能感受规定的被测量并按照一定的规律（数学函数法则）将其转换成可用信号的器件或装置，通常由敏感元件、转换元件和转换电路三大部分组成，其基本构成如图 2-28 所示。

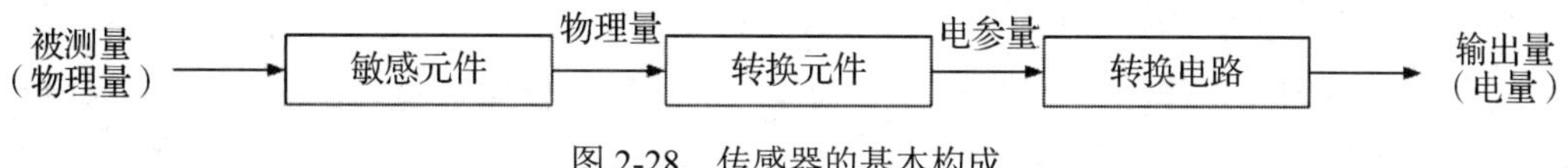

图 2-28　传感器的基本构成

敏感元件：直接感受被测量，并输出与被测量呈对应关系的某一物理量。

转换元件：将敏感元件的输出量转换成电参量。

转换电路：将电参量转换成可直接利用的电信号。

被测量：被测量的物理量，如温度、位移、速度等。

输出量：与被测量相对应的电量，如电压、电流、电阻等。

2.4.2　传感器的分类

传感器的种类有很多，根据其用途、工作原理和输出信号形式的不同，可以分为以下几类。

按用途分：压敏传感器、力敏传感器、位置传感器、液位传感器、能耗传感器、速度传感器、加速度传感器、射线辐射传感器、热敏传感器等。

按工作原理分：振动传感器、湿敏传感器、磁敏传感器、气敏传感器、真空度传感器、生物传感器等。

按输出信号形式分：模拟传感器、数字传感器、膺数字传感器和开关传感器等。

2.4.3　传感器的主要参数

传感器在工作过程中感受到的被测量一般有两种形式：一种是稳定的，即不随时间变化而变化或变化极其缓慢的信号，称为静态信号；另一种是随时间变化而变化的信号，称为动态信号。所以衡量传感器的性能可分别使用静态特性参数和动态特性参数。

传感器的静态特性，是指当输入量不变时，传感器的输出量与输入量之间的关系。因为这时输入量和输出量都和时间无关，所以它们之间的关系，即传感器的静态特性可用一个不含时间变量的代数方程，或用以输入量为横坐标、以与其对应的输出量为纵坐标的特性曲线来描述。描述传感器静态特性的主要参数有线性度、灵敏度、迟滞、重复性、漂移等。

传感器的动态特性，是指当输入量变化时，传感器的输出量与输入量之间的关系。在实际工作中，传感器的动态特性常用它对某些标准输入信号的响应来表示，这是因为传感器对标准输入信号的响应容易用实验方法求得，并且它对标准输入信号的响应与它对任意输入信号的响应之间存在一定的关系，可以由它对标准输入信号的响应推算出它对任意输入信号的响应。最常用的标准输入信号有阶跃信号和正弦信号两种，所以传感器的动态特性也常用阶跃响应和频率响应来表示。

2.4.4 传感器的主要应用领域

随着现代科技的快速发展，人们对传感器的多样性、智能化和集成度等方面的要求越来越高。科学进步，特别是物联网技术、大规模集成电路技术、新材料技术、微型计算机技术和机电一体化技术的不断进步，大大地促进了传感器技术与检测技术的发展，传感器的应用领域也越来越广，传感器的主要应用领域如下。

1．生产过程中的测量与控制

在生产过程中，可以使用传感器通过对温度、压力、流量、位移、液位和气体成分等参量进行检测，实现对生产过程和设备工作状态的控制。

2．安全报警与环境保护

利用传感器可以对高温、放射性污染及粉尘弥漫等恶劣工作条件下的过程参量进行远距离测量与控制，从而实现安全生产。传感器还可用于温控、防灾、防盗等方面的报警系统。在环境保护方面，传感器可用于对大气与水质污染进行监测，对放射性元素和噪声进行测量等。

3．自动化设备和机器人

传感器可提供各种反馈信息，传感器与计算机的结合使自动化设备的自动化程度有了很大的提高，如现代机器人中就大量使用了传感器，其中包括力传感器、扭矩传感器、位移传感器、超声波传感器、转速传感器和射线传感器等。

4．交通运输和资源探测

传感器可用于交通工具、道路和桥梁管理，以提高运输的效率与防止事故的发生，还可用于陆地与海底资源探测及空间环境、气象等方面的测量。

5．医疗卫生和家用电器

传感器可用于对患者进行自动监测和监护，还可用于微量元素的测定、食品卫生检验等，尤其是作为离子敏感器件的各种生物电极，已成为生物工程理论研究的重要测试装置。

2.5 机械装配与控制系统（☆）

2.5.1 机械传动机构的装配与调整

1．齿轮与轴的装配

齿轮与轴的连接形式有固定连接、空套连接和滑动连接三种形式。固定连接主要包括键连接、螺栓法兰盘连接和固定铆接等；滑动连接主要采用花键连接（当传递的扭矩较小时也可采用滑键连接）。

齿轮与轴的具体装配步骤如下。

（1）清除齿轮与轴配合面上的污物和毛刺。

（2）当采用固定键连接时，应根据键槽尺寸，认真锉配键，使之达到键连接要求。

（3）清洗并擦干净配合面，涂润滑油后将齿轮装配到轴上。

当齿轮和轴采用滑动连接时，装配完毕后的齿轮在轴上不得有晃动现象，滑动时不应有阻滞和卡死现象，滑动量及定位要准确，齿轮啮合错位量不得超过规定值。齿轮啮合图如图 2-29 所示。

对于过盈量不大或过渡配合的齿轮与轴的装配，可采用捶击法或齿轮装配工具压入法将齿轮装配到轴上。齿轮装配工具如图 2-30 所示。

对于过盈量较大的齿轮与轴的装配，应采用温差法，即通过加热齿轮（或冷却轴颈）的方法，将齿轮装配到规定的位置。

图 2-29　齿轮啮合图

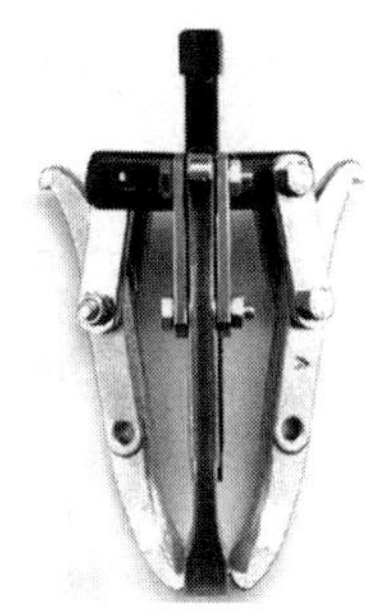

图 2-30　齿轮装配工具

2. 装配完毕后的检查与调整

对于对精度要求较高的齿轮与轴的装配，装配完毕后必须对其装配精度进行严格的检查和调整，检查方法如下。

1）直接观察法

观察要点：装配完毕后是否同轴，齿轮是否歪斜，齿轮与轴肩是否贴紧。齿轮与轴的装配如图 2-31 所示。

2）齿轮径向圆跳动检查法

将装配好的齿轮轴放置在检验平板上的两个 V 形架上，使轴与检验平板平行。把圆柱规放到齿轮槽内，使百分表触头触及圆柱规的最高点，记下百分表的读数值。然后转动齿轮，每隔 3 个或 4 个齿检查一次，转动齿轮一周百分表的最大读数与最小读数之差即齿轮分度圆的径向圆跳动误差。齿轮检查百分表如图 2-32 所示。

图 2-31　齿轮与轴的装配

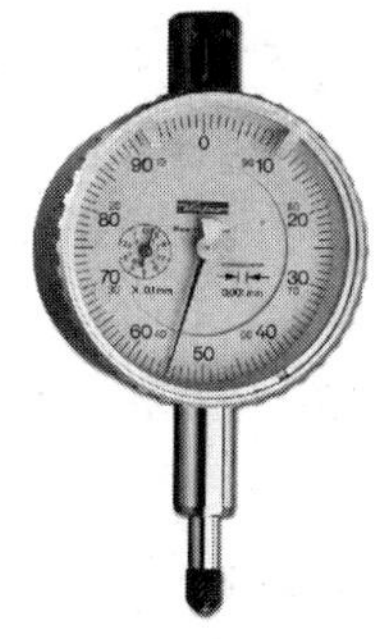

图 2-32　齿轮检查百分表

3）齿轮端面圆跳动检查法

将齿轮轴支顶在检验平板上两顶尖之间，将百分表触头抵在齿轮的端面上（应尽可能靠近外缘处），转动齿轮一周百分表的最大读数与最小读数之差即齿轮端面圆跳动误差，如图 2-33 所示。

图 2-33　齿轮端面圆跳动检查

2.5.2　伺服系统概述

1．伺服系统的结构组成

伺服系统是指以机械量，如位移、速度、加速度、力和力矩等，为被控量的一种自动控制系统，又称伺服机构。例如，在数控机床中，伺服系统将来自插补器的进给脉冲转换为机床工作台的位移。

机电一体化的伺服系统的结构、类型繁多，从自动控制理论的角度来分析，伺服系统一般包括比较元件、调节元件、执行元件、被控对象、测量元件五大部分，如图 2-34 所示。

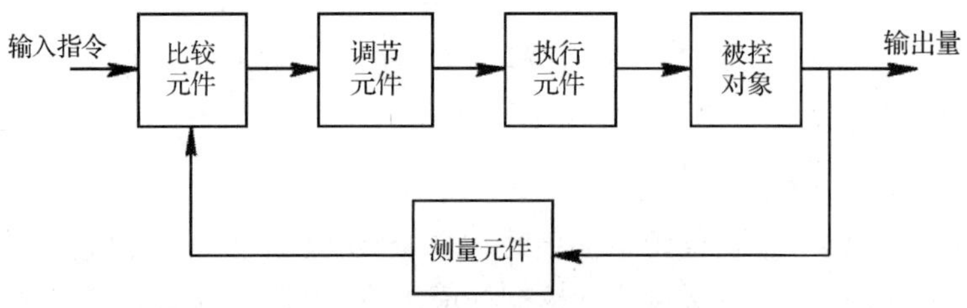

图 2-34　伺服系统组成原理框图

2．伺服系统的基本类型

（1）按控制原理分类：有开环伺服系统、闭环伺服系统和半闭环伺服系统三种类型。

（2）按被控量性质分类：有位移伺服系统、速度伺服系统、力伺服系统和力矩伺服系统等类型。

（3）按驱动方式分类：有电气伺服系统、液压伺服系统和气压伺服系统等类型。

（4）按执行元件分类：有步进电机伺服系统、直流电机伺服系统和交流电机伺服系统等类型。

3．伺服电机类型的选择

伺服电机与普通电机不同。伺服电机的调速特性与电机本身的结构、性能及其控制电

路有关。伺服电机包括DC伺服电机、无刷DC伺服电机、AC伺服电机和步进伺服电机，其特点及其应用举例如表2-1所示。

表2-1　伺服电机的特点及其应用举例

<table>
<tr><th colspan="2">种　　类</th><th>主 要 特 点</th><th>应 用 举 例</th></tr>
<tr><td colspan="2">DC伺服电机</td><td>高响应特性；
高功率密度；
可实现高精度数字控制；
接触换向部件（电刷与整流子）需要维护</td><td>NC机械、机器人、计算机外部设备、办公机械、音响、音像设备、计测机械等</td></tr>
<tr><td colspan="2">无刷DC伺服电机（晶体管式）</td><td rowspan="2">无接触换向部件；
需要磁极位置检测器（如同轴编码器等）；
具有DC伺服电机的全部优点</td><td>音响、音像设备、计算机外部设备等</td></tr>
<tr><td rowspan="2">AC伺服电机</td><td>永磁同步型（无刷DC伺服电机）</td><td>NC机械（进给运行）、机器人等</td></tr>
<tr><td>感应型（矢量控制）</td><td>对定子电流的激励分量和转矩分量分别进行控制；
具有DC伺服电机的全部优点</td><td>NC机械（主轴运行）</td></tr>
<tr><td colspan="2">步进伺服电机</td><td>转角与控制脉冲数成比例，可构成直接数字控制器；
有定位转矩器；
可构成廉价的开关控制器</td><td>计算机外部设备、办公机械、数控装置</td></tr>
</table>

2.5.3　可编程逻辑控制器基础知识

1．可编程逻辑控制器的常用语言方式

可编程逻辑控制器（Programmable Logic Controller，PLC）目前已成为一种最重要、最普及、应用场合最多的工业控制器，它与机器人、CAD、CAM并称为工业生产自动化的三大支柱。

1987年，国际电工委员会（IEC）对PLC做了如下定义：PLC是一种数字运算操作的电子系统，专为在工业环境下应用而设计。它采用可编程的存储器在其内部存储执行逻辑运算、顺序控制、定时、计数和算术运算等操作的指令，并通过数字式和模拟式的输入和输出，控制各种类型的机械操作或生产过程。PLC及其外部设备都应按易于与工业系统构成一个整体、易于扩充功能的原则设计。

PLC的用户程序是设计人员根据控制系统的工艺控制要求，通过PLC编程语言编制的。根据国际电工委员会制定的工业控制编程语言标准（IEC 1131-3），PLC的常用编程语言包括梯形图编程语言、指令表编程语言和功能模块图编程语言。

1）梯形图编程语言

梯形图编程语言是PLC程序设计中最常用的编程语言。它是与继电器控制电路类似的一种编程语言。继电器控制电路图如图2-35（a）所示。由于电气设计人员对继电器控制较为熟悉，所以梯形图编程语言得到了广泛应用。

梯形图编程语言与原有的继电器控制电路的不同点是，梯形图中的“能流”不是实际

意义上的电流，内部的继电器也不是实际存在的继电器，在应用时需要与原有继电器控制的概念区别对待。梯形图编程语言如图 2-35（b）所示。

2）指令表编程语言

指令表编程语言是与汇编语言类似的一种助记符编程语言，和汇编语言一样由操作码和操作数组成。在无计算机的情况下，适合采用 PLC 手持编程器对用户程序进行编写。指令表编程语言与梯形图编程语言一一对应，在 PLC 编程软件下可以相互转换。指令表编程语言如图 2-35（c）所示。

3）功能模块图编程语言

功能模块图编程语言是与数字逻辑电路类似的一种 PLC 编程语言。采用功能模块图的形式来表示模块所具有的功能，不同的模块有不同的功能，如图 2-35（d）所示。

目前世界上的 PLC 制造商有很多家，产品有很多个系列，按地域影响力可分三大流派：欧洲产品以西门子（SIMATIC）PLC 为代表；美国产品以 A-B（Allen-Bradley）PLC 为代表；日本产品以欧姆龙（OMRON）PLC 和三菱 PLC 为代表。这些制造商多用梯形图编程语言进行编程。

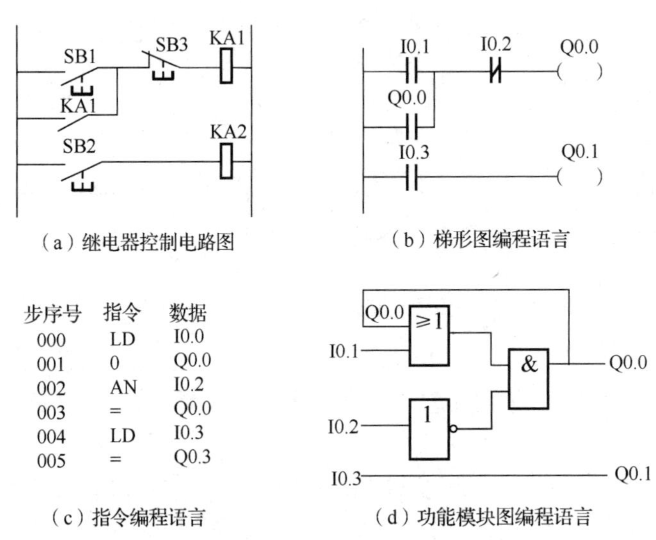

图 2-35　继电器控制电路图与 PLC 编程语言

2. 梯形图的编程方法

不同 PLC 制造商使用的编程语言和指令有所区别，本书以目前国内广泛使用的西门子 S7-200 PLC 为载体，介绍编程方法的具体实施过程。

下面以一个三相异步电动机正反转控制电路为例，介绍进行 PLC 设计的具体操作步骤：

1）明确控制要求

三相异步电动机正反转控制电路原理图如图 2-36 所示。当需要使电动机正转时，闭合刀开关 QS 后，当按下正向启动按钮 SB2 时，交流接触器 KM1 的线圈得电，其主触点闭合为电动机引入三相正向交流电，电动机 M 正向启动，KM1 的辅助常开触点闭合实现自锁，同时其辅助常闭触点断开实现互锁。当需要使电动机反转时，按下反向启动按钮 SB3，KM1 的线圈断电，KM2 的线圈得电，KM2 的主触点闭合为电动机引入三相反向交流电，电动机 M 反向启动，同样 KM2 的辅助常开触点闭合实现自锁，同时其辅助常闭触点断开实现互锁。无论电动机 M 是处于正转状态还是处于反转状态，当按下停止按钮 SB1 时，电动机 M 停止运行。

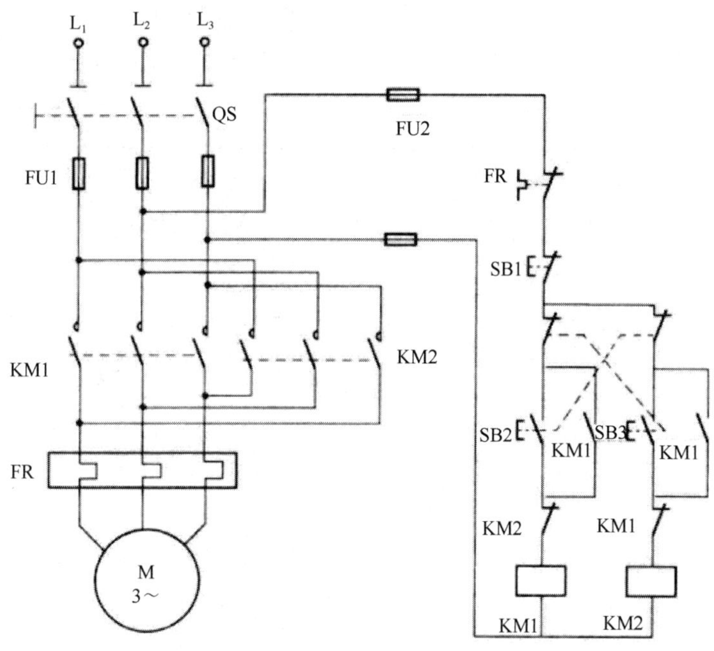

图 2-36　三相异步电动机正反转控制电路原理图

此外，KM1 和 KM2 的线圈不能同时得电，否则三相电源会短路，因此电路中将常闭触点串联在对方线圈回路中作为电气互锁装置，使电路安全可靠。采用按钮 SB1 和 SB2 的常闭触点，是为了让电动机正转和反转直接切换，操作方便。这些控制要求都应在梯形图中予以体现。

2）确定 I/O 点数并分配 I/O 地址

确定 I/O 点数实际上是评估控制系统所需要的 I/O 元器件的数目，也就是确认有哪些元器件发出信号输入到 PLC 中，PLC 又把输出信号发送到哪些执行装置中。通常来讲，可以与 PLC 的输入模块连接的外部设备有开关、按钮、各类传感器等，西门子 200 系列 PLC 所有的输入开关量信号都由 24V 的直流电源供电；可以与 PLC 的输出模块连接的外部设备有接触器、指示灯、电磁阀等，一般由 220V 的交流电源驱动。将 I/O 点数合计起来，就可以选择合适的 PLC 机型，如果不够，还可以使用扩展模块。

接下来要分配 I/O 地址，西门子 200 系列 PLC 全部使用 I/O 通道的概念来分辨每个 I/O 终端或点，用“字节.位”来定义每个 I/O 点，字节代表通道，位代表通道内的点。例如，I0.0 表示输入模块的 1 通道的第一个输入点，Q0.0 表示输出模块的 1 通道的第一个输出点。西门子 200、300 系列 PLC 一般一个通道内最多有 8 个 I/O 点，所以小数点位之后只用 0～

7 来表示即可，如 I0.0～I0.7、Q1.0～I1.7。

根据控制要求，确定 I/O 点数并填写 I/O 地址分配表，如表 2-2 所示。

表 2-2　I/O 地址分配表

输　入		输　出	
元　器　件	地　　址	元　器　件	地　　址
正向启动按钮 SB2	I0.0	正转继电器 KM1	Q0.0
反向启动按钮 SB3	I0.1	反转继电器 KM2	Q0.1
停止按钮 SB1	I0.2		
热继电器 FR	I0.3		

3）PLC 硬件接线图

根据 I/O 地址分配表完成 PLC 的硬件接线，如图 2-37 所示。

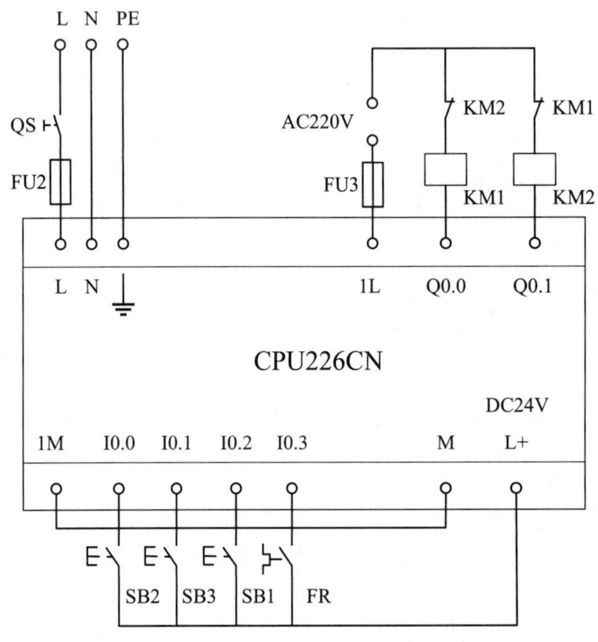

图 2-37　PLC 硬件接线图

需要注意的是对 PLC 外部输入设备常闭触点的处理原则，即为了使梯形图和继电器控制电路一一对应，PLC 外部输入设备的触点应尽可能接成常开形式的，如把图 2-37 中的 FR 的常闭触点处理成常开触点。

4）创建项目并编辑符号表

打开 STEP 7-Micro/WIN 软件，新建一个项目并编辑符号表，如图 2-38 所示。

5）编写梯形图程序

生成一个新项目后，自动打开主程序 MAIN（OB1），采用“启—保—停”方法编写梯形图程序，如图 2-39 所示。

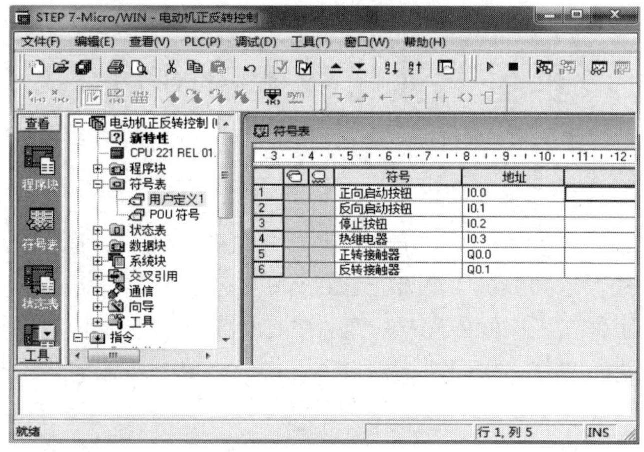

图 2-38　编辑符号表

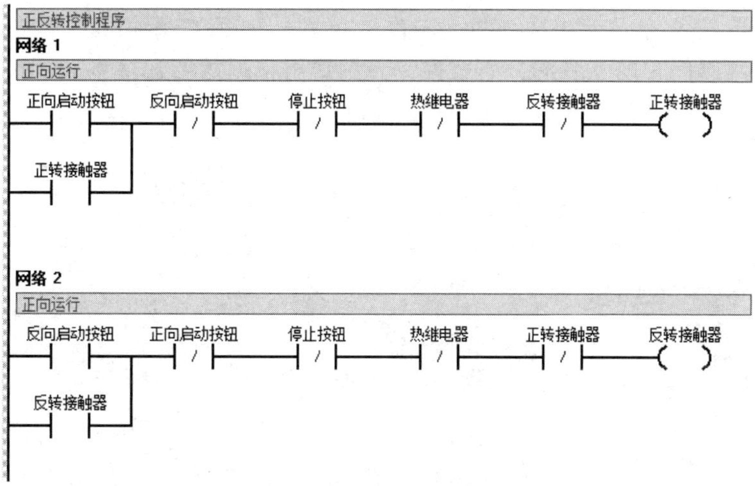

图 2-39　梯形图程序

6）运行并调试程序

下载程序，依次单击控制按钮，在线监控程序的运行状态，观察现象是否与控制要求一致。

3．编写梯形图程序的注意事项

（1）左、右母线相当于电源线，假想加上直流电源的正、负极，“能流”永远从左往右流动，循环执行。左母线只能接触点，不能接线圈；右母线只能接线圈（不包括输入继电器线圈）或功能块，不能接触点，由于右母线总是接线圈或功能块，所以右母线可以省略不画。

（2）触点可以进行串联、并联，线圈可以并联但不可以串联。

（3）某个编号的线圈只能用一次，而某个编号的触点可以多次使用。

（4）如果针对某个线圈的一个通路中所含的所有动合触点是接通的、所有动断触点是闭合的，就会有“能流”从左至右流向线圈，线圈被激励，从而置 1，线圈所属器件的动合、动断触点就会动作。

2.6 机电一体化技术的应用（☆）

2.6.1 典型自动化生产线介绍

自动化生产线是在流水线的基础上逐渐发展起来的，它不仅要求生产线上各个机械加工装置能自动地完成预定的各道工序及工艺过程，加工出合格的产品，而且要求工件的装卸和定位及夹紧、工件在工序间的输送、工件的分拣甚至包装等都能自动地进行，即按照规定的程序自动地进行工作。人们把这种自动工作的机电一体化装置系统称为自动化生产线，简称自动线。

下面以亚龙 YL-335B 自动线为例，介绍自动线的安装与调试方法。亚龙 YL-335B 自动线整体图如图 2-40 所示。亚龙 YL-335B 自动线由供料单元、加工单元、装配单元、输送单元和分拣单元 5 个单元组成，每个工作单元由一台 PLC 承担其控制任务，各 PLC 之间通过以太网通信实现互联的分布式控制。用户可根据需要选择不同厂家生产的 PLC 及其所支持的通信模式，组建成一个小型的 PLC 网络。

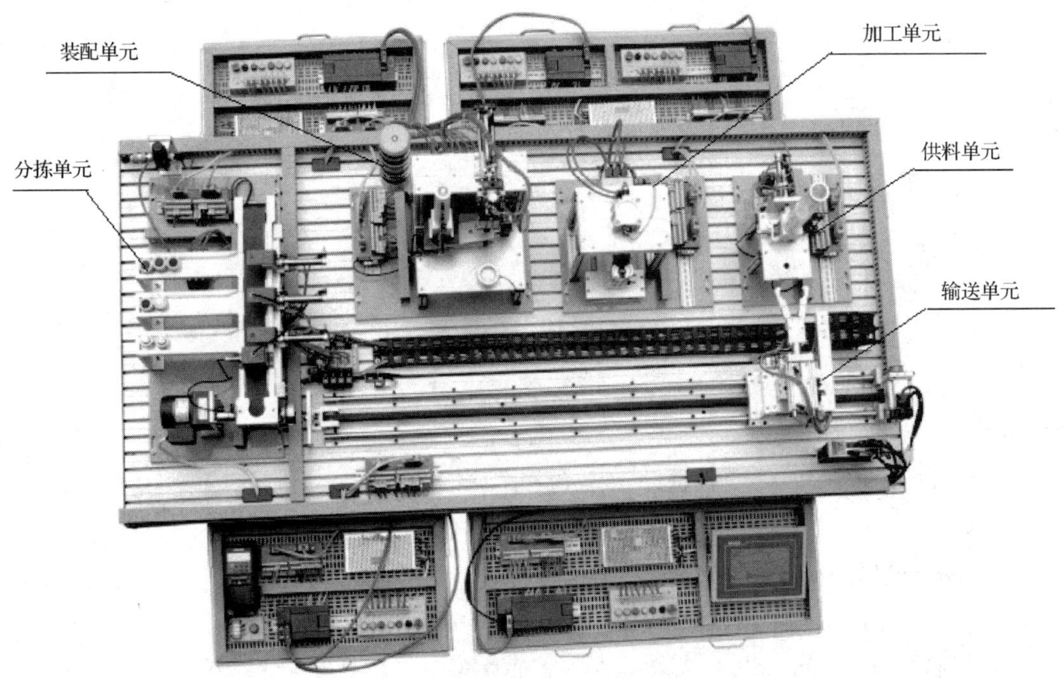

图 2-40 亚龙 YL-335B 自动线整体图

亚龙 YL-335B 自动线的工作目标：首先将供料单元料仓内的工件送往加工单元的物料台，完成加工操作后把加工好的工件送往装配单元的物料台；然后把装配单元料仓内白色和黑色的小圆柱工件嵌入到物料台上的工件中；最后将完成装配的成品送往分拣单元分拣输出。

1. 供料单元的安装与调试

供料单元是自动线中的起始单元，向系统中的其他单元提供原料，相当于实际自动线中的自动上料系统。其主要由装料管（俗称料筒或料仓）、推料气缸、顶料气缸、电磁阀组、漫射式光电传感器、支架等组成，如图 2-41 所示。

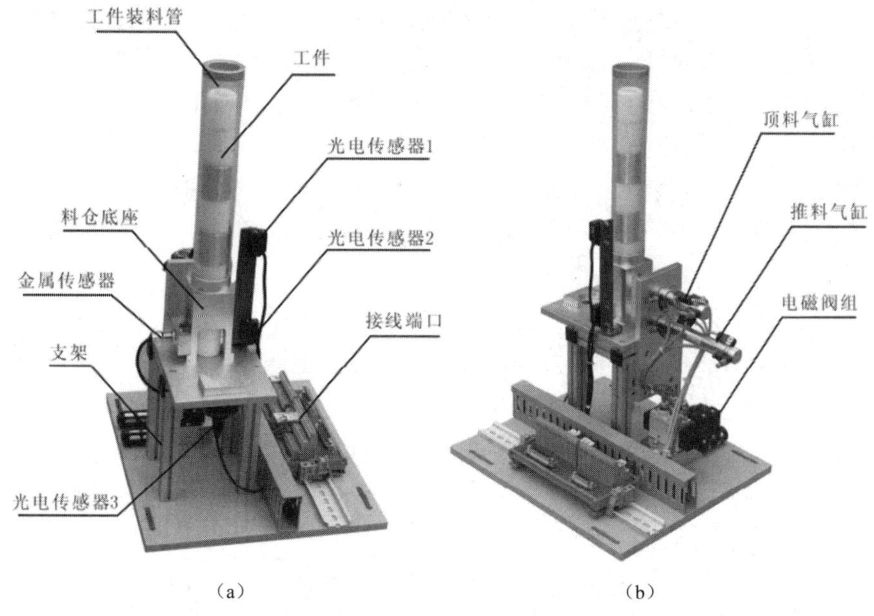

图 2-41　供料单元结构图

1）机械部分安装步骤

（1）在开始安装时，首先把供料站各零件组合成进行整体安装的组件，然后对组件进行组装。组合成的组件包括：①铝合金型材支架；②物料台及料仓底座；③推料机构，如图 2-42 所示。

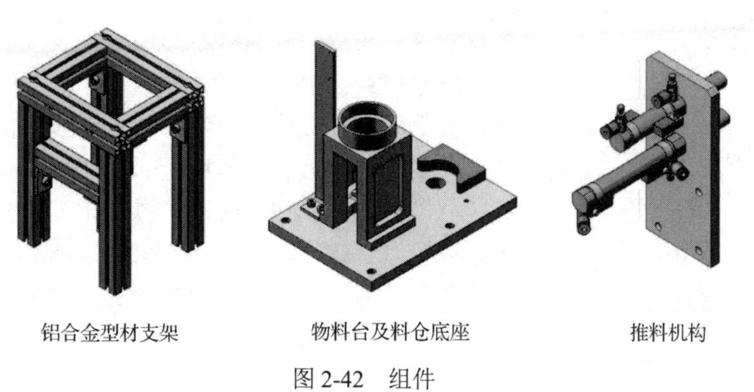

图 2-42　组件

（2）各组件装配好后，首先用螺栓把它们连接为整体，用橡皮锤把料仓敲入料仓底座。然后将连接好的供料站机械部分及电磁阀组、PLC 和接线端子排固定在底板上。最后固定底板完成供料站的安装。

2）机械部分调试要点

（1）在装配支架时，要注意调整好各条边的平行度及垂直度，并锁紧螺栓。

（2）气缸安装板和支架的连接，要依靠预先在特定位置的铝型材“T”形槽中放置的与之相配的螺母，因此在对该部分进行连接时，一定要在相应的位置放置相应的螺母。如果没有放置螺母或没有放置足够多的螺母，将导致无法安装或安装不可靠。

（3）在将机械机构固定到底板上时，需要将底板移动到操作台的边缘，螺栓从底板的反面拧入，将底板和机械机构部分的支架连接起来。

（4）在进行气路连接时，要注意气管走向应按序排布、均匀美观，不能交叉、打折；气管要在快速接头中插紧，不能有漏气现象。

（5）用电磁阀上的手动换向加锁钮验证顶料气缸和推料气缸的初始位置和动作位置是否正确。调整气缸节流阀以控制活塞的往复运动速度，活塞的伸出速度以不推倒工件为准。

3）电气部分接线步骤

（1）电气部分接线包括在装置侧完成各传感器、电磁阀、电源端子等引线到装置侧接线端口之间的接线；在 PLC 侧进行电源连接、I/O 点接线等。

（2）在进行接线时应注意，装置侧接线端口中输入信号端子的上层端子（+24V）只能作为传感器的正电源端，切勿用作电磁阀等执行元件的负载端。电磁阀等执行元件的正电源端和 0V 端应连接到输出信号端子的相应下层端子上。装置侧接线完成后，应用扎带绑扎，力求整齐美观。

（3）PLC 侧的接线包括电源接线，PLC 的 I/O 点与 PLC 侧接线端口之间的接线，PLC 的 I/O 点与按钮指示灯模块的端子之间的连线。具体接线要求与工作任务有关。

4）电气部分调试要点

在自动连续控制模式下，如图 2-43 所示，在料仓中有工件且各个执行机构都在初始状态的情况下，当按下启动按钮时，顶料气缸的活塞杆推出，压住次下层工件，推料气缸将把存放在料仓中的工件推出到挡料板上。

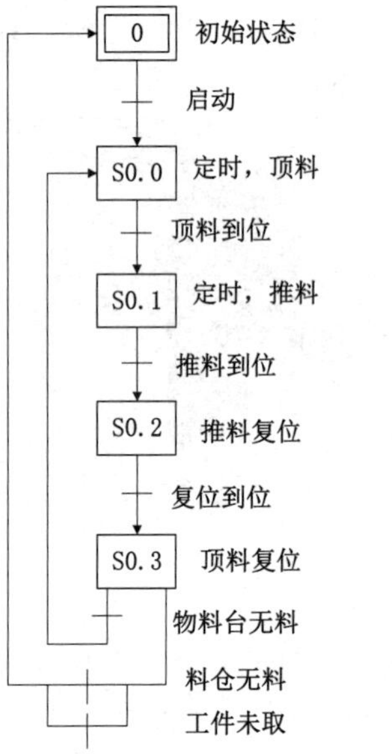

图 2-43　自动连续控制工艺流程图

在推料气缸的活塞杆返回原位置后，顶料气缸的活塞杆返回原位置，料仓中的工件下移。只要料仓中有工件，挡料板上的工件被取走，此工作就继续。在运行过程中，当料仓中无工件或者挡料板上的工件没有被取走时，停止运行；当按下停止按钮时，供料单元应该在完成当前的工作循环后停止运行，并且各个执行机构应该回到初始状态。

在启动前，供料单元的执行机构如果不在初始位置或料仓中无工件，则不允许启动。可以设计当料仓中的工件少于 4 个时发出提示报警的功能。

5）供料单元手动测试

在手动工作模式下，操作人员需要先在供料站侧把该站的工作模式切换到单站工作模式，然后用该站的启动和

停止按钮操作，单步执行指定的测试项目。如果要将供料站从单站工作模式切换到全线运行方式，则须待供料站停止运行，且须保证供料站料仓内有3个以上工件。只有在前一项测试结束后，按下停止按钮，才能进入下一项操作。气缸活塞的运动速度通过节流阀进行调节。

2. 加工单元的安装与调试

加工单元的功能是把待加工的工件从物料台移送到加工区域冲压气缸的正下方，在完成对工件的冲压加工后，把加工好的工件重新送回物料台。加工单元结构图如图2-44所示。

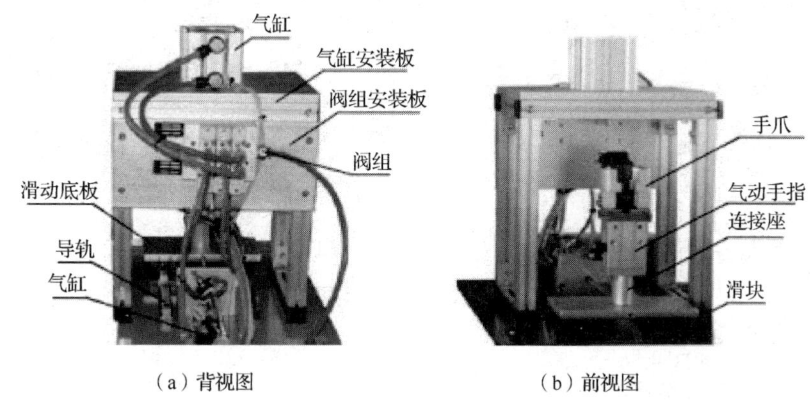

（a）背视图　　（b）前视图

图2-44　加工单元结构图

1）机械部分安装步骤

（1）先在工作台上安装支架，再安装上下冲压气缸的安装板，然后安装阀组安装板。

（2）将导轨固定在导轨滑板上，然后安装前后伸缩气缸、连接座、手爪、气缸支架、气动手指，装好后连接到滑块上，传感器安装板安装到手爪上。

2）机械部分调试要点

（1）根据亚龙YL-335B自动线安装位置图的要求，确定加工站的底板在工作台上的安装位置。

（2）在安装加工站的铝合金框架结构时，不能把结构件的安装顺序弄混。在紧固与底板连接的内六角螺栓时，用力要适中，避免损毁螺纹。框架与工作台面的连接要稳固可靠。

（3）手爪、薄型冲压气缸要与框架稳固连接。分清气缸进、出气口。滑块机构安装位置准确，动作灵活。

（4）滑动加工台上漫射式光电传感器的安装位置以能够迅速反应工件的存在为准。

（5）气缸上磁性开关的安装位置以准确反应气缸动作为准。

（6）阀组的安装要稳固，安装位置要明显，以便于气路气管的连接。

3）电气部分调试要点

加工单元在作为独立设备工作时，采用PLC控制，有单步控制和连续控制两种方式，如图2-45所示。

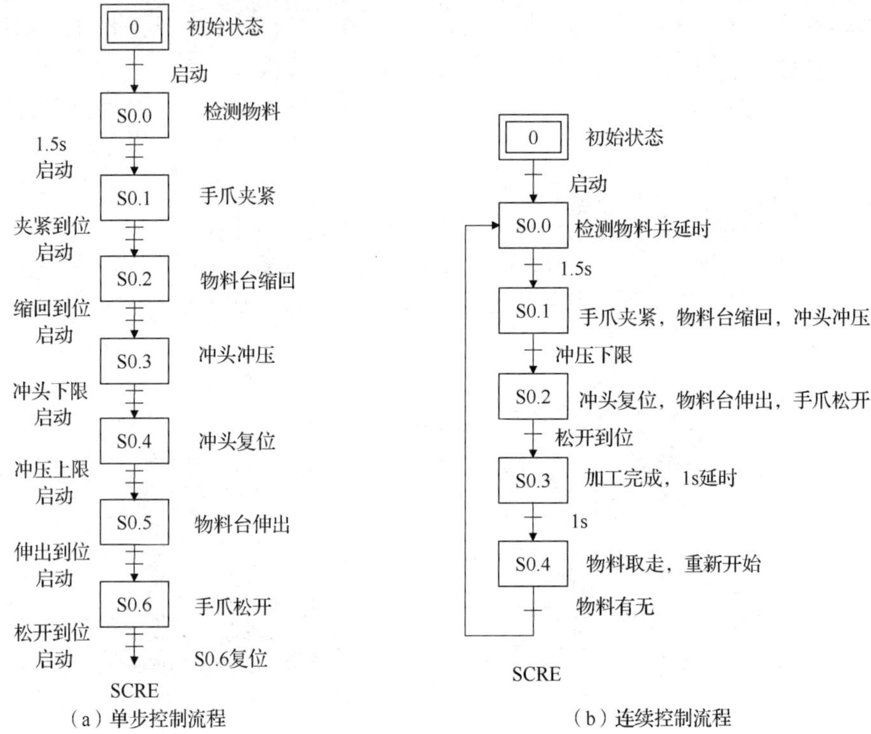

图 2-45　生产工艺过程与程序流程图

4）加工单元手动测试

在手动工作模式下，操作人员需要先在加工站侧把该站的工作模式切换到单站工作模式，然后用该站的启动和停止按钮操作，单步执行指定的测试项目。只有在前一项测试结束后，按下停止按钮，才能进入下一项操作。气动手指和气缸活塞的运动速度通过节流阀进行调节。

3. 装配单元的安装与调试

装配单元可以模拟两个工件的装配过程，并通过回转台模拟工件传送过程。装配单元的结构组成部分包括：简易料仓，供料机构，回转台，物料台，机械手，半成品工件的定位机构，气动系统及其阀组，信号采集及其自动控制系统，用于电气连接的端子排组件，整条自动线状态指示信号灯，用于其他机构安装的铝型材支架及底板，以及传感器安装支架等其他附件，如图 2-46 所示。

1）机械部分安装步骤

（1）先在工作台上安装支架，在支架上安装小工件投料机构安装板，然后安装简易料仓。

（2）把 3 个气缸安装成一体的后，整体安装到支架上。

（3）把回转台安装在气动摆台上后，整体安装到旋转气缸底板上。

（4）把以上整体装在底板上。

2）机械部分调试要点

（1）在安装时铝型材支架要对齐。

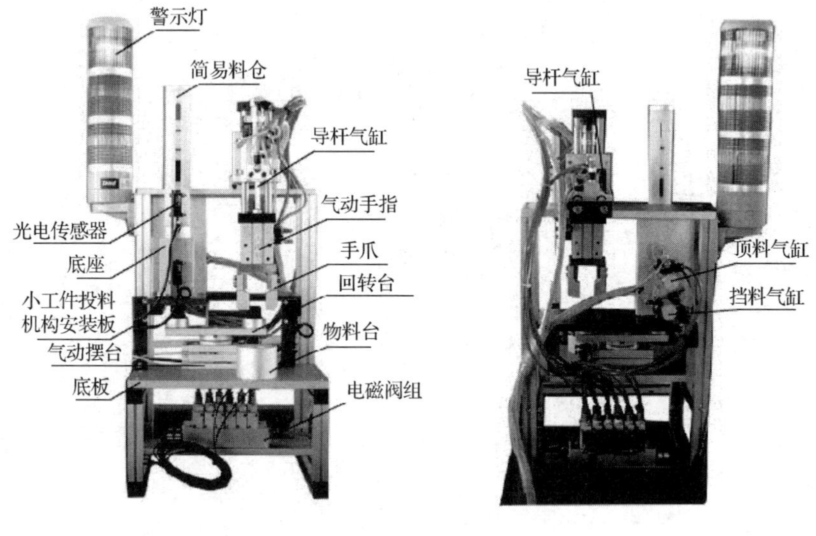

图 2-46 装配单元结构图

（2）导杆气缸行程要调整恰当。

（3）气动摆台的摆动角度要调整到 180°，并且与回转台平行。

（4）挡料气缸和顶料气缸位置要正确。

（5）传感器位置与灵敏度调整适当。

3）电气部分调试要点

装配单元在作为独立设备工作时，采用 PLC 控制，有单步控制和连续控制两种方式，装配单元单步控制流程图和连续控制流程图分别如图 2-47 和图 2-48 所示。

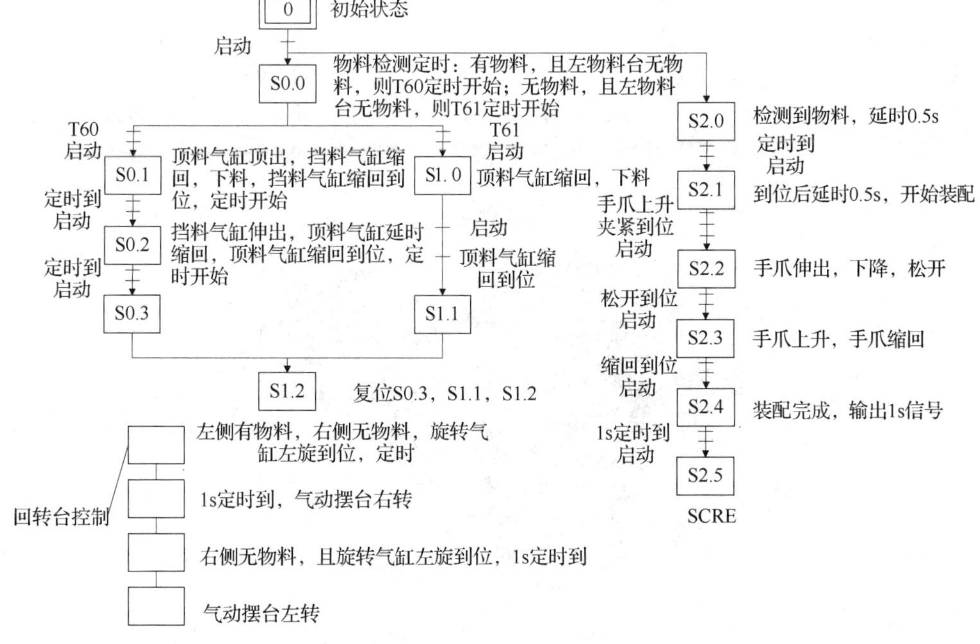

图 2-47 装配单元单步控制流程图

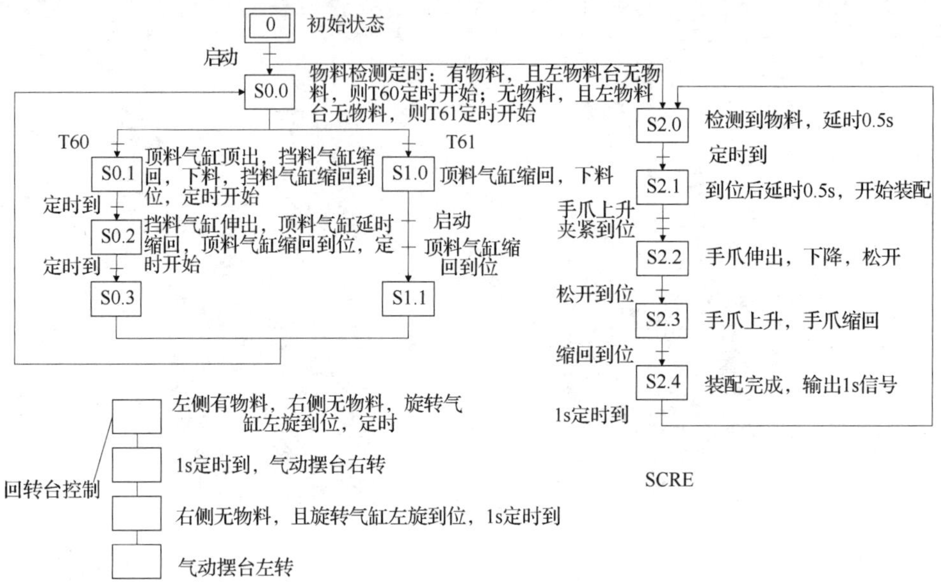

图 2-48　装配单元连续控制流程图

4）装配单元手动测试

在手动工作模式下，操作人员需要先在装配站侧把该站的工作模式切换到单站工作模式，然后用该站的启动和停止按钮操作（应确保料仓中有 3 个以上工件）。如果要将装配单元从手动测试方式切换到全线运行方式，则须按下停止按钮，且须保证物料台上没有装配完的工件。只有在前一项测试结束后，按下停止按钮，才能进入下一项操作。气动手指、气动摆台和气缸活塞的运动速度通过节流阀进行调节。

4．分拣单元的安装与调试

分拣单元是自动线中的最后一个单元，主要作用是对上一个单元送来的已完成加工和装配操作的工件进行分拣，使不同颜色的工件从不同的物料槽分流。当由输送单元送来的工件被放到传送带上并被入料口光电传感器检测到时，就启动变频器，工件开始被送入分拣区进行分拣。分拣单元结构图如图 2-49 所示。

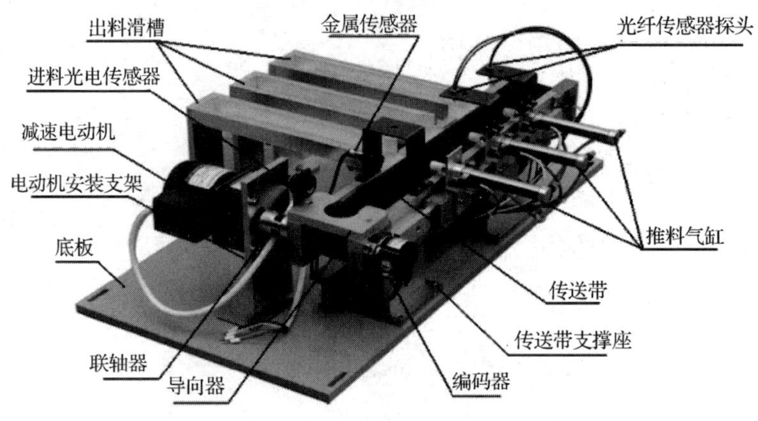

图 2-49　分拣单元结构图

1）机械部分安装步骤

（1）先把支架、传送带定位安装后，再将它们整体安装到底板上。

（2）安装传感器支架、气缸。安装物料槽，并调整气缸的位置，使物料槽支架两边平衡。

（3）安装电动机。

（4）将气缸调整到物料槽中间。

2）电气部分调试要点

电气单元在作为独立设备工作时，需要有工件，可通过人工方式放置黑、白两种颜色的工件，只要将工件放置在传送带上即可，采用单循环控制方式。分拣单元单循环控制流程图如图2-50所示。

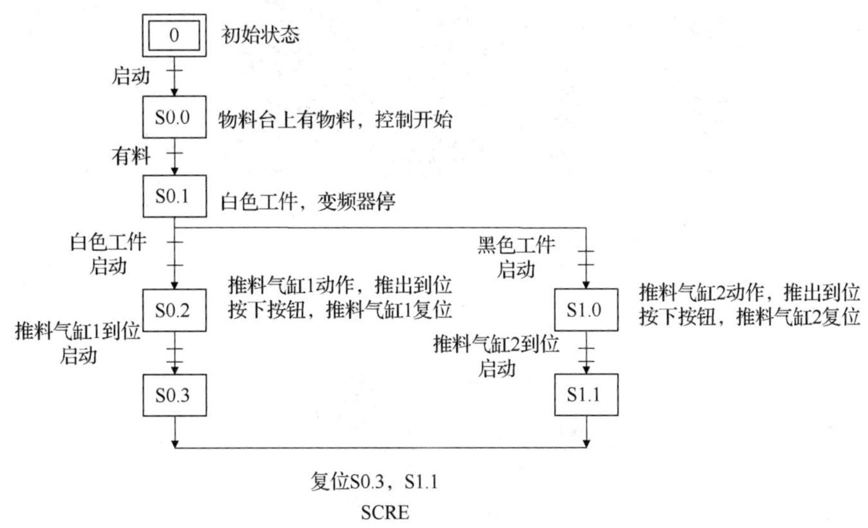

图2-50 分拣单元单循环控制流程图

3）分拣单元手动测试

在手动工作模式下，操作人员需要先在分拣站侧把该站的工作模式切换到单站工作模式，然后用该站的启动和停止按钮操作，单步执行指定的测试项目（测试时传送带上的工件人工放下）。如果要将分拣单元从手动测试方式切换到全线运行方式，则须待分拣站传送带完全停止。只有在前一项测试结束后，按下停止按钮，才能进入下一项操作。气缸活塞的运动速度通过节流阀进行调节。

5. 输送单元的安装与调试

输送单元是自动线中最重要同时也是承担的任务最繁重的工作单元。该单元的主要作用是驱动机械手精确定位到指定单元的物料台，把抓取到的工件输送到指定地点后放下。输送单元结构图如图2-51所示。

1）机械部分安装步骤

（1）在工作台上将支架、传送带定位完成后，把该整体安装到底板上。

（2）安装传感器支架、气缸。

（3）安装抓取机械手装置，如图 2-52 所示。

（4）安装物料槽，并调整气缸的位置，使物料槽支架两边平衡。

（5）安装步进电动机，将气缸调整到物料槽中间。

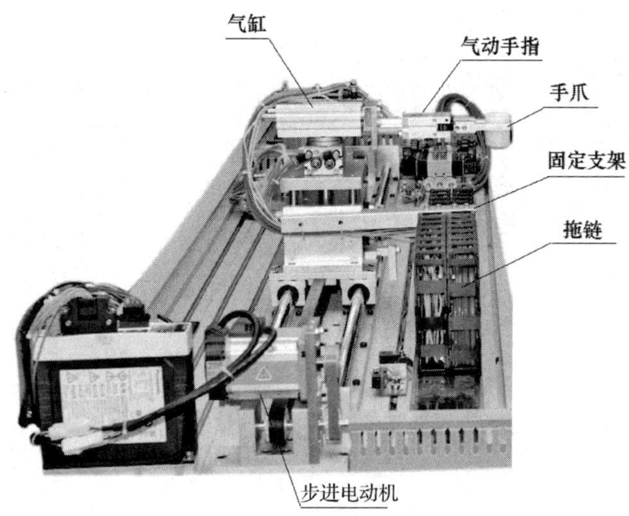

图 2-51　输送单元结构图

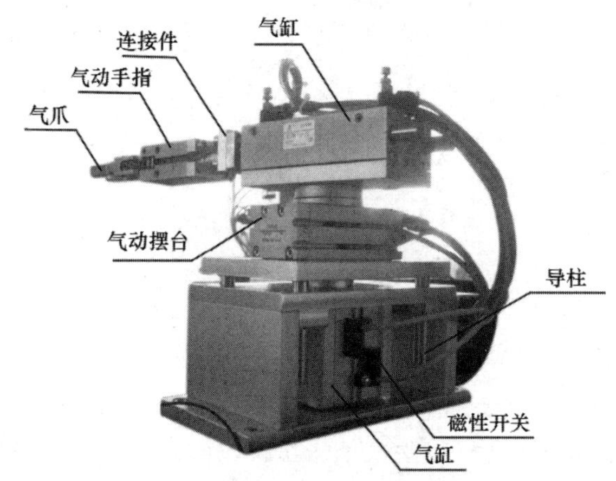

图 2-52　抓取机械手装置结构图

2）电气部分调试要点

输送单元单步控制流程图如图 2-53 所示。

3）输送单元手动测试

在手动工作模式下，操作人员需要先在输送站侧把该站的工作模式切换到单站工作模式，然后用该站的启动和停止按钮操作，单步执行指定的测试项目。如果要将输送站从手动测试方式切换到全线运行方式，则须先按下停止按钮，且须保证供料站物料台上没有工件。只有在前一项测试结束后，按下停止按钮，才能进入下一项操作。气动手指、气动摆台和气缸活塞的运动速度通过节流阀进行调节。步进电动机脉冲驱动计数应准确。

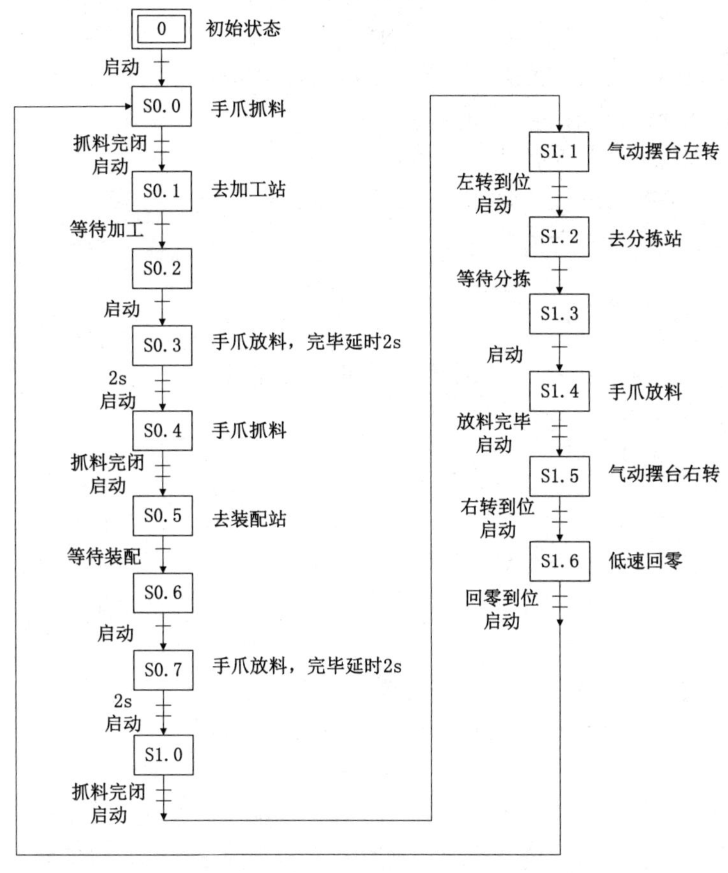

图 2-53　输送单元单步控制流程图

6. 网络的组建及人机界面设置

1）网络的组建

在亚龙 YL-335B 自动线系统中有 5 个 PLC，分别控制 5 个控制站，要想实现自动控制需要将这 5 个 PLC 联网，采用 PPI 协议的分布式网络控制。在网络中输送站指定为主站，其余各站均指定为从站。组建网络的具体操作步骤如下。

（1）向 PLC 各站下载 PPI 协议参数。

（2）连接计算机与主站、主站与从站之间的网络。

（3）编写主站网络读写程序段。

2）人机界面设置

利用循环策略创建 2 个用户窗口：欢迎画面和主画面。实现触摸屏控制（文字）移动、各工作站及全线的工作状态指示、单机全线切换、启动、停止、复位、变频器最高频率设定、机械手当前位置指示等。

7. 自动线自动工作模式测试

1）复位过程

系统在上电且 PPI 网络正常后开始工作，触摸人机界面上的复位按钮，执行复位操作，在复位过程中，绿色指示灯以 2Hz 的频率闪烁，红色指示灯和黄色指示灯均熄灭。

复位过程包括使输送站机械手装置回到原点位置和检查各工作站是否处于初始状态。

各工作站初始状态是指：

（1）各工作站气动执行元件均处于初始位置。

（2）供料站料仓内有足够的待加工工件。

（3）装配站料仓内有足够的小圆柱工件。

（4）输送站的紧急停止按钮未按下。

输送站机械手装置回到原点位置且各工作站均处于初始状态，表示复位完成。绿色指示灯常亮，表示允许启动系统。这时若触摸人机界面上的启动按钮，则系统启动，绿色指示灯和黄色指示灯均常亮。

2）全线自动运行

系统启动后，若供料站的出料台上没有工件，则应把工件推到出料台上，并向系统发出出料台上有工件信号。若供料站的料仓内没有工件或工件不足，则向系统发出报警或预警信号。出料台上的工件被输送站机械手取出后，若系统仍然需要推出工件进行加工，则进行下一次推出工件操作。

在工件被推到供料站的出料台上后，输送站机械手应执行抓取工件的操作，抓取动作完成后，伺服电动机驱动机械手移动到加工站加工台的正前方，把工件放到加工站的加工台上。

在系统接收到加工完成信号后，输送站机械手应执行抓取已加工工件的操作，抓取动作完成后，伺服电动机驱动机械手移动到装配站物料台的正前方，把工件放到装配站的物料台上。

在系统接收到装配完成信号后，输送站机械手应执行抓取已装配工件的操作，然后从装配站向分拣站运送工件，在到达分拣站传送带上方入料口后把工件放下，然后执行返回原点的操作。

在加工站加工台上的工件被检测到后，执行加工操作。当加工好的工件重新送回待料位置时向系统发出加工完成信号。

装配站物料台的传感器在检测到工件到来后，开始执行装配操作。在装配动作完成后，向系统发出装配完成信号。如果装配站的料仓或料槽内没有小圆柱工件或小圆柱工件不足，应向系统发出报警或预警信号。

在输送站机械手放下工件、缩回到位后，分拣站的变频器启动，驱动传动电动机以 80% 最高运行频率（由人机界面指定）的速度，把工件带入分拣区进行分拣，工件分拣原则与单站运行相同。当分拣气缸活塞推出工件并返回后，向系统发出分拣完成信号。

仅当分拣站分拣工作完成，并且输送站机械手回到原点，才认为系统的一个工作周期结束。如果在一个工作周期内没有触摸过停止按钮，则系统在延时 1s 后开始下一周期工作。如果在一个工作周期内触摸过停止按钮，则系统工作结束，黄色指示灯熄灭，绿色指示灯仍保持常亮。系统工作结束后若再触摸启动按钮，则系统又重新工作。

2.6.2　工业机器人概述

工业机器人涉及机械工程、电子学、控制理论、传感器技术、计算机科学、仿生学、人工智能等学科领域，是典型的机电一体化系统。1987 年国际标准化组织对工业机器人的定义：工业机器人是一种具有控制操作和移动功能，并能完成各种作业的可编程操作机。

工业机器人的基本参数主要有工作空间、自由度、有效负载、运动精度、运动特性、动态特性等。一般而言，工业机器人的自由度个数等于它的关节个数，大多数工业机器人有 6～8 个自由度，自由度个数越多，工业机器人的功能就越强。具有 6 个自由度的工业机器人如图 2-54 所示，其各关节动作是由电动执行装置和齿轮减速传动机械来实现的。6 个自由度如下。

（1）手臂摆转（腰左转或右转）。

（2）肩部旋转（肩向上或向下）。

（3）肘部伸展（肘缩进或伸出）。

（4）俯仰（手腕上转或下转）。

（5）偏转（手腕左转或右转）。

（6）转动（手腕顺时针转或逆时针转）。

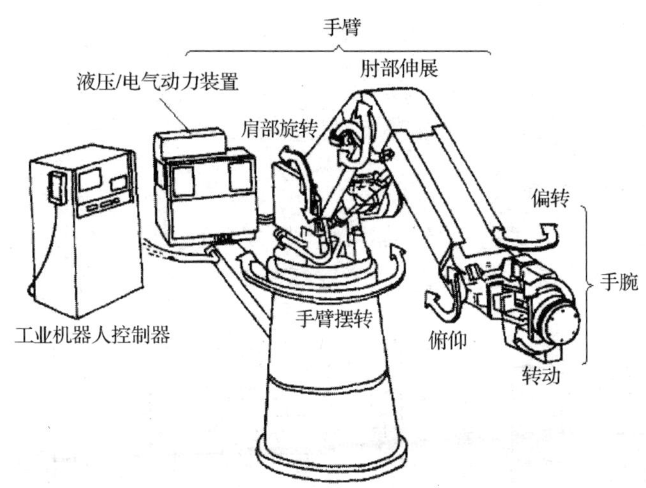

图 2-54　具有 6 个自由度的工业机器人

1．工业机器人的组成

1）操作机械

操作机械是工业机器人完成作业的执行机构，它具有和手臂相似的动作功能，是可在空间抓放物体或进行其他操作的机械装置，包括机座、立柱、手臂、手腕和手等部分。有时为增大工作空间，在机座处装有行走机构以实现移动功能，如装有轮式、履带式、足腿式行走机构。

2）驱动系统

驱动系统是驱动执行机构的装置，由驱动器、减速器、检测元件等组成。根据驱动器的不同，可分为电动驱动系统、液动驱动系统和气动驱动系统。

3）控制系统

控制系统是工业机器人的核心部分，作用是支配操作机械按所需的顺序、沿规定的位置或轨迹运动。根据控制系统的构成不同，可分为开环控制系统和闭环控制系统；根据控制方式不同，可分为程序控制系统、自适应性控制系统和智能控制系统。

4）传感系统

为了使工业机器人获得外围环境信息，除关节伺服驱动系统的位置传感器（如与电动机同轴的光电编码器）以外，有时还要配备视觉、力觉、触觉、接近觉等多类型的传感器及信号的转换与采样处理装置。

5）I/O 接口

为了使工业机器人与周边系统进行联系，还应有各种通信接口和人机通信装置。例如，PLC 控制系统中用的 RS-232、RS-485 等异步通信接口模块，可实现 PLC 与 PLC、PLC 与上位机、PLC 与现场设备或远程 I/O 接口之间的信息交换。此外还应有语言合成、识别技术及多媒体系统，以实现人机对话。

6）人工智能系统

人工智能系统是工业机器人控制系统的更高层次，其主要由两部分组成：一部分是感觉系统（硬件），主要靠各类传感器来实现其感觉功能；另一部分是决策、规划系统（软件），包括逻辑判断、模式识别、大容量数据库和规划操作程序等功能。

2．工业机器人的控制系统

目前大部分工业机器人采用两级计算机控制：第一级为主控制级；第二级为伺服控制级。工业机器人两级计算机控制系统构成原理框图如图 2-55 所示。

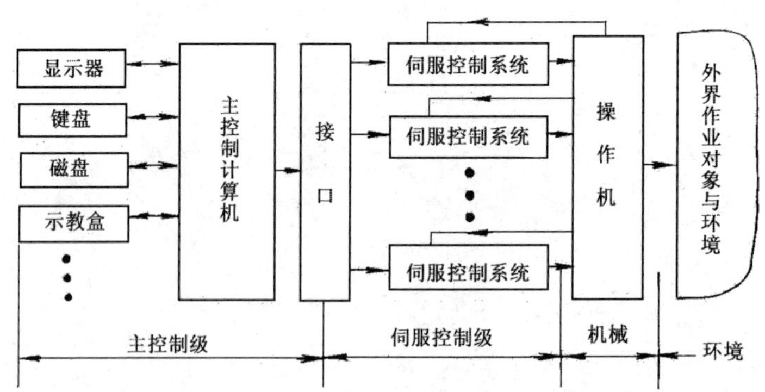

图 2-55　工业机器人两级计算机控制系统构成原理框图

主控制级由主控制计算机及示教盒等外部设备组成，主要用以接收作业指令、协调关节运动、控制运动轨迹、完成作业操作。

伺服控制级为一组伺服控制系统，其主体亦为计算机，每个伺服控制系统对应一定的关节，用于接收主控制计算机向各关节发出的位置、速度等运动指令信号，以实时控制操作机各关节的运行。

3. 工业机器人的应用

目前工业机器人主要用于制造业，特别是电器制造、汽车制造、塑料加工、金属加工等领域。在工业发达国家中，工业机器人的应用越来越广泛。

1）从事重复劳动工作

工业机器人能高强度、持久地在各种工作环境中从事重复的劳动，使人类从繁重的体力劳动中解放出来。

采用工业机器人作业，可以保质保量地完成生产任务。例如，某汽车制造生产线上布置了 12 台点焊机器人，如图 2-56 所示。该生产线采用往返传送系统，先把汽车车身移出主生产线，传送带上布置了 7 个工位 12 台机器人并进行步进式传送，每个工位上的机器人进行固定的焊接作业，整个车身在焊接完成后被送回主生产线。

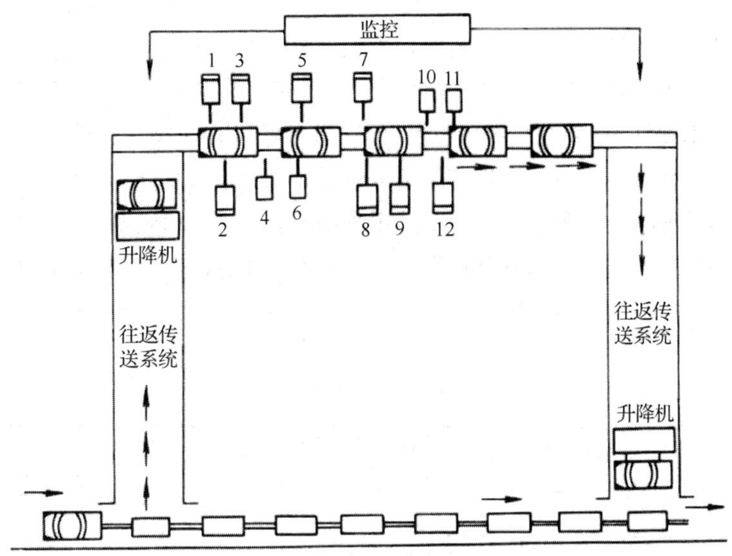

图 2-56　汽车制造生产线上的车身点焊系统

2）进行有害或危险的作业

只要根据工作环境情况对工业机器人的材料、元器件、结构、防护性和可靠性等精心进行设计，就可使其在高温、低温、高压、水下、有害气体、粉尘、烟雾或放射性等环境下作业。例如，平面关节型弧焊工业机器人系统（有 5 个关节，采用直流电源驱动），如图 2-57 所示，可进行电弧焊接和切割作业。

3）用于柔性制造系统

当今制造业特别是家用消费品（如各种家用电器、汽车等）制造业正面临着人们对产品多品种、小批量、个性化和更新快等的需求形势，这就要求制造业有很好的适应能力，即必须有很强的柔性制造能力。

所谓柔性制造，是指在不更换或少更换设备的情况下，仅靠改变制造软件就能重组生产线、编排新的作业流程。显然，可用由计算机控制的数控机床、工业机器人、物料小车及通信网络等组成一种现代化的制造生产线，即柔性制造系统（Flexible Manufacturing System，FMS）。

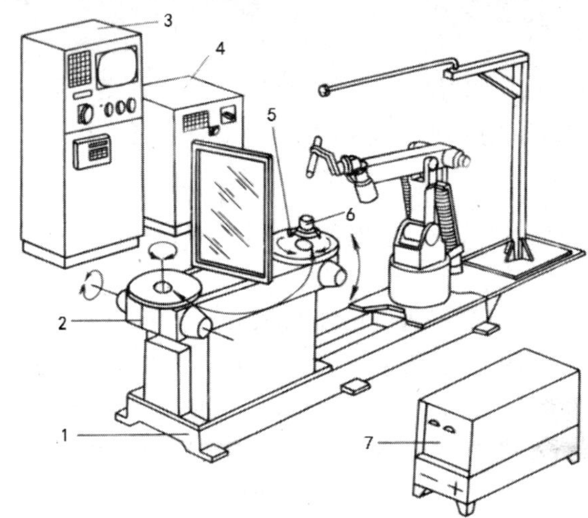

1—总机座；2—6 轴旋转换位器（胎具）；3—工业机器人本体控制装置；4—旋转胎具控制装置；
5—工件夹具；6—工件；7—焊接电源。

图 2-57　平面关节型弧焊工业机器人系统

FMS 不但能满足多品种、小批量的产品生产需求，而且能将工厂自动化推向更高阶段。工业机器人在 FMS 中的应用如图 2-58 所示。FMS 由计算机（多级）、数控加工中心（多台）、工业机器人（多种类型）、搬运小车及自动化仓库组成。

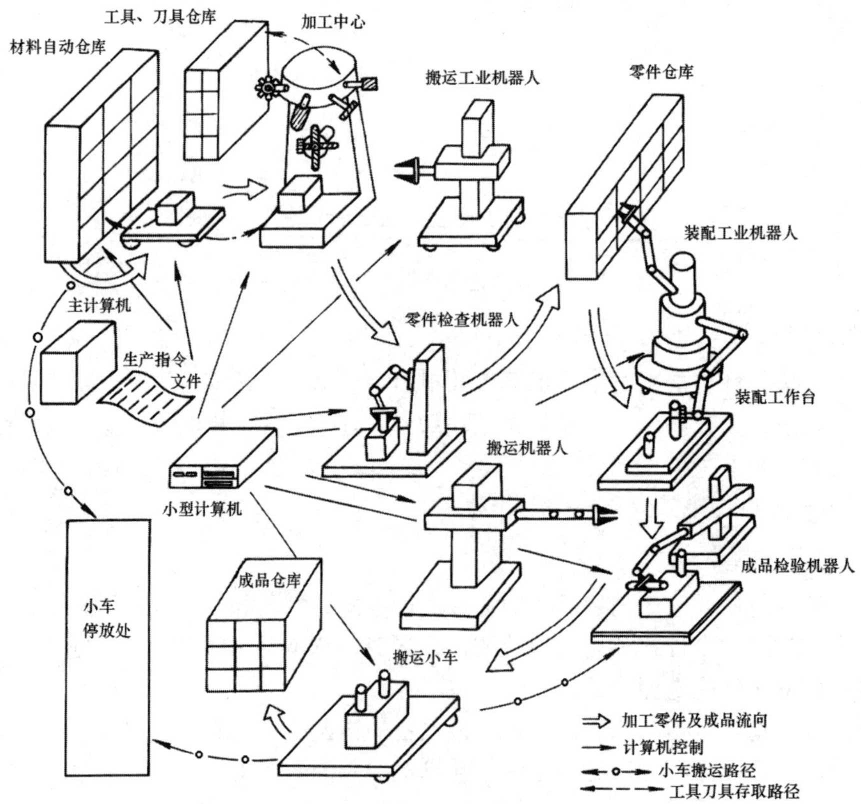

图 2-58　工业机器人在 FMS 中的应用

第 3 章　计算机知识

3.1　计算机组成知识

自 1946 年世界上第一台电子计算机诞生以来，计算机科学发展迅猛，特别是微型计算机的出现，使计算机走进千家万户，其应用深入到社会生活中的各个领域，有力地推动了社会的发展。本节主要介绍计算机的作用、计算机的硬件组成和软件组成。

3.1.1　计算机概述（△◇）

计算机俗称电脑，是一种用于高速计算的电子计算机器，可以进行算术运算、逻辑运算，还具有存储记忆功能，能够按照程序指令自动运行，高速处理海量数据。

1946 年 2 月，在美国宾夕法尼亚大学诞生了世界首台现代通用电子计算机 ENIAC（Electronic Numerical Integrator And Calculator，电子数字积分计算机，中文名为“埃尼阿克”），如图 3-1 所示。虽然它每秒只能执行 5000 次加法运算或 400 次乘法运算，但它的出现具有划时代的意义。

图 3-1　ENIAC

目前，根据计算机采用的逻辑元件的发展，计算机的发展一般可分成以下几个阶段：第一代电子管计算机，第二代晶体管计算机，第三代集成电路计算机，第四代大规模集成电路计算机。几十年来，虽然计算机朝着速度更快、体积更小、成本更低的方向发展，但计算机的基本结构大体上都属于冯·诺依曼结构，如图 3-2 所示。

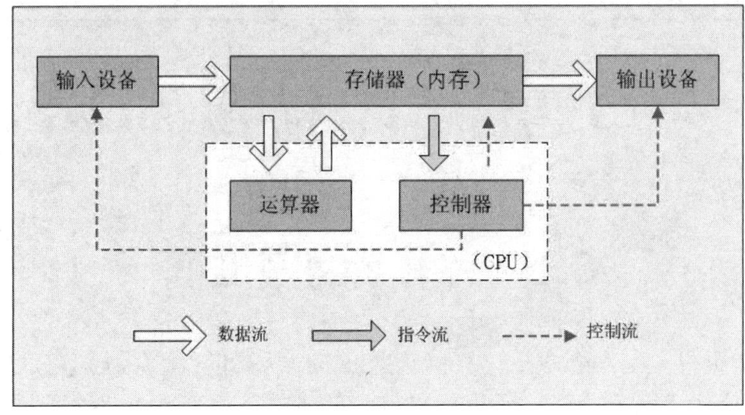

图 3-2　冯 • 诺依曼结构

使用冯 • 诺依曼结构的计算机，其基本工作原理为：计算机在运行时，先从内存中取出第一条指令，通过控制器的译码，按指令的要求，从存储器中取出数据并进行指定的算术运算或逻辑运算等操作，再按地址把结果送回内存。然后取出第二条指令，在控制器的指挥下完成规定的操作。以此类推，直至遇到停止指令。程序与数据一样存取，按程序编写的顺序，逐一取出指令，自动地完成指令规定的操作。

计算机系统主要由硬件系统和软件系统两部分组成，如图 3-3 所示。下面将分别介绍计算机的硬件系统组成和软件系统组成。

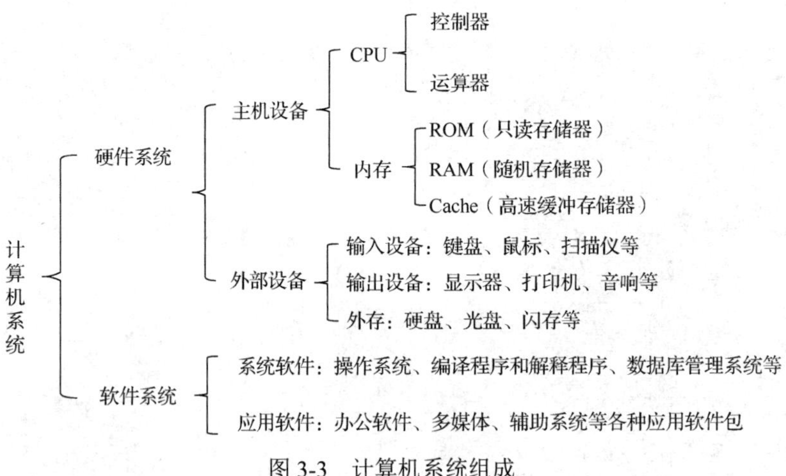

图 3-3　计算机系统组成

3.1.2　计算机的硬件系统组成（△◇☆）

计算机的硬件是指计算机系统中由电子、机械和光电元件等组成的各种物理部件的总称。计算机的硬件按系统结构的要求构成一个有机整体，为计算机的软件运行提供物质基础。一般可以将其分为主机设备和外部设备两大类，如图 3-4 所示。

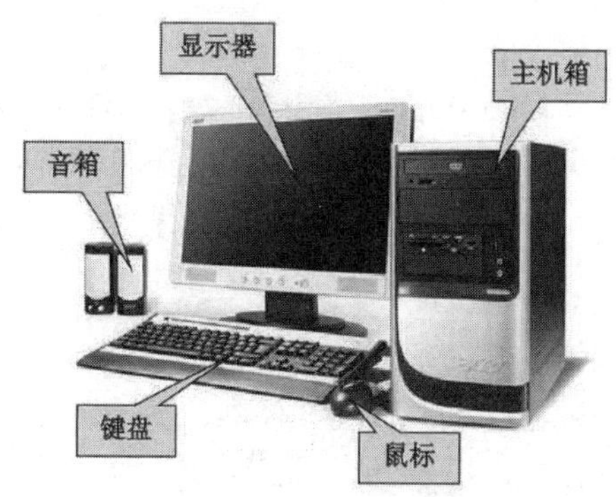

图 3-4 计算机的硬件组成

（1）主机设备：主要包括 CPU、主板、内存、硬盘、显卡、声卡、光驱等部件，它们安装在主机箱内部。

（2）外部设备：主要包括鼠标、键盘、显示器等各种输入/输出（I/O）设备，以及外存，它们位于主机箱外部。

主机箱内部基本结构如图 3-5 所示。

图 3-5 主机箱内部基本结构

1. 中央处理器

中央处理器（Central Processing Unit，CPU）是计算机的运算和控制核心，主要由运算器和控制器组成，其主要功能是对数据进行算术运算和逻辑运算，以及解释并执行控制计算机的指令。CPU 的外形如图 3-6 所示。

图 3-6 CPU 的外形

1）运算器

运算器又称算术逻辑单元（Arithmetic Logic Unit，ALU），其功能是执行算术运算和逻辑运算。算术运算是指各种数值运算，如加、减、乘、除等；逻辑运算是指进行逻辑判断的非数值运算，如与、或、非、比较、移位等。根据控制器的指令，运算器从存储器或寄存器中取得操作数，进行算术运算或逻辑运算。

2）控制器

控制器是对输入的指令进行分析，并统一控制计算机各组件完成一定任务的部件。它一般由指令寄存器、状态寄存器、指令译码器、时序电路和控制电路组成。计算机的工作方式是执行程序，程序就是为完成某一任务所编制的特定指令序列，各种指令操作按一定的时间关系有序安排，控制器通过执行指令指挥整个计算机有条不紊地工作。

下面介绍 CPU 的主要性能参数，即主频、外频和倍频。

主频也叫时钟频率，是 CPU 的工作频率，用来表示 CPU 运算、处理数据的速度。通常，主频越高，CPU 的运算速度就越快。

外频是 CPU 的基准频率，外频越高，CPU 与系统内存交换数据的速度就越快，提高外频有利于提高系统的整体运行速度。

倍频是 CPU 主频与外频之间的相对比例关系。主频等于外频乘以倍频。在外频相同的条件下，倍频越高，主频就越高。

2. 主板

主板（Mainboard）也称系统板（Systemboard）或母板（Motherboard），它是一块安装在主机箱中的矩形 PCB，上面包含了大量的电子线路，分布着构成计算机主系统电路的各种元器件、插槽和接口，是计算机主要硬件的载体。主板结构如图 3-7 所示。

图 3-7　主板结构

1）芯片组

芯片组（Chipset）是主板的核心部分，就像主板的中枢神经一样控制着主板的每个区域。芯片组按照在主板上排列位置的不同，通常分为北桥（North Bridge）芯片和南桥（South Bridge）芯片，如图 3-8 所示。

图 3-8　北桥芯片和南桥芯片

北桥芯片在位置上靠近 CPU，在芯片组中起主导作用，也称为主桥（Host Bridge）芯片。它用来处理高速信号，提供对 CPU 的类型和主频、内存的类型和最大容量、显卡插槽、与南桥之间的通信等的支持。北桥芯片处理的数据量大，发热量高，通常安装有散热片。

南桥芯片在位置上靠近 PCI 插槽，主要负责 I/O 总线之间的通信，提供对 KBC（键盘控制器）、RTC（实时时钟控制器）、USB（通用串行总线）和 ACPI（高级能源管理）等的支持，有的南桥芯片上也安装有散热片。

主板上还集成了其他的功能控制芯片，如音效芯片、网卡芯片及磁盘阵列控制芯片等，这些芯片分别具有特殊的控制功能。

2）CPU 插座

CPU 插座用于安装 CPU。如图 3-9 所示，主板上 CPU 插座的类型必须与选定的 CPU 型号对应，不同的 CPU 插座在插孔数、体积和形状上都有区别，不能混用，目前 CPU 插座大多采用 Socket 架构。

图 3-9　CPU 插座

3）内存插槽

内存插槽用于安装内存。如图 3-10 所示，内存插槽随着内存类型的变化而变化，目前主流主板大都支持 DDR2、DDR3 或 DDR4 内存。

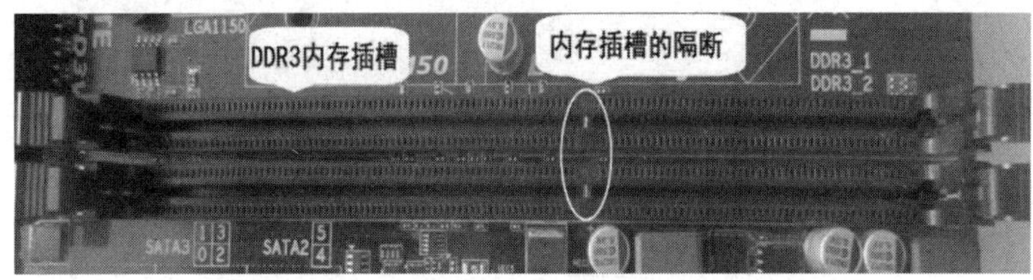

图 3-10　内存插槽

4）扩展槽

拓展槽用于在主板上固定扩展卡并将其连接到系统总线上，如安装独立显卡、独立声卡等，目前主流扩展槽类型有 PCI、PCI Express 等。

5）外部设备接口

外部设备接口用于连接外部设备，如鼠标、键盘、显示器、打印机等。外部设备接口如图 3-11 所示。

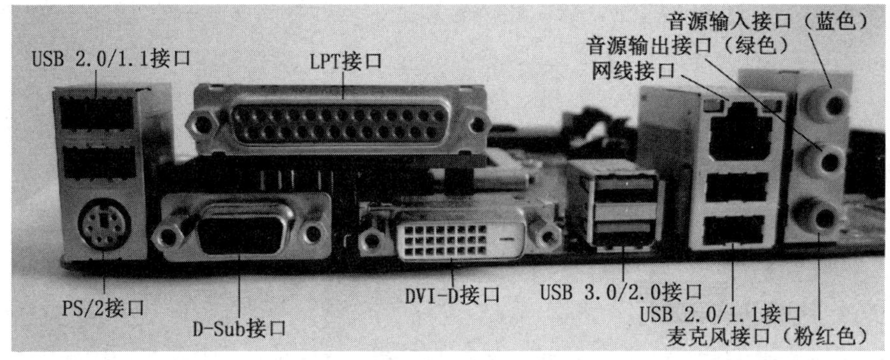

图 3-11　外部设备接口

（1）PS/2 接口：用于连接 PS/2 键盘或鼠标。目前 PS/2 接口已经逐渐被 USB 接口取代，只有一小部分台式机仍然提供完整的 PS/2 键盘、鼠标接口，有的机器已无 PS/2 接口，大部分机器仅提供一组键盘及鼠标可以共享的 PS/2 接口或仅可供键盘使用 PS/2 接口。

（2）USB 2.0/1.1 接口：Universal Serial Bus 2.0/1.1 接口的简称，即通用数据串行总线接口，支持即插即用和热插拔功能。USB 2.0 规格标准接口传输速率为 480Mbit/s，USB 1.1 规格标准接口传输速率为 12Mbit/s，USB 2.0 接口与 USB 1.1 接口可以兼容。

（3）D-Sub 接口：D-Subminiature 接口的简称，也称 VGA（Video Graphics Array，视频图形阵列）接口，是一种 3 排共 15 针的接口。VGA 接口通常在计算机的显卡、显示器及其他设备上用于发送模拟信号。

（4）DVI-D 接口：Digital Visual Interface-D 接口的简称，即数字信号显示接口，是一种 3 排共 24 针的接口，专为 LCD 这样的数字显示设备设计。

（5）LPT 接口：一般用于连接打印机或扫描仪。其默认的中断号是 IRQ7，采用 25 引

脚的 DB-25 接头。

（6）USB 3.0/2.0 接口：Universal Serial Bus 3.0/2.0 接口的简称，即通用数据串行总线接口，支持即插即用和热插拔功能。USB 3.0 规格标准接口传输速率为 5Gbit/s，USB 2.0 规格标准接口传输速率为 480Mbit/s，USB 3.0 接口与 USB 2.0 接口可以兼容，该接口一般为蓝色。

（7）网线接口：通过网线可以和网络上的计算机、网络设备连接，也可以直接和互联网相连。

（8）音源输入接口（蓝色）：可连接光碟机、随身听及其他音源输入装置。

（9）音源输出接口（绿色）：当使用耳机或 2 声道音效输出时，可连接此接口输出声音。在 4/5.1/7.1 声道音效输出模式中，可提供前置主声道音效输出。

（10）麦克风接口（粉红色）：用于连接麦克风。

3. 存储器

存储器是计算机中用来存储数据和指令的记忆部件。构成存储器的存储介质称为存储元，它可存储一个二进制数，即 0 或 1，称为“位”（bit）。由若干个存储元组成一个存储单元，再由连续的存储单元组成一个存储器。每个存储单元都有一个编号，即地址，一般用十六进制数表示，正如大楼中每个房间都有一个房间号一样。

一个存储器中所有存储单元可存放数据的总和称为它的存储容量。为便于衡量存储器的存储容量，统一以字节为单位。1 字节（Byte）等于 8 位，简写为 1B。每个存储单元可存放 1 字节，即 1B（按字节编址）。存储容量的单位还有 KB、MB、GB、TB，它们之间的关系是 1KB=1024B、1MB=1024KB、1GB=1024MB、1TB=1024GB，其中 $1024=2^{10}$。

存储器分为内存储器（简称内存或主存）和外存储器（简称外存或辅存）。

1）内存

内存（Memory）用于暂时存放 CPU 中的运算数据，以及与硬盘等外存交换的数据。内存一般由半导体器件制成，包括随机存储器（RAM）、只读存储器（ROM）及高速缓冲存储器（Cache）。

（1）随机存储器（Random Access Memory，RAM），既可从中读取数据，也可向其写入数据。但 RAM 不能永久存储信息，当计算机电源关闭时，RAM 中的信息就会丢失。RAM 就是主机中的内存条，如图 3-12 所示。内存条主要由 PCB、内存颗粒（内存芯片）、金手指等部分组成。

目前主流的计算机内存规格有 DDR3 和 DDR4。DDR3 提供了相较于 DDR2 SDRAM 更高的运行效率与更低的电压，可达到的频率上限超过 2000MHz。DDR4 是新一代的内存规格，DDR4 与 DDR3 的区别主要有 3 点：16bit 预取机制（DDR3 为 8bit），同样内核频率下理论速度是 DDR3 的两倍；具有更可靠的数据传输规范，数据传输可靠性进一步提升；工作电压降为 1.2V，更节能。

（2）只读存储器（Read Only Memory，ROM），只能从中读取数据，不能向其写入数据。ROM 中的信息不会因为电源关闭而丢失，可永久保存。ROM 一般用于存储计算机的基本程序和数据，如 BIOS ROM。ROM 的外形一般是采用双列直插式封装（DIP）的集成块，如图 3-13 所示。

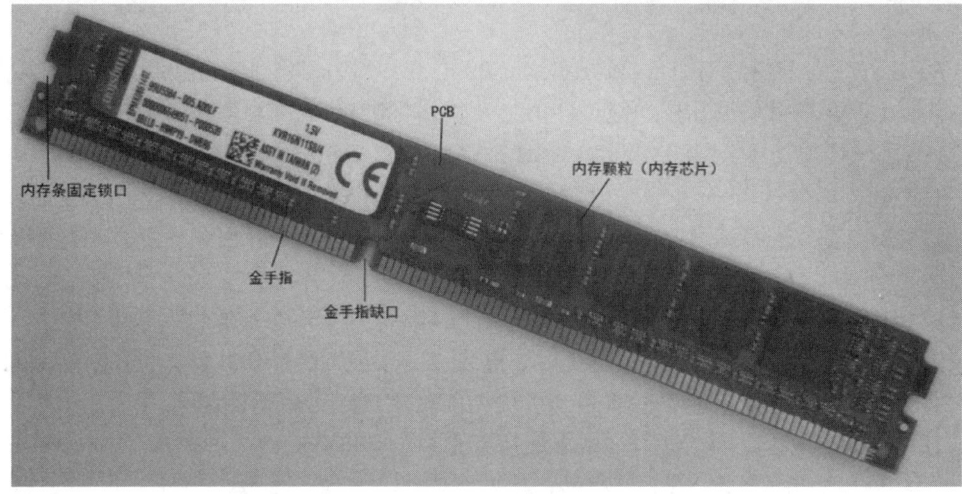

图 3-12　内存条

图 3-13　ROM 的外形

（3）高速缓冲存储器是存在于主存与 CPU 之间的存储器，由静态存储芯片（SRAM）组成，容量比较小但数据存取速度比主存高得多，接近于 CPU 的运行速度。系统按照一定的方式对 CPU 访问的内存数据进行读取或写入，将内存中被 CPU 频繁存取的数据存入高速缓冲存储器，当 CPU 要读取这些数据时，直接从高速缓冲存储器中读取，加快了 CPU 访问这些数据的速度，从而提高了计算机的整体运行速度。

L1 Cache 是 CPU 的一级缓存，它内置于 CPU 并与 CPU 同频运行，可以有效地提高 CPU 的运行效率，但受 CPU 内部结构和尺寸的限制，一级缓存的容量通常较小。

L2 Cache 是 CPU 的二级缓存，分内部和外部两种。内部的二级缓存的运行速度与主频相同，而外部的二级缓存的运行速度只有主频的一半。二级缓存主要作为一级缓存和内存之间数据的临时交换地点，以提高 CPU 的运行效率。

L3 Cache 是 CPU 的三级缓存，是为读取二级缓存后未命中的数据设计的一种缓存。在拥有三级缓存的 CPU 中，只有约 5%的数据需要从内存中调用，这进一步提高了 CPU 的运行效率。

2）外存

外存是指除计算机内存以外的存储器，外存通常是磁、光介质存储系统，能长期保存信息。其特点是容量大、成本低，但是存取速度慢。常见的外存有硬盘、光盘、U 盘等。

（1）硬盘是用于长期保存用户数据的大容量外存。根据结构的不同，目前常用的硬盘可分为机械硬盘（Hard Disk Drive，HDD）和固态硬盘（Solid State Drive，SSD），分别如图 3-14 和图 3-15 所示。目前硬盘常用的接口为 SATA 接口，采用 IDE 接口的硬盘已经逐渐淡出市场。

图 3-14　机械硬盘

图 3-15　固态硬盘

① 机械硬盘主要由磁盘、转轴及控制电机、磁头、磁头控制器、接口等部件构成，其内部结构如图 3-16 所示。读/写磁头沿着高速运转的磁盘径向移动，到达指定位置后对数据进行读/写操作。数据信息通过磁性表面上的磁头，以电磁流改变极性的方式写到磁盘上，数据信息可以通过相反的方式读取。其读/写速度依赖于电机的转速。

机械硬盘的基本参数介绍如下。

存储容量是指硬盘中所有存储单元可存放数据的总和。硬盘每个存储表面被划分为若干个磁道，每个磁道被划分为若干个扇区，每个存储表面的同一个磁道形成一个圆柱面，称为柱面。硬盘的存储容量计算公式为：存储容量=磁头数×柱面数×扇区数×每扇区字节数。目前市场上主要的硬盘存储容量一般为数百吉字节、1TB 或 2TB 以上。随着硬盘技术的不断发展，硬盘存储容量还将不断扩大。

转速是指硬盘内电机主轴的旋转速度，即硬盘盘片在一分钟内所能完成的最大转数。转速越快，内部数据传输率就越高，访问硬盘的时间就越短，硬盘的整体性能也就越好。转速以每分钟多少转来表示，单位为 r/min（Revolutions Per Minute，转/分钟）。

② 固态硬盘是基于固态电子存储芯片阵列制成的硬盘，由控制单元和存储单元组成。其因为纯芯片结构，体积和质量比机械硬盘小很多。从采用的存储介质来看主要分为两种：一种是选用 Flash 芯片作为存储介质，基于闪存技术设计的固态硬盘，具有可移动性好、数据保护不受电源控制、适用范围广的特点；另一种采用 DRAM 作为存储介质。从应用方式来看可分为单个固态硬盘和固态硬盘阵列两种。固态硬盘拥有较长的使用寿命，性能突出，缺点是为了保护数据安全需要独立的电源，成本高，应用范围较小。

（2）光盘是指利用光学方式进行信息存储的圆盘。它应用了光存储技术，即使用激光在某种介质上写入信息，然后利用激光读出信息。按读、写方式分类，光盘可分为只读型光盘（如 CD-ROM、DVD-ROM 等）和可记录型光盘（如 CD-R、CD-RW、DVD+R、DVD+RW 等）。

读取光盘信息的设备称为光盘驱动器，即光驱，光盘与光驱如图 3-17 所示。光驱按读、写方式可分为只读光驱和可读写光驱。只读光驱只能读取光盘上的数据；可读写光驱又称刻录机，它既可以读取光盘上的数据，也可以将数据写入光盘。衡量光驱性能的一个重要指标是数据传输率，称为倍速，对于 CD-ROM，单倍速为 150Kbit/s；对于 DVD，单倍速为 1358Kbit/s。

图 3-16　机械硬盘内部结构

图 3-17　光盘与光驱

4．显卡

显卡（Video Card 或 Graphics Card）的全称为显示接口卡，又称显示适配器，其作用是将计算机中的数字信号转换成模拟信号让显示器显示出来。目前的主板一般都包含集成显卡，集成显卡的显示芯片有单独的，但大部分都集成在主板的北桥芯片中。如果对图像的处理和显示有很高的要求，可以另外配置独立显卡，如图 3-18 所示。显卡按总线接口类型可分为多种，早期的 AGP、PCI 显卡正逐步被淘汰，目前常用的是 PCI Express 显卡，它是新型显卡的图形接口卡，其性能远高于 AGP 显卡。

图 3-18　独立显卡

显卡主要由显示芯片、显存、PCB、显卡接口、输出接口、散热装置等组件构成。显卡散热器与显卡内部结构如图 3-19 所示。

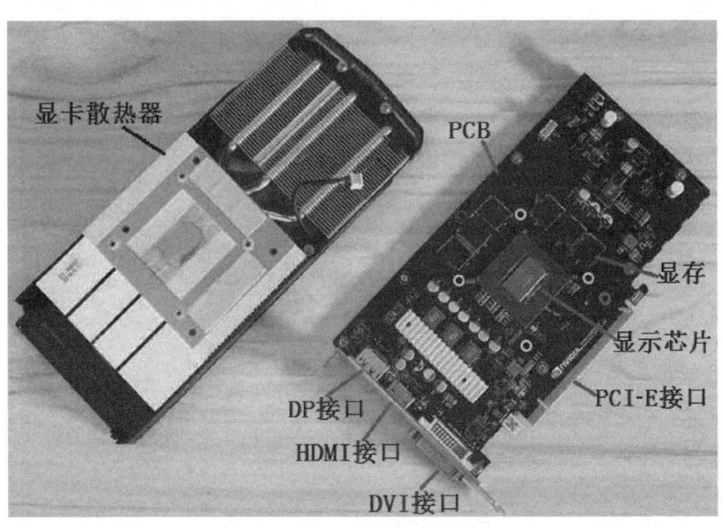

图 3-19　显卡散热器与显卡内部结构

（1）显示芯片（Display Chip）是提供显示功能的芯片，用来处理系统输入的视频信息并对其进行构建、渲染等工作，又称 GPU（图形处理器）。显示芯片是显卡的核心部件，其运算速度越快显卡性能越好。

（2）显存（Video Memory）的全称为显卡内存，也称帧缓存，用来存储经显卡芯片处理过或者即将提取的渲染数据。如同计算机的内存一样，显存是用来存储要处理的图形信息的部件。

（3）DVI（Digital Visual Interface）接口是数字视频接口。它是在 Intel 开发者论坛上成立的数字显示工作小组（DDWG）发明的一种用于高速传输数字信号的接口。

（4）HDMI（High Definition Multimedia Interface）接口是高清多媒体接口，是一种全数字化视频和声音发送接口，可以发送未压缩的音频及视频信号，适用于影像传输，可同时传送音频和视频信号。

（5）DP（DisplayPort）接口是一个由 PC 及芯片制造商联盟开发、经视频电子标准协会（VESA）认证的标准化的数字式视频接口，主要用于视频源与显示器等设备的连接，并且支持携带音频、USB 和其他形式的数据。

5．声卡

声卡（Sound Card）也称音频卡，是实现声波/数字信号相互转换的一种硬件。声卡的基本功能是把来自话筒、磁带、光盘的原始声音信号加以转换，输出到耳机、扬声器、扩音机、录音机等音响设备，或通过音乐设备数字（MIDI）接口使乐器发出美妙的声音。此外，现在的声卡一般具有多声道，可用于模拟真实环境下的声音效果。

声卡主要分为集成式、板卡式和外置式 3 种类型，以适用不同用户的需求。

（1）集成式声卡：这类声卡集成在主板上，不占用 PCI 接口、成本更低、兼容性更好，能够满足普通用户的绝大多数音频需求。而且集成式声卡的集成技术也在不断进步，它也因此占据了声卡市场的主导地位。

（2）板卡式声卡：对音频质量要求较高的用户或专业音频工作者，集成式声卡不能满足其要求，这样板卡式声卡便成为其首选。板卡式声卡拥有更好的性能及兼容性，支持即插即用，安装和使用都很方便。板卡式声卡如图 3-20 所示。

图 3-20　板卡式声卡

（3）外置式声卡：这类声卡独立存在于主机外部，它通过 USB 接口与 PC 连接，具有使用方便、便于移动等优势。但这类声卡主要应用于特殊环境，如连接笔记本以实现更好的音质等。

下面对声卡的主要组成部分进行介绍。

（1）数字信号处理芯片，可以完成各种信号的记录和播放任务，还可以完成许多处理工作，如音频压缩与解压缩运算、改变采样频率、解释 MIDI 指令或符号及控制和协调直接存储器访问（DMA）工作。

（2）A/D 转换器和 D/A 转换器，声音原本以模拟信号的形式出现，必须转换成数字信号才能在计算机中使用。声卡的 A/D 转换器可把模拟信号转换成数字信号，使数据可存入磁盘。为了把声音输出信号送至喇叭或其他设备播出，声卡使用 D/A 转换器把计算机中以数字信号表示的声音转换成模拟信号播出。

（3）总线接口芯片，在声卡与系统总线之间传输命令与数据。

（4）音乐合成器，负责将数字音频波形数据或 MIDI 信息合成声音。

（5）混音器，可以将不同途径，如话筒或线路输入、CD 输入的声音信号进行混合。此外，混音器还为用户提供软件控制音量的功能。

6. 键盘

键盘（Keyboard）是计算机的输入设备，通过键盘可以将文字、数字、标点等可显示信息或各种功能键的控制信息输入到计算机中，从而向计算机输入数据、发出命令等。键盘如图 3-21 所示。

图 3-21　键盘

键盘基本的按键排列可以分为主键盘区、Num 数字辅助键盘区、F 键功能键盘区、控制键区，对于多功能键盘还增添了快捷键区。常规键盘具有 Caps Lock（字母大小写锁定）、Num Lock（数字小键盘锁定）、Scroll Lock（滚动锁定）3 个指示灯，一般位于键盘的右上角，标志键盘的当前状态。早期键盘接口为 PS/2 接口，现在逐渐被 USB 接口取代，随着时代的发展，无线键盘的使用也越来越普遍。

7. 鼠标

鼠标（Mouse）是计算机的输入设备，是用来显示系统纵、横坐标定位的指示器，因形似小鼠而得名，如图 3-22 所示。

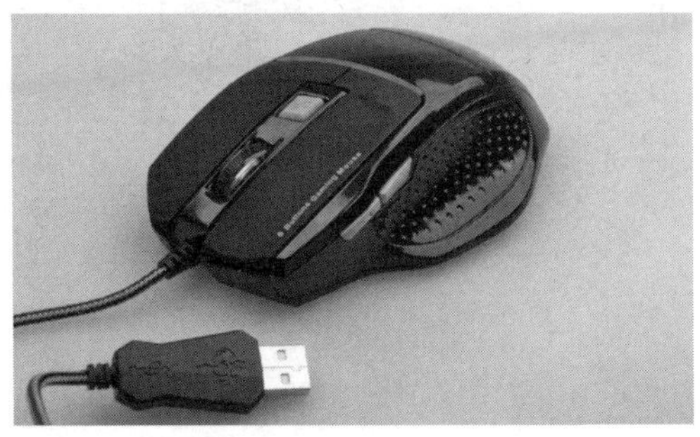

图 3-22　鼠标

鼠标按接口类型不同可分为 PS/2 接口鼠标和 USB 接口鼠标，目前 PS/2 接口鼠标逐渐淡出市场。按工作原理不同可分为机械鼠标和光电鼠标，机械鼠标通过滚球的旋转驱动两个互相垂直的轴转动来获得鼠标移动的位置，现已基本淘汰；光电鼠标通过发光二极管（LED）和光电二极管来检测鼠标相对于一个表面的运动。

8. 显示器

显示器（Display）是计算机的输出设备，用于显示计算机中的信息。根据制造材料的不同，大致可分为 CRT 显示器、LCD 等，如图 3-23 所示。

图 3-23　显示器

目前 CRT 显示器基本已被 LCD 取代。LCD 是采用液晶控制透光度技术实现色彩呈现的显示器，具有辐射小、画面不闪烁、体积小、能耗低等优点。

9. 打印机

打印机（Printer）是计算机的输出设备，用于将计算机的处理结果打印在相关介质上。按工作方式不同，一般可分为针式打印机、喷墨打印机、激光打印机。

1）针式打印机

针式打印机包含一个由打印针组成的打印头，打印针有 9 针到 24 针的不同规格，打印头向色带撞击，使得色带上的油墨渗透到打印纸上打印出内容。9 针打印头的分辨率低，24 针打印头的分辨率高。针式打印机的优点是可以连续使用折叠好的纸张，价格便宜，打印耗材成本低；缺点是打印内容的分辨率低。针式打印机如图 3-24 所示。

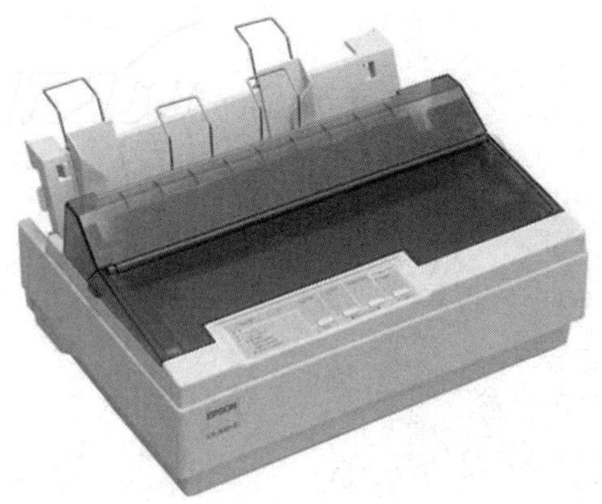

图 3-24　针式打印机

2）喷墨打印机

喷墨打印机将油墨经喷嘴变成细小微粒喷到打印纸上。其优点是操作简单、体积小、打印噪声低、分辨率高；缺点是耗材较贵，需要定期维护。喷墨打印机如图 3-25 所示。

3）激光打印机

激光打印机将计算机中的二进制数据经过处理转换为激光驱动信号，然后由激光扫描系统产生载有字符信息的激光束，感光鼓接收激光束，产生电子吸引碳粉并转印到打印纸上。激光打印机如图3-26所示。其优点是打印速度快、成像质量高、大量打印时平均成本低；缺点是打印机和耗材均较贵。

图3-25　喷墨打印机

图3-26　激光打印机

10．扫描仪

扫描仪（Scanner）是利用光电技术和数字处理技术，以扫描的方式将图形或图像信息转换为数字信号的装置，是将各种形式的图像信息输入计算机的重要工具，如图3-27所示。

图3-27　扫描仪

3.1.3　计算机的软件系统组成（△◇）

软件是一系列按照特定顺序组织的计算机数据和指令的集合。计算机的软件系统主要由系统软件和应用软件组成。

1．系统软件

系统软件（System Software）是指控制和协调计算机及外部设备、支持应用软件开发和运行的系统，是无须用户干预的各种程序的集合，主要功能是调度、监控和维护计算机系统。系统软件包括操作系统和一系列基本的工具（如编译器和数据库管理等方面的工具），其中以操作系统最具代表性。

操作系统（Operating System，OS）是统一管理和调度计算机硬件与软件资源的程序。操作系统可使计算机系统所有资源最大限度地发挥作用，为用户提供简单、高效、友好的操作界面。计算机需要安装操作系统才能运行，没有操作系统的计算机叫“裸机”，只有在有操作系统的基础上，才能安装其他应用程序。台式机操作系统包括 DOS、Windows、Mac OS、UNIX 和 Linux 等。

1）DOS

DOS（Disk Operating System，磁盘操作系统）是 1979 年由微软公司为 IBMPC 开发的操作系统。DOS 是一个字符式操作系统，所有的操作必须通过键入命令来完成。DOS 的界面如图 3-28 所示。在字符界面下，一个命令执行完成后，键入下一条命令，计算机才能继续工作，所以 DOS 被称为单任务的操作系统。在微软图形界面操作系统 Windows NT 出现以后，DOS 以后台程序的形式出现。可以通过“命令提示符”窗口运行 DOS 命令。

图 3-28　DOS 的界面

2）Windows

Windows 的全称是 Microsoft Windows，即微软视窗操作系统，是微软公司研发的基于图形用户界面的操作系统。自 1985 年问世以来，Windows 的版本不断升级，Windows 10 的界面如图 3-29 所示。Windows 具有人机操作互动性好、支持应用软件门类全且功能完善、硬件适配性强等特点。

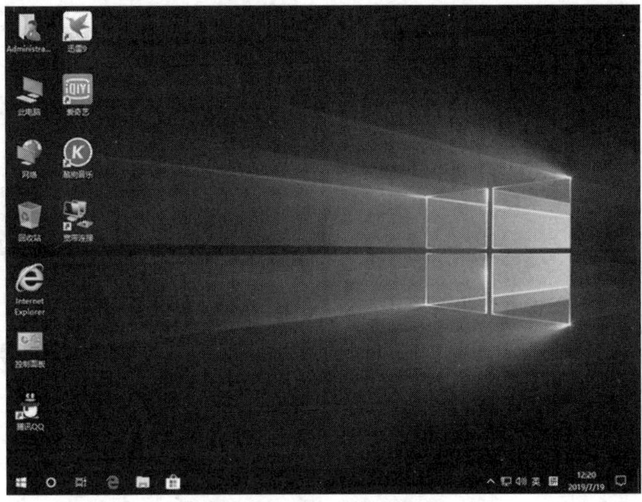

图 3-29　Windows 10 的界面

3）Mac OS

Mac OS 是苹果公司为 Macintosh 系列计算机研发的操作系统。Mac OS 是首个在商用领域取得成功的图形用户界面操作系统。Mac OS 是基于 UNIX 内核的图形化操作系统，界面设计独特，突出了形象的图标和人机对话，安全性和稳定性高，其界面如图 3-30 所示。

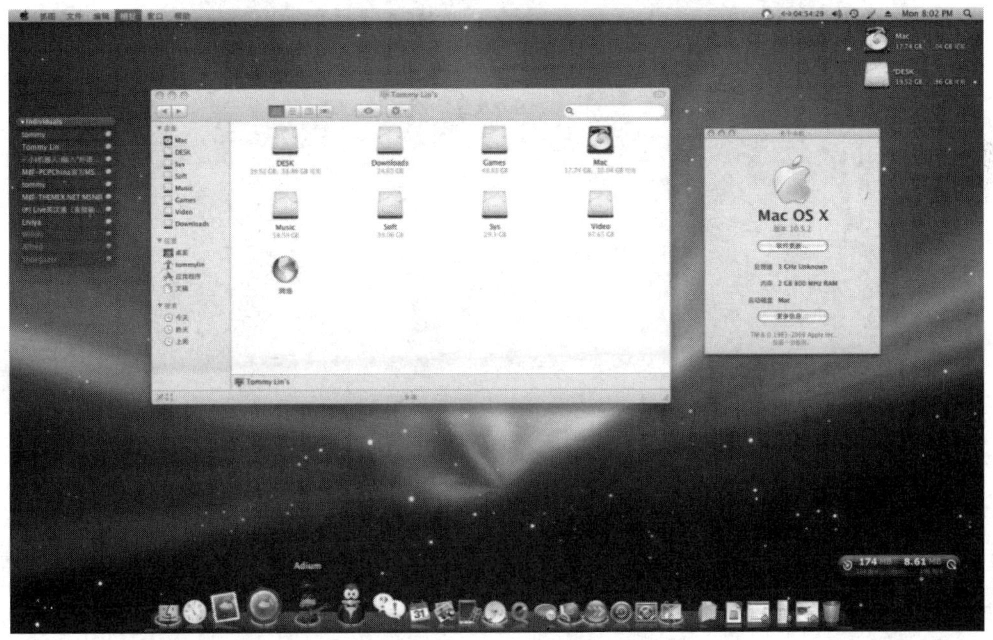

图 3-30　Mac OS 的界面

4）UNIX

UNIX 是一个强大的多用户、多任务的分时操作系统。UNIX 支持多种处理器架构，开放性、可移植性好，性能稳定，具有强大的网络通信功能，应用范围广。UNIX 的字符界面如图 3-31 所示。

```
total 1
crw-r-----  1 root  operator    0,  81 Oct 23 22:19 acd0
crw-r--r--  1 root  wheel       0,  29 Oct 23 22:19 acpi
crw-r-----  1 root  operator    0,  79 Oct 23 22:19 ad0
crw-r-----  1 root  operator    0,  82 Oct 23 22:19 ad0s1
crw-r-----  1 root  operator    0,  83 Oct 23 18:19 ad0s1a
crw-r-----  1 root  operator    0,  84 Oct 23 22:19 ad0s1b
crw-r-----  1 root  operator    0,  85 Oct 23 22:19 ad0s1c
crw-r-----  1 root  operator    0,  86 Oct 23 18:19 ad0s1d
crw-r-----  1 root  operator    0,  87 Oct 23 18:19 ad0s1e
crw-r-----  1 root  operator    0,  88 Oct 23 18:19 ad0s1f
crw-r-----  1 root  operator    0,  80 Oct 23 22:19 ad1
crw-------  1 root  wheel       0,  30 Oct 23 22:19 agpgart
crw-------  1 root  operator    0,  28 Oct 23 22:19 ata
crw-------  1 root  wheel       0,  35 Oct 23 22:19 atkbd0
crw-------  1 root  wheel       0,  92 Oct 23 22:19 bpf0
crw-rw-rw-  1 root  wheel       0,  38 Oct 23 22:19 bpsm0
crw-------  1 root  wheel       0,  12 Oct 23 22:41 console
crw-------  1 root  wheel       0,  72 Oct 23 22:19 consolectl
crw-rw-rw-  1 root  wheel       0,  13 Oct 23 22:19 ctty
crw-rw----  1 uucp  dialer      0,  47 Oct 23 22:19 cuad0
crw-rw----  1 uucp  dialer      0,  48 Oct 23 22:19 cuad0.init
crw-rw----  1 uucp  dialer      0,  49 Oct 23 22:19 cuad0.lock
crw-rw----  1 uucp  dialer      0,  53 Oct 23 22:19 cuad1
byte 1358
```

图 3-31　UNIX 的字符界面

5）Linux

Linux 是一个基于 POSIX 和 UNIX 的多用户、多任务、支持多线程和多 CPU 的操作系统。Linux 是一款免费的操作系统，用户可以通过网络或其他途径获得，并可以任意修改其源代码。Linux 同时具有字符界面和图形界面，其图形界面如图 3-32 所示。

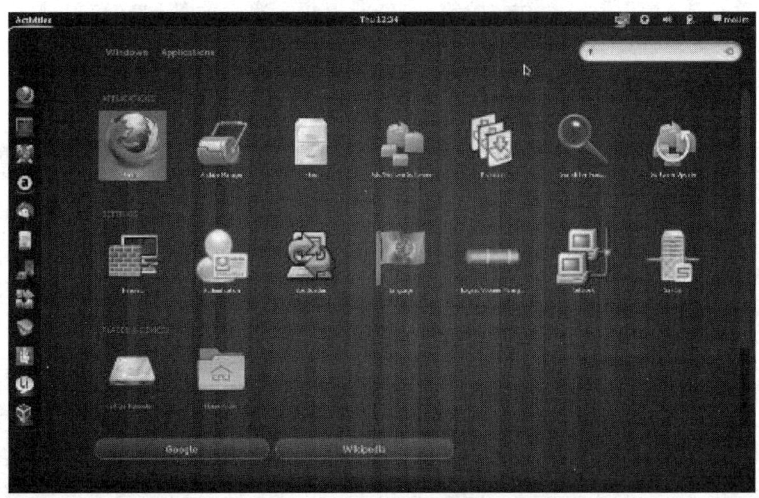

图 3-32　Linux 的图形界面

2．应用软件

应用软件（Application Software）是为满足用户在不同领域针对不同问题的应用需求而设计的软件。它拓宽了计算机系统的应用领域，放大了硬件的功能。一般可分为应用软件包和用户程序。

应用软件包是为利用计算机解决某类问题而设计的程序的集合，如 WPS Office 是中国自主研发的办公软件，可用于文字处理、表格制作、幻灯片制作、常用办公服务，并且包含海量办公模板范文。WPS Office 2019 如图 3-33 所示。

用户程序是针对某一具体领域的应用而开发的软件，如 QQ 是腾讯公司开发的一款基于 Internet 的即时通信软件。QQ 界面如图 3-34 所示。

图 3-33 WPS Office 2019

图 3-34 QQ 界面

3.1.4 服务器（△◇☆）

服务器（Server）也称伺服器，是用于提供计算服务的设备。由于服务器需要响应服务请求并进行处理，因此一般来说服务器应具备承担服务及保障服务的能力。

1．服务器的体系结构

按照体系结构不同，服务器主要分为两类。

1）非 x86 服务器

非 x86 服务器包括大型机、小型机和 UNIX 服务器，它们是使用 RISC（精简指令集）或 EPIC（并行指令代码）处理器，并且主要采用 UNIX 和其他专用操作系统的服务器。这种服务器价格昂贵、体系封闭，但是稳定性好、性能强，主要用在金融、电信等大型企业的核心系统中。

2）x86 服务器

x86 服务器又称 CISC（复杂指令集）架构服务器，即通常所讲的 PC 服务器，它是基于 PC 体系结构，使用 Intel 或其他兼容 x86 指令集的处理器芯片和 Windows 操作系统的服务器。这种服务器价格便宜、兼容性好，但是稳定性较差、安全性不算太高，主要用在中、小型企业和非关键业务中。

2．服务器的硬件构成

服务器的硬件构成与 PC 的硬件构成有很多相似之处，主要包含如下几个部分：CPU、内存、芯片组、I/O 总线、I/O 设备、电源、机箱和相关软件。中央处理器就是服务器的运算和控制中心，内存是记忆中枢，芯片组和 I/O 总线用于传输数据和指令，I/O 设备用于输入、输出数据，电源用于为整个系统提供能量。

在信息系统中，服务器主要应用于数据库和 Web 服务，而 PC 主要应用于桌面计算和网络终端，设计初衷的不同决定了服务器应该具备比 PC 更可靠的持续运行能力、更强大的存储能力和网络通信能力、更快捷的故障恢复功能和更广阔的扩展空间，同时对数据依赖性强的应用还要求服务器提供数据备份功能。而 PC 在设计上则更加重视人机接口的易用性、图像和 3D 处理能力及其他多媒体性能。

服务器按外形不同可分为以下几种。

1）机架式服务器

机架式服务器的外形看来很像交换机，有 1U（1U=1.75in=4.445cm）、2U、4U 等规格。机架式服务器安装在标准的 19in 机柜里面，这种结构多为功能型服务器。机架式服务器如图 3-35 所示。

图 3-35　机架式服务器

2）刀片式服务器

刀片式服务器是指在标准高度的机架式机箱内可插装多个卡式的服务器单元，实现高可用性和高密度的服务器。每个“刀片”实际上就是一块系统主板。它们可以通过板载硬盘启动自己的操作系统，如 Windows NT/2000、Linux 等，类似于一个个独立的服务器。刀片式服务器如图 3-36 所示。

图 3-36　刀片式服务器

3）塔式服务器

塔式服务器的外形和结构与立式 PC 相仿，但塔式服务器的主板扩展性更强、插槽更

多、主板更大，因此塔式服务器的机箱也比标准 PC 的机箱要大，一般都会预留足够的内部空间以便日后进行硬盘和电源的冗余扩展。塔式服务器如图 3-37 所示。

4）机柜式服务器

机柜式服务器的外形是一个机柜，一些高档企业服务器由于内部结构复杂，内部设备较多，有的还具有许多不同的设备单元或几个服务器都放在一个机柜中，因此被称为机柜式服务器。机柜式服务器通常由机架式服务器、刀片式服务器再加上其他设备组合而成，如图 3-38 所示。

图 3-37　塔式服务器

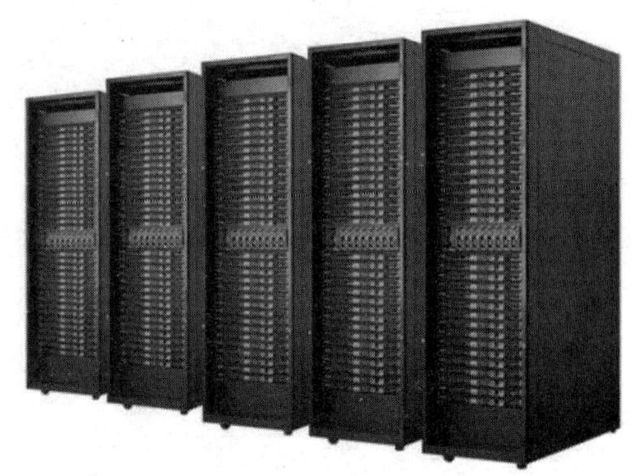

图 3-38　机柜式服务器

3.2　计算机操作基础

3.2.1　BIOS 设置（◇☆）

1．进入 BIOS

BIOS（Basic Input/Output System，基本输入/输出系统）是一组固化到计算机主板上一个 ROM 芯片中的程序，BIOS 中保存着计算机最重要的基本 I/O 程序、开机后自检程序和系统自启动程序，它可从 CMOS（计算机主板上的一个可读/写的 RAM 芯片）中读/写系统设置的具体信息。其主要功能是为计算机提供最底层的、最直接的硬件设置和控制。

一般在计算机启动时按 F2 键或者 Delete 键可以进入 BIOS 进行设置，对于一些特殊机型可以按 F1 键、Esc 键或 F12 键等进行设置，具体如何进入 BIOS 可根据开机提示信息来确定。虚拟机 BIOS 主界面如图 3-39 所示，不同主板的 BIOS 主界面并不完全相同，但有很多相通之处。主界面由不同的功能菜单构成，通过按键盘上的上、下、左、右方向键，可以在不同菜单或者菜单内部的不同设置选项中进行移动，具体的操作按键功能显示在主界面下方的区域中。一般情况下按 Esc 键表示退出 BIOS 设置；按 Enter 键表示确定选择或进入下一级菜单；按 F9 键表示恢复默认设置；按 F10 键表示保存并退出 BIOS 设置。

例如，在如图 3-39 所示的“Main”菜单中，进行系统时间和系统日期的设置，可以通过按上、下方向键在“System Time”选项和“System Date”选项中进行选择，呈白色的项目是正在设置的项目；通过按左、右方向键在显示为数字的“时:分:秒”中进行切换，并可手动录入新的系统时间或系统日期。调整好系统时间和系统日期后按 F10 键表示保存并退出 BIOS 设置。

设置完成后所有数据都存储在主板的 CMOS 中，所以只有主板电池有电才能保证设置的数据不丢失，当主板电池电量耗尽时，BIOS 的所有设置都会恢复到出厂的默认状态。

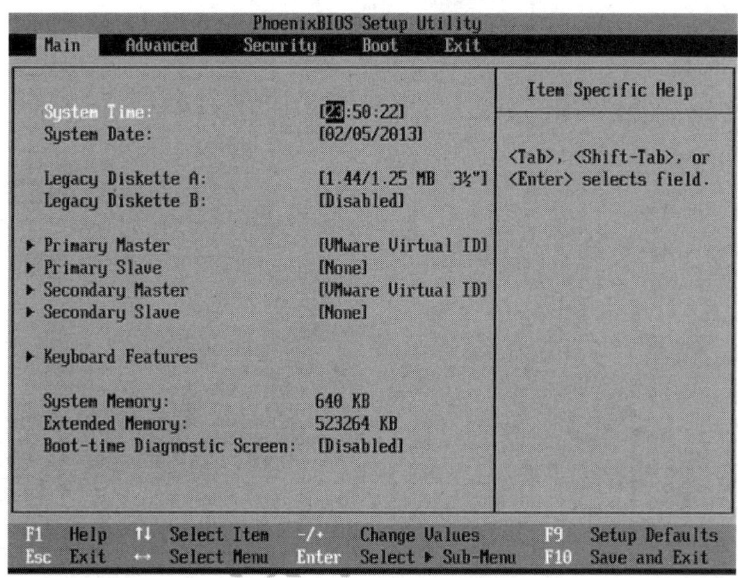

图 3-39 虚拟机 BIOS 主界面

2．硬盘检测与参数设置

早期的计算机主板上的 BIOS 没有硬盘自动检测功能，需要根据硬盘出厂信息手动进行硬盘检测与参数设置。具体可用“IDE HDD DETECTION”选项自动查找参数，显示可用的读/写工作模式；在“STANDARD CMOS SETUP”选项中手动设置 CYLS（柱面数）、HEAD（磁头数）、SECTOR（扇区数）、MODE（读/写工作模式）等信息，这些信息来源于硬盘表面标明的硬盘物理参数。

后期的计算机主板可以自动检测硬盘，在 BIOS 设置中可以通过主菜单中的“IDE HDD AUTO DETECTION”选项，完成硬盘的自动检测。

3．启动顺序设置

计算机在开机后，BIOS 首先完成自检，然后按照 BIOS 启动设置中所保存的启动顺序搜索磁盘驱动器、CD-ROM、网络服务器等有效的驱动器，读入操作系统引导程序，转交系统的控制权。当需要重新安装操作系统时，需要调整启动顺序。

如果使用光盘作为引导盘进行操作系统的安装，就需要将光驱调整为第一启动项，进行引导安装。如图 3-40 所示，通过按键盘上的方向键选中“Boot”菜单，然后根据屏幕上的提示，选择“CD-ROM Drive”选项，并将该选项移动到最上方，即可将光驱调整为第一启动项。按 F10 键，保存并退出 BIOS 设置。

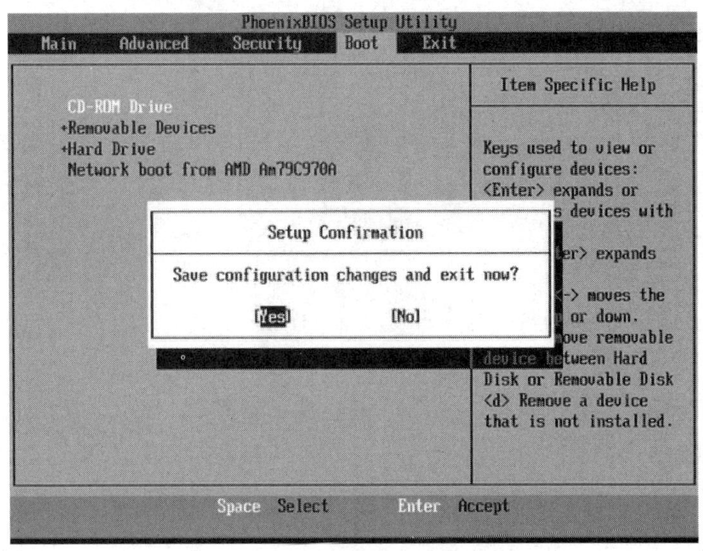

图 3-40 将光驱调整为第一启动项

图 3-40 中的“Removable Devices”表示移动设备启动，如果使用 U 盘安装操作系统，则需要将该选项调整为第一启动项；“Hard Drive”表示硬盘启动，操作系统安装结束后可以再次进入 BIOS 将第一启动项调整为硬盘启动，使系统省去对光驱、U 盘等设备中引导程序驱动的排查时间，从而使启动速度最快。

在不同的 BIOS 中光驱、U 盘等设备的表示方法也不一定相同，如光驱可能会表示为 DVD 或 USB-CDROM，U 盘可能会表示为 USB Storage Device 等。当有多个硬盘或者移动设备时要注意识别其标识从而正确进行选择。

4. 电源唤醒方式设置

通过 BIOS 中的 Power Management Setup（电源管理设置）功能可以进行电源唤醒方式设置，这里的电源通常是指符合 ATX 2.01 标准的 ATX 电源。电源唤醒方式有以下几种。

resume by alarm（定时开机）。

date (of month) alarm（定时开机日期）。

time (hh: mm: ss) alarm（定时开机时间）。

power on by mouse（鼠标开机）。

power on by keyboard（键盘开机）。

Wake up on LAN（通过局域网唤醒）。

Wake on PCI Card（通过 PCI 卡唤醒）。

以上开机唤醒方式中，除定时开机需要进行具体的时间、日期设置以外，其他的均有 Enabled、Disabled 两个选项，分别表示选项功能的开启和关闭。

3.2.2 DOS 常用命令（△◇☆）

DOS 命令是指 DOS 操作系统的命令，是一种面向磁盘的操作命令。虽然 DOS 操作系统已经逐步退出了历史舞台，但在很多情况下，使用图形界面不能妥善解决的问题，可以通过 DOS 命令来解决，如 DOS 手动杀毒、终止程序运行、格式化硬盘等。因此掌握 DOS

基本命令是必要的。DOS 命令主要包括内部命令、外部命令和批处理命令。

1. 内部命令

内部命令是 DOS 命令中常驻内存的一部分，它是在系统进行冷/热启动时由磁盘上的系统文件装入内存的。用户在使用内部命令时仅仅是调用内存中系统区的某一程序段来执行。例如，DIR、TYPE、COPY 等命令都属内部命令。

1）DOS 目录相关命令

（1）Dir：显示指定路径上所有文件或目录的信息。

格式：Dir [盘符:][路径][文件名] [参数]。

（2）MD（mkdir）：建立目录。

格式：MD [盘符:][路径]。

（3）RD（rmdir）：删除目录。

格式：RD [盘符:][路径]。

【注意】

该命令只能删除空目录，而不能删除当前目录。

（4）CD：进入指定目录。

格式：CD[路径]。

【注意】

该命令只能进入当前盘符中的目录。其中“CD\”表示回到根目录，“CD..”表示回到上一层目录。

2）DOS 显示相关命令

（1）Type：显示文件内容。

格式：Type [盘符:][路径][文件名]。

【注意】

该命令只能显示 ASCII 字符型文件，而不能显示非文本文件，如 EXE 文件、COM 文件等。

（2）Label：显示磁盘卷标，创建、更改或删除磁盘的卷标。

格式：Label [盘符:][卷标]。

（3）Date：显示或设置日期。

格式：Date [/T | date]。

【注意】

若要显示当前日期设置和输入新日期的提示，则键入不带参数的 Date。若要保留现有日期，则按 Enter 键。若命令扩展被启用，则 Date 命令会支持/T 开关，该开关指示命令只输出当前日期，不提示输入新日期。

2．外部命令

外部命令是以可执行的程序文件形式（通常后缀为.EXE或.COM）存在于磁盘上的。这就意味着该命令文件必须记录在磁盘或已插入驱动器的软盘上，否则DOS是找不到该命令的。

1）Fdisk（磁盘分区）命令

通过DOS启动盘引导系统启动后输入Fdisk命令，就会出现Fdisk的主操作界面，如图3-41所示。在这个界面中，用户可以进行创建分区、激活分区、删除分区和查看分区信息等操作。

一般情况下，首先通过选项4查看现有分区的情况；然后通过选项3删除现有分区，准备重新分区，在删除分区时要注意先删除逻辑分区，再删除扩展分区，最后删除主分区。通过选项1可以创建分区，在创建分区的过程中要先创建主分区，再创建扩展分区，最后创建逻辑分区。分区创建完成后，Fdisk会提示创建活动分区，用户需要通过选项2将准备安装操作系统的主分区激活。

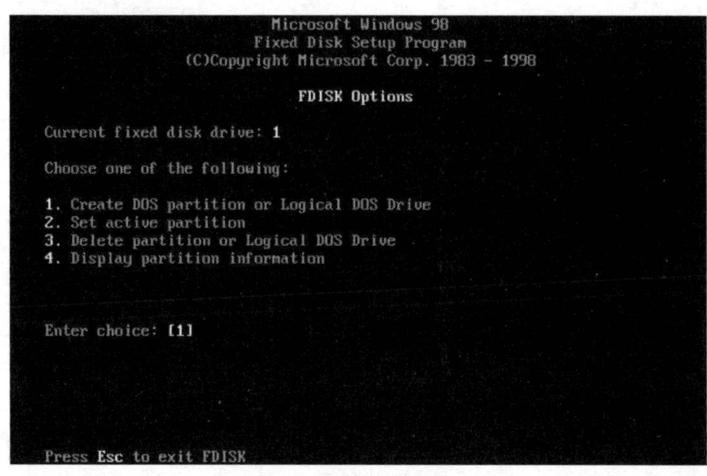

图3-41 Fdisk的主操作界面

磁盘分区一但发生变化，磁盘中的数据就会丢失，因此分区前要做好备份工作。分区完成后要进行各个分区的格式化工作。

2）Format（Format.COM）（格式化）命令

Format命令可以完成对软盘和硬盘的格式化操作。

格式：Format [盘符:] [参数]。

它有两个常见的参数：一个是/Q，表示进行快速格式化；另一个是/S，表示完成格式化，并将系统引导文件复制到该磁盘。

【注意】

该命令会清除目的磁盘上的所有数据，一定要小心使用。

3．批处理命令

在使用 DOS 命令的过程中，有时需要连续使用几条 DOS 命令，有时需要多次重复使用若干条 DOS 命令，有时需要有选择地使用某些 DOS 命令。为了满足这些要求，DOS 提供了创建批处理文件的功能。批处理文件是后缀名为.BAT 的文件，用户可以通过将多个命令顺序写入批处理文件来创建自己的命令序列，实现命令执行的成批处理。批处理文件还具有一次建立、可多次执行的优点。批处理命令使得 DOS 命令的执行更方便。

3.2.3 Windows 操作（△◇☆）

1．安装 Windows

在安装 Windows 前，必须对要安装的 Windows 版本有一定的了解，熟悉该版本 Windows 的功能、特色、对计算机硬件配置的基本要求等，检验该版本的 Windows 是否可满足需要，以及计算机是否适合安装该版本的 Windows。下面以安装 Windows 10 为例来介绍操作系统的安装过程。

微软公司公布的安装 Windows 10 的标准配置要求如表 3-1 所示。在检验完计算机并确定其符合安装条件后可以开始安装前的准备工作。

表 3-1 微软公司公布的安装 Windows 10 的标准配置要求

设备名称	基本要求	备注
CPU	频率为 1GHz 或更高（支持 PAE、NX 和 SSE2）	在标准配置中未列出，即按照最低配置即可，目前的常用 CPU 都能达到该要求
内存	32 位版本的容量为 1GB；64 位版本的容量为 2GB	3GB 以上更佳
硬盘	32 位版本的容量为大于或等于 16GB；64 位版本的容量为大于或等于 20GB	应用软件等可能还要占用几吉字节的空间，因此要有预留，硬盘容量最好在 64GB 以上
显卡	带有 WDDM 驱动程序的 Microsoft DirectX9 图形设备或更高	
其他设备	DVD R/RW 驱动器或者 U 盘等其他存储设备	

1）安装前的准备工作

根据现有条件选择安装介质（如光盘、U 盘等）。根据承载安装程序的介质不同，需要进入 BIOS 中进行启动顺序的调整，具体可按照 3.2.1 节的内容进行 BIOS 设置。

2）安装过程

（1）重启计算机后，进入 Windows 10 的安装界面。要安装的语言选择“中文（简体，中国）”，时间和货币格式选择“中文（简体，中国）”，键盘和输入方法选择“微软拼音”，如图 3-42 所示。单击“下一步”按钮，在弹出的界面中，单击“现在安装”按钮。

（2）如图 3-43 所示，输入密钥激活 Windows，单击“下一步”按钮。

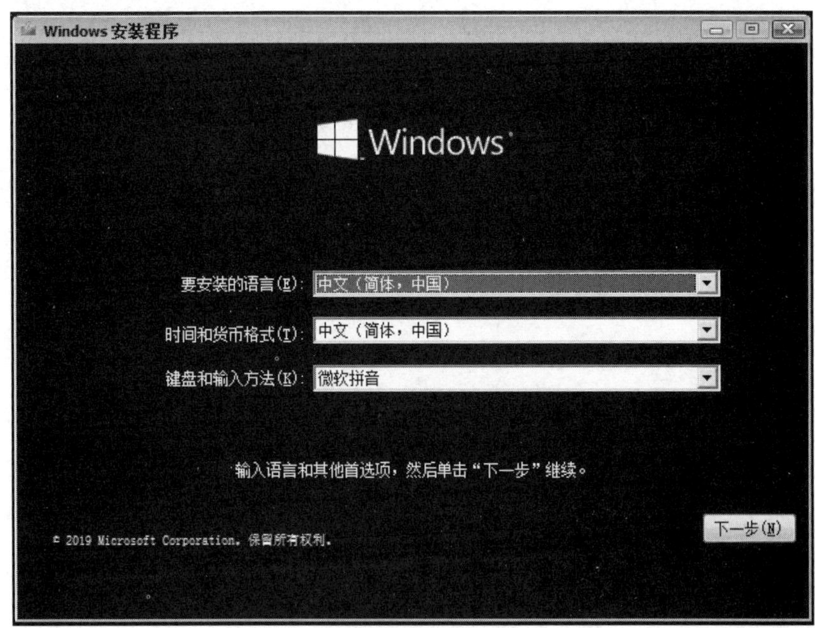

图 3-42　Windows 10 的安装界面

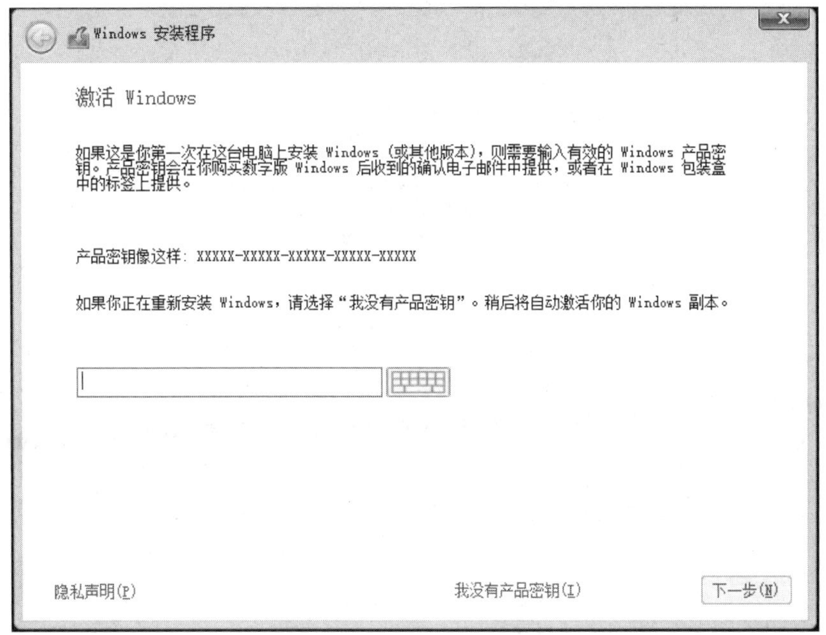

图 3-43　输入密钥

（3）如图 3-44 所示，选择要安装的操作系统，单击“下一步”按钮。这里，根据安装包的不同选项列表有所不同，如可以选择“Windows 10 家庭版”选项。

（4）确认接受许可条款，单击“下一步”按钮。

（5）选择安装类型，因为全新安装所以选择“自定义”安装。

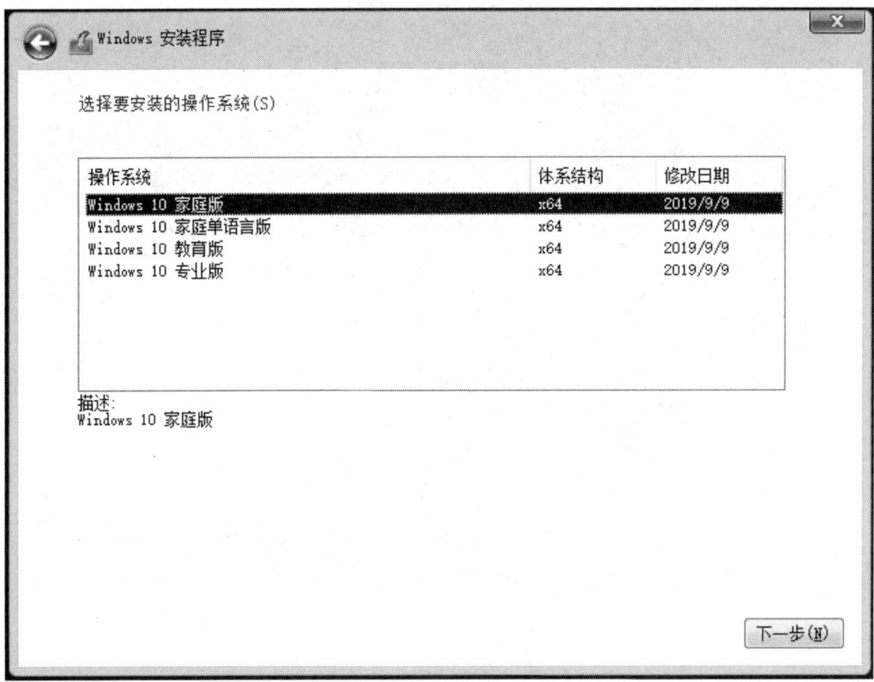

图 3-44　选择要安装的操作系统

（6）在选择安装方式后，需要选择安装位置。默认将 Windows 10 安装在第一个主分区，单击“下一步”按钮，如图 3-45 所示。

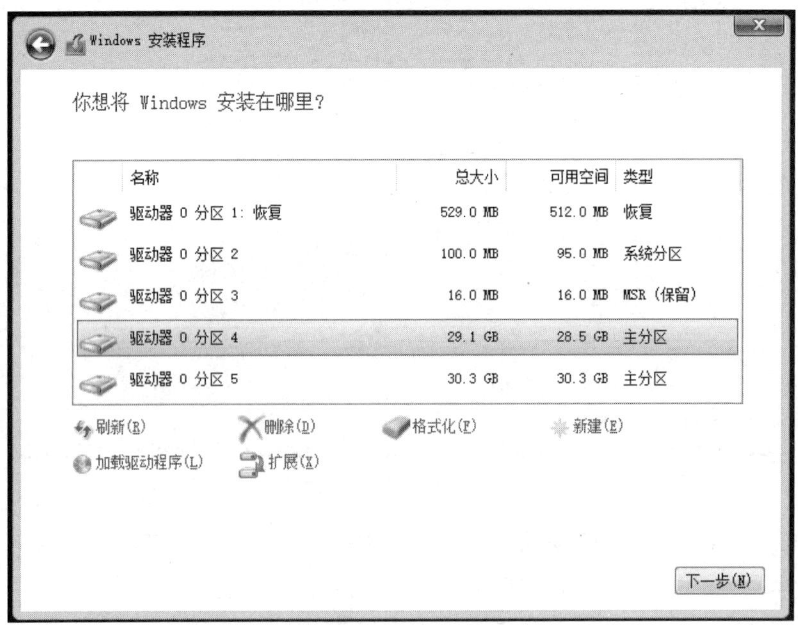

图 3-45　分区选择

（7）开始安装 Windows 10，安装过程如图 3-46 所示。

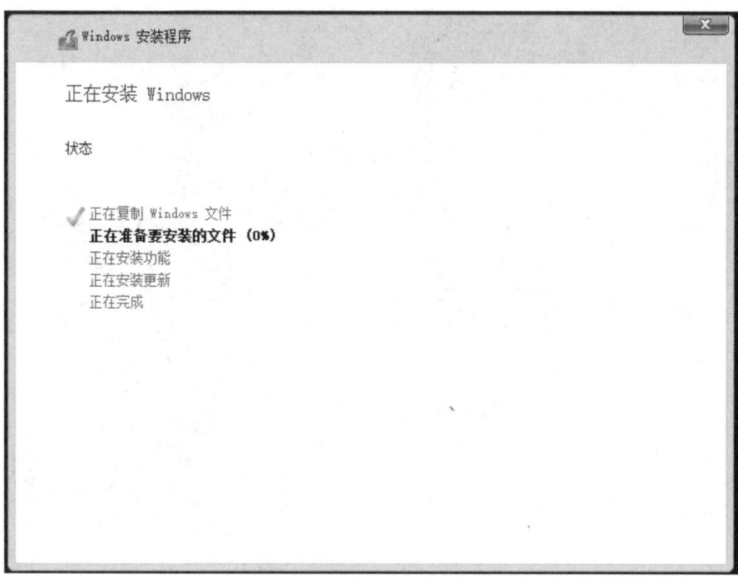

图 3-46　安装过程

（8）计算机重启，提示正在准备设备百分比。如果计算机中的声卡已被 Windows 10 内置驱动库识别，那么准备完成后会进入 Cortana 的语音导航，Cortana 是 Windows 10 的智能助手。进行系统的区域设置，如图 3-47 所示。

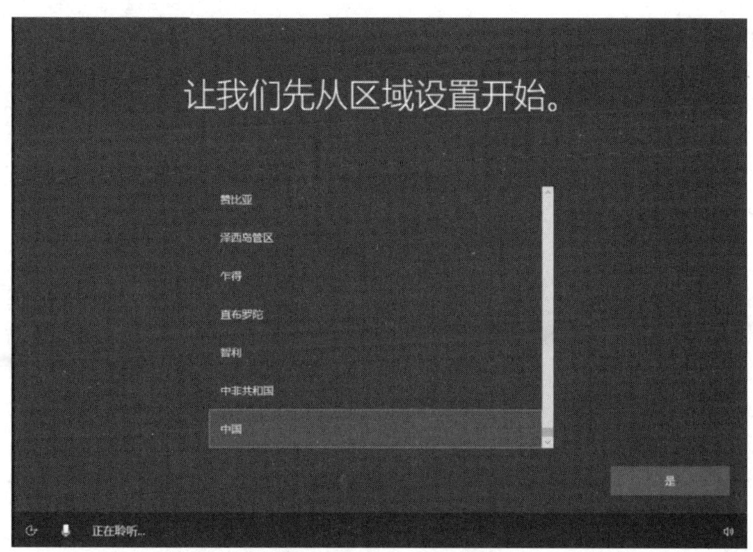

图 3-47　区域设置界面

（9）为 Windows 10 设置账户和密码。Windows 10 的账户可以分为联机账户和脱机账户两种。联机账户即微软账户，账户的配置信息保存在云端，有利于多个设备信息的同步。如果已经拥有微软账户，则可以在如图 3-48 所示的界面中直接输入微软账户名称，然后单击“下一步”按钮；如果没有微软账户，则可以通过单击“创建账户”来进行账户申请；如果希望使用本地账户登录，则可通过单击左下角的“脱机账户”进行脱机账户的用户名及密码设置。

图 3-48　使用微软账户登录

（10）查看与自己相关的内容，根据自己的需求选择，单击“下一步”按钮。

（11）根据自己的需求确定是否设置 PIN，是否让 Cortana 作为自己的个人助理。

（12）为自己的设备选择隐私设置，根据自己的实际需求进行选择后，单击“接受”按钮。

2. Windows 10 的设置面板和控制面板

Windows 10 的设置面板中提供了系统的一些关键设置选项。通过单击 Windows 10 开始菜单左侧的 ⚙ 图标可以进入 Windows 10 的“设置”窗口，如图 3-49 所示，该界面和传统的控制面板类似，但提供的设置功能比较基础，操作方式类似于手机、平板电脑操作系统中的设置功能，相对简便。

图 3-49　Windows 10 的“设置”窗口

Windows 10的“设置”窗口中提供了13个设置选项。例如，单击“系统”设置选项，打开如图3-50所示的“显示”设置窗口，在这里可以更改屏幕的亮度和分辨率等常用显示项。

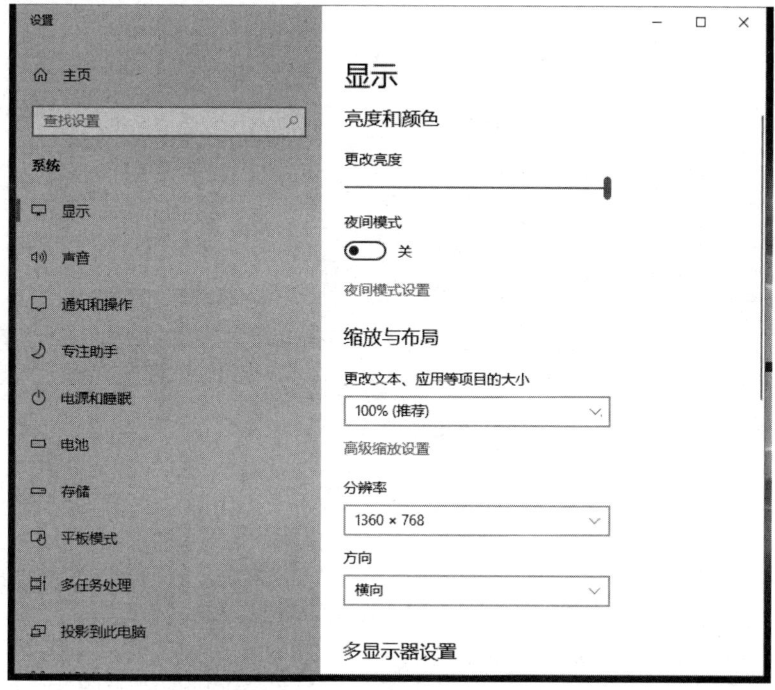

图3-50 “显示”设置窗口

因为控制面板中依然需要提供一些设置面板中所没有的设置选项，所以Windows 10保留了原有控制面板。按Win+R组合键，弹出“运行”窗口，在该窗口中的文本框中输入“control”后单击“确定”按钮，打开如图3-51所示的Windows 10的“控制面板”窗口。控制面板中有8个设置选项。用户可以根据窗口右上角的“查看方式”下拉列表，切换对设置选项的查看方式。

图3-51 Windows 10的“控制面板”窗口

1）“系统和安全”设置选项

如图 3-52 所示，“系统和安全”设置选项中提供的主要功能有：查看并更改系统和安全状态，备份并还原文件和系统设置，更新计算机，查看 RAM 和处理器速度，检查防火墙状态，等等。

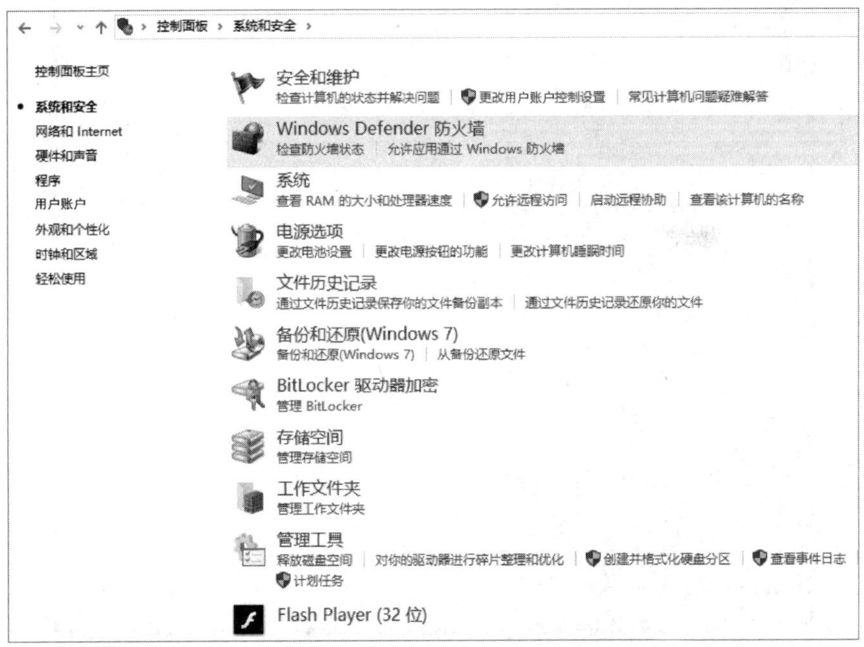

图 3-52　“系统和安全”设置选项列表

（1）Windows Defender 防火墙设置。

单击图 3-52 中的“Windows Defender 防火墙”选项，进入如图 3-53 所示的界面，在这里可以设置防火墙安全选项来保护计算机不受黑客和恶意软件的攻击。

图 3-53　“Windows Defender 防火墙”界面

单击图 3-53 中左侧的“启用或关闭 Windows Defender 防火墙”选项，进入如图 3-54 所示的界面，可以看出，专用网络和公用网络的设置是完全分开的，如果使用的是公用网络，则应该启用防火墙。在“启用 Windows Defender 防火墙”选项中还有两个复选项，即

"阻止所有传入连接，包括位于允许应用列表中的应用"（这一项默认不选中，否则可能会影响允许应用列表中一些应用的使用）和"Windows Defender 防火墙阻止新应用时通知我"（这一项需要选中），以方便用户根据情况随时做出判断响应。

图 3-54 "自定义设置"界面

（2）系统设置。

单击图 3-52 中的"系统"选项，进入如图 3-55 所示的界面，可以查看有关计算机的信息，如处理器型号、内存大小、计算机名、操作系统版本等。通过左侧的命令列表还可以进行更改硬件、性能和远程连接的设置。

图 3-55 "系统"界面

单击图 3-55 中左侧的"设备管理器"选项，打开如图 3-56 所示的设备管理器窗口，若设备有异常，则会在该设备列表项前的图标处显示黄色的警告图标，这时右击该设备列表项，在弹出的快捷菜单中选择"更新驱动程序软件"命令即可。

2）"用户账户"设置选项

如图 3-57 所示，"用户账户"设置选项中提供的主要功能有：更改账户类型和删除用户账户等。

图 3-56 “设备管理器”窗口

图 3-57 “用户账户”设置选项列表

通过“用户账户”选项，用户可以在拥有自己的文件和设置的情况下与多个人共享计算机。每个人都可以使用用户名和密码访问其用户账户。Windows 10 提供了两种类型的用户账户：一种是标准账户，适用于日常计算；另一种是管理员账户，可以对计算机进行最高级别的控制。

Windows 10 安装好后，默认使用管理员账户登录，通过管理员账户可以为计算机创建其他的账户。单击“更改账户类型”，进入“管理账户”设置界面，可以看到当前计算机中所有的账户列表，在列表的下方单击“添加用户账户”按钮进行新账户的添加。如图 3-58 所示，Windows 10 新账户可以采用两种方式登录，即 Microsoft 账户登录和本地账户登录。选择一种登录方式，完成新账户的创建。

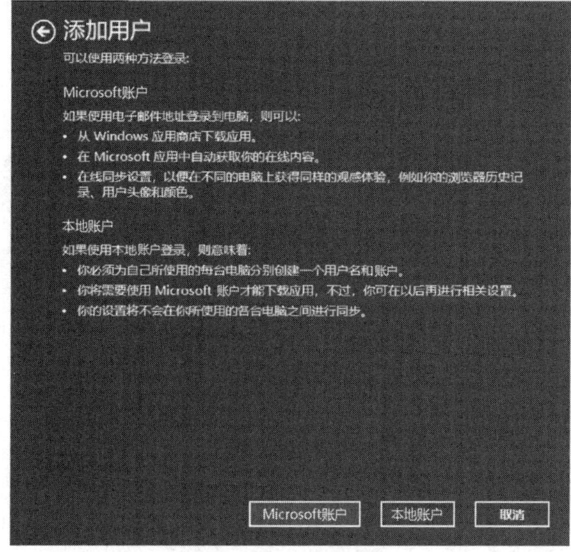

图 3-58 Windows 10 新账户登录界面

3）“网络和 Internet”设置选项

如图 3-59 所示，“网络和 Internet”设置选项中提供的主要功能有：检查网络状态并更改设置，设置共享文件和计算机的首选项，配置 Internet 显示和连接，等等。

图 3-59 “网络和 Internet”设置选项列表

单击“查看网络状态和任务”，打开如图 3-60 所示的窗口，在该窗口中可以查看基本网络信息并设置连接。

图 3-60 “网络和共享中心”窗口

4）“外观和个性化”设置选项

如图 3-61 所示，“外观和个性化”设置选项中提供的主要功能有：更改桌面项目的外观，应用主题或屏幕保护程序到计算机，自定义任务栏，等等。

（1）任务栏和导航设置。

单击“任务栏和导航”选项进入如图 3-62 所示的“个性化”设置窗口，在该窗口中用户可以根据自己的喜好进行桌面背景、窗口颜色、锁屏界面、主题、字体、开始菜单和任务栏的设置。

图 3-61　“外观和个性化”选项列表

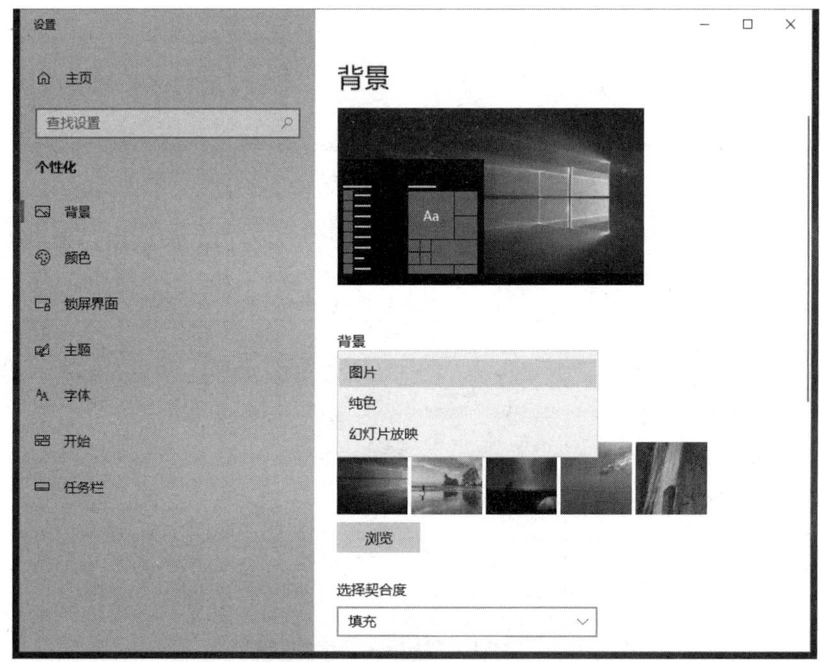

图 3-62　“个性化”设置窗口

（2）文件资源管理器选项设置。

单击“文件资源管理器选项”中的“显示隐藏的文件和文件夹”，打开如图 3-63 所示的对话框。在该对话框的“查看”选项卡中可以进行“隐藏文件和文件夹”“隐藏已知文件类型的扩展名”等的设置，设置好后，单击“确定”按钮即可。

5）“硬件和声音”设置选项

如图 3-64 所示，“硬件和声音”设置选项中提供的主要功能有：添加或删除打印机和其他硬件，更改系统声音，自动播放 CD，节省电源，更新设备驱动程序，等等。

当打开的计算机处于无人使用状态时（鼠标、键盘无输入），为了节省资源，计算机会自动进入睡眠状态。单击“电源选项”中的“更改计算机睡眠时间”，打开如图 3-65 所示的窗口，该窗口中显示了当使用不同电源（笔记本电池和外界电源）时系统设置的显示亮度、关闭显示器的时间、使计算机进入睡眠状态的时间。通过改变相应下拉列表中的时间或拉动亮度条，用户可以调整默认的设置。

图 3-63 “文件资源管理器选项”对话框

图 3-64 “硬件和声音”设置选项列表

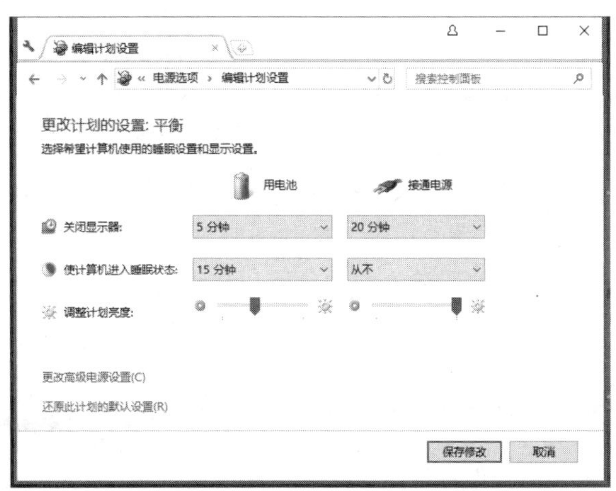

图 3-65 “编辑计划设置”窗口

6）“时钟和区域”设置选项

如图 3-66 所示，“时钟和区域”设置选项中提供的主要功能有：更改计算机的日期、时间和时区，更改数字、货币、日期和时间的显示方式。

单击“设置时间和日期”，打开“日期和时间”对话框，单击“更改日期和时间”按钮，打开“日期和时间设置”对话框，如图 3-67 所示，在该对话框中可以设置系统的日期和时间。

7）“程序”设置选项

如图 3-68 所示，“程序”设置选项中提供的主要功能有：卸载程序或 Windows 功能，卸载小工具，从网络或通过联机获取新程序，等等。

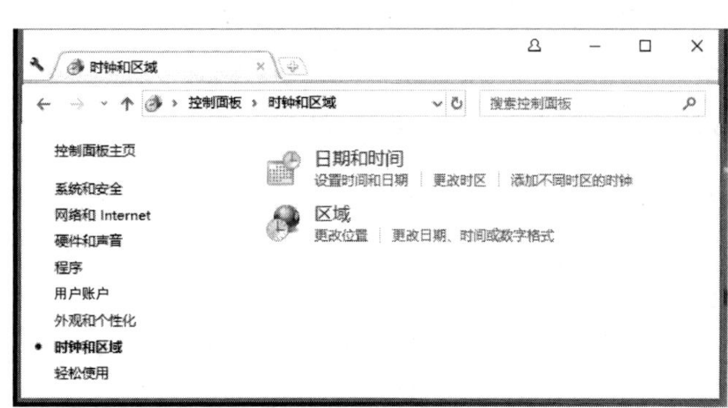

图 3-66 “时钟和区域”设置选项列表

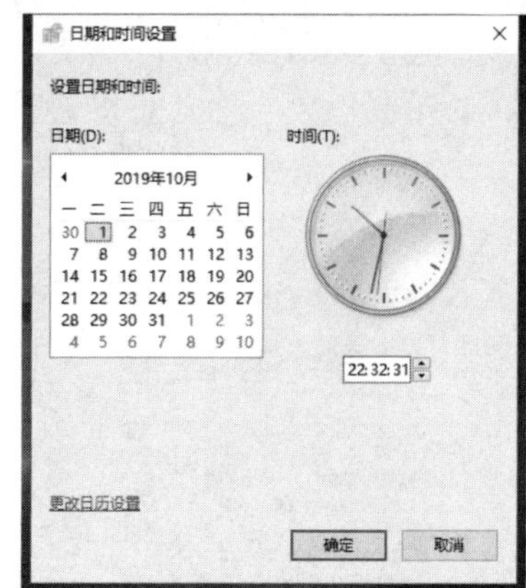

图 3-67 “日期和时间设置”对话框

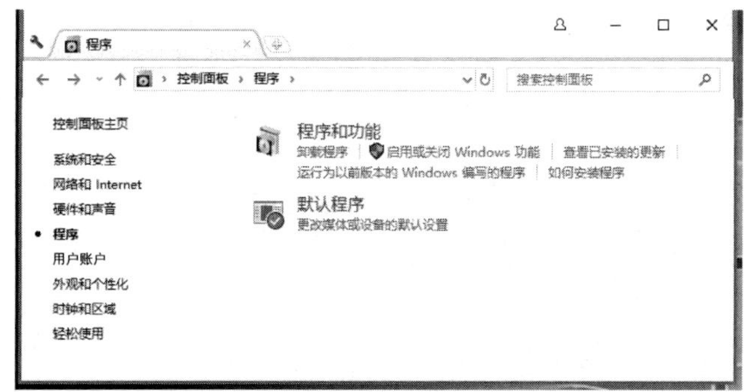

图 3-68 “程序”设置选项列表

如果系统中安装的应用程序没有自带卸载项，那么可以单击“程序和功能”选项，进入如图 3-69 所示的窗口，在列表中选择要卸载或更新的应用程序，单击“卸载/更改”按钮，完成卸载或更新任务。另外在该窗口中还可以进行 Windows 10 系统组件的启用或关闭设置。

图 3-69 “程序和功能”窗口

8）“轻松使用”设置选项

如图 3-70 所示，“轻松使用”设置选项中提供的主要功能有：根据视觉、听觉和移动能力的需要调整计算机设置，并通过声音命令使用语音识别控制计算机。

图 3-70 “轻松访问”设置选项列表

3. 文件系统的操作

1）文件和文件夹的浏览

（1）文件和文件夹的查看方式。

Windows 10 提供了多种对文件和文件夹进行查看的方式，主要可以超大图标、大图标、中图标、小图标、列表、详细信息、平铺和内容方式来显示图标。如图 3-71 所示，在“文件资源管理器”窗口中单击“查看”菜单，通过“布局”选项组中展开的命令列表进行相应查看方式的选择。

（2）文件和文件夹的排序方式。

改变文件和文件夹的排序方式不会更改其显示方式，只会将文件和文件夹重新排列。默认根据文件和文件夹名的字母顺序递增排列。为了让文件和文件夹的排序更符合用户的要求，往往会改变其排序方式，这时打开要排序的文件夹，在空白处右击，弹出快捷菜单如图 3-72 所示，选择“排序方式”命令下的某个选项即可。

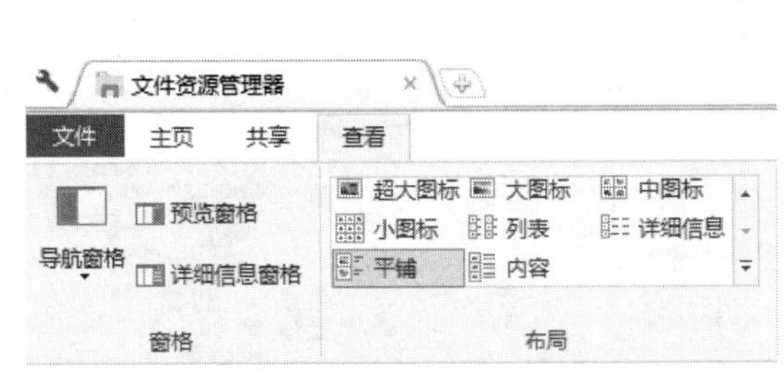

图 3-71 “查看”选项卡

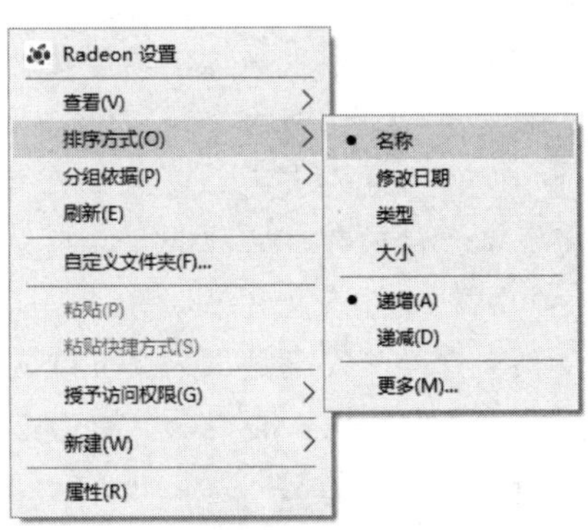

图 3-72 快捷菜单

（3）文件与应用程序的关联。

在 Windows 10 中，将某一种类型的文件与一个可以打开它的应用程序建立一种关联关系，叫作文件关联。关联关系建立后，当双击该类型的文件时，系统就会先启动这一应用程序，再用它来打开该类型的文件。

一个文件可以与多个应用程序建立关联关系，用户可以利用文件的“打开方式”进行关联程序的选择。具体操作方法是在要建立关联的文件上右击，在弹出的快捷菜单中选择“打开方式”命令，再单击“选择其他应用”选项，在“你要如何打开这个文件”对话框中选择一个应用程序与之建立关联。

2）文件和文件夹的操作

文件与文件夹的操作是 Windows 10 的一项重要功能，包括新建、重命名、复制、移动、删除、建立快捷方式、查找等基本操作。

（1）选定文件或文件夹。

在对文件或文件夹进行操作之前，先选定要进行操作的文件或文件夹，即坚持先选择后操作的原则。

选定单个文件或文件夹：单击要选择的文件或文件夹，使其呈高亮度显示。

选定连续的多个文件或文件夹：先单击第一个文件或文件夹，按住 Shift 键，再单击最后一个文件或文件夹，这样，从第一个到最后一个连续的文件或文件夹被选中。

选定不连续的多个文件或文件夹：先单击第一个文件或文件夹，按住 Ctrl 键，再依次单击要选定的文件或文件夹。

选定全部文件和文件夹：选择“编辑”菜单中的“全部选定”命令，或者按 Ctrl+A 组合键，即可选定该对象下所有文件和文件夹。

（2）新建文件或文件夹。

在任一文件夹中都可以新建文件或文件夹。新建文件或文件夹可以使用“主页”菜单下“新建”选项组中的命令，也可以在窗口空白处右击，在弹出的快捷菜单中选择“新建”命令。

（3）重命名文件或文件夹。

根据需要经常要对文件或文件夹重命名，重命名的方法有以下几种。

单击要重命名的文件或文件夹，选择“文件”菜单中的“重命名”命令。在文件或文件夹名称输入框里输入名称，然后按 Enter 键，或在空白处单击即可。

选中文件或文件夹后右击，在弹出的快捷菜单中选择“重命名”命令，即可进行重命名。

选中文件或文件夹后，直接按 F2 键，也可进行重命名。

将鼠标指针放在某文件或文件夹上，单击鼠标后稍停一会，再单击，即可进行重命名。

（4）复制文件或文件夹。

复制文件或文件夹是指为文件或文件夹在某个位置处创建一个备份，而原位置处的文件或文件夹仍然保留。有以下几种方法实现复制操作。

利用剪贴板复制文件或文件夹（Ctrl+C、Ctrl+V）。

使用鼠标拖曳方式复制文件或文件夹，在不同驱动器之间进行文件或文件夹的拖曳可实现复制，当要复制的文件或文件夹与目标位置在同一驱动器中时，要按住 Ctrl 键拖曳。

使用“发送到”命令复制文件或文件夹。

（5）移动文件或文件夹。

移动文件或文件夹是指将对象移动到其他位置。有以下几种方法实现移动操作。

利用剪贴板移动文件或文件夹。

使用鼠标拖曳方式移动文件或文件夹，在相同驱动器之间直接进行拖曳即可移动。当要移动的文件或文件夹与目标位置在不同的驱动器中时，要按住 Shift 键拖曳。

（6）删除文件或文件夹。

删除文件或文件夹的方法有以下几种。

选中要删除的文件或文件夹，按 Delete 键。

选中要删除的文件或文件夹，右击，在弹出的快捷菜单中选择“删除”命令。

删除文件或文件夹通常是将删除的对象放入“回收站”。如果不小心误删了文件或文件夹，可以在“回收站”中恢复被删除的文件或文件夹。若要彻底删除文件或文件夹，可在按 Delete 键的同时按 Shift 键。

（7）建立快捷方式。

① 快捷方式的含义。

快捷方式是一个指向其他对象（文件、文件夹、应用程序等）的可视指针，因而快捷方式并不能改变应用程序、文件、文件夹、打印机或网络中计算机的位置，使用它可以更快地打开项目，并且删除、移动或重命令快捷方式均不会影响原有的项目。

② 快捷方式的建立。

选中对象，右击，在弹出的快捷菜单中选择“发送到”命令列表中的“桌面快捷方式”命令。

在桌面空白处右击，在弹出的快捷菜单中选择“新建”命令列表中的“快捷方式”命令，根据向导提示建立对象在桌面的快捷方式。

3.3 计算机常用软件安装及使用

3.3.1 操作系统（△◇☆）

操作系统是计算机最基本的软件。我们常说的计算机，一般是指装有操作系统的计算机系统，而没有安装操作系统的计算机则形象地称为“裸机”。操作系统是用户与裸机的接口。它的作用是管理和控制系统的硬件资源，组织、协调计算机的运行，方便用户对计算机进行使用。

1．操作系统的功能

操作系统的功能概括起来主要有以下 5 个方面。

1）处理器管理

处理器管理最基本的功能是处理中断事件，计算机在配置了操作系统后，就可对各种事件进行处理。处理器管理还有一个功能是处理器调度，针对不同情况采取不同的调度策略。

2）存储管理

存储管理主要是指针对内存的管理，主要任务是分配内存空间，保证各作业占用的内存空间不发生矛盾，并使各作业在自己所属的存储区中互不干扰。

3）设备管理

设备管理是指负责管理各类外部设备，包括分配、启动和故障处理等，主要任务是当用户使用外部设备时，必须提出申请，待操作系统进行统一分配后方可使用。

4）作业管理

每个用户请求计算机系统完成的一个独立的操作称为作业。作业管理包括作业的输入和输出，作业的调度与控制，这是根据用户的需要来控制作业运行的。

5）文件管理

文件管理是指操作系统对信息资源的管理。在操作系统中，将负责存取管理信息的部分称为文件系统。文件管理支持文件的存储、检索和修改等操作，以及文件的保护功能。

2. 操作系统的类型

根据使用环境、硬件结构、作业处理方式不同，操作系统可分为以下 5 种类型。

1）批处理操作系统

批处理（Batch Processing）操作系统的工作方式：用户将作业交给系统操作员，系统操作员先将许多用户的作业组成一批作业，并输入到计算机中，在系统中形成一个自动转接的连续的作业流；然后启动操作系统，系统自动、依次执行每个作业；最后将作业结果交给用户。

批处理操作系统的特点是多道和成批处理。例如，DOS/VSE 为批处理操作系统。

2）分时操作系统

分时（Time Sharing）操作系统的工作方式：一台计算机连接若干个终端，每个终端有一个用户在使用。用户交互式地向系统提出命令请求，系统接受每个用户的命令请求，采用时间片轮转方式处理命令请求，并通过交互方式在终端上向用户显示结果。用户根据上步结果发出下道命令。分时操作系统将计算机的时间划分成若干个片段，称为时间片。操作系统以时间片为单位，轮流为每个用户服务。每个用户轮流使用同一个时间片从而每个用户并不会感到有别的用户存在。分时操作系统具有多路性、交互性、“独占”性和及时性的特征。多路性是指同时有多个用户使用一台计算机，从宏观上看是多个人同时使用一台计算机，从微观上是多个人在不同时刻轮流使用一台计算机。交互性是指用户根据系统响应结果进一步提出新请求（用户直接干预每一步）。“独占”性是指用户感觉不到计算机为其他人服务，就像整个系统为他所独占一样。及时性是指系统对用户提出的请求及时响应。分时操作系统支持位于不同终端的多个用户同时使用一台计算机，彼此独立、互不干扰，用户感到好像一台计算机全为他所用。

例如，Windows、UNIX、XENIX、Mac OS 等为分时操作系统。

常见的通用操作系统是分时操作系统与批处理操作系统的结合。其原则是分时优先、批处理在后。“前台”响应需要频繁交互的作业，如终端的请求；“后台”处理对时间性要求不强的作业。

3）实时操作系统

实时操作系统（Real Time Operating System，RTOS）是指使计算机能及时响应外部事件的请求，在规定的时间范围内完成对该事件的处理，并控制所有实时设备和实时任务协调一致地工作的操作系统。实时操作系统要追求的目标是在规定的时间范围内对外部请求做出反应，具有高可靠性和完整性。其主要特点是对资源的分配和调度首先考虑实时性，然后考虑效率。此外，实时操作系统应有较强的容错能力。

例如，VxWorks、UC/OS-II、QNX、RT Linux 等为实时操作系统。

4）网络操作系统

网络操作系统是基于计算机网络的、在各种计算机操作系统上按网络体系结构协议标准开发的操作系统，包括网络管理、通信、安全、资源共享和各种网络应用。其目标是进行通信及资源共享。在其支持下，网络中的计算机能进行通信和共享资源。其主要特点是与网络的硬件相结合来完成网络的通信任务。

例如，Netware、Windows NT、Windows Serve、OS/2 Warp 等为网络操作系统。

5）分布式操作系统

分布式操作系统是为分布计算系统配置的操作系统。将大量的计算机通过网络连在一起构成一个系统，可以获得极高的运算能力及广泛数据的共享能力，这种系统被称作分布式操作系统（Distributed Operating System）。它在资源管理、通信控制和操作系统的结构等方面都与其他操作系统有较大的区别。由于分布式操作系统的资源分布在系统中的不同计算机上，操作系统对用户的资源需求不能像一般的操作系统那样等待有资源时直接分配，而是要在系统中的各台计算机上搜索，找到所需资源后才可进行分配。对于有些资源，如具有多个副本的文件，还必须考虑一致性。所谓一致性，是指若干个用户对同一个文件同时读出的数据是一致的。为了保证一致性，操作系统须控制文件的读/写操作，使得多个用户可同时读一个文件，而任一时刻最多只能有一个用户在修改文件。分布式操作系统的通信功能类似于网络操作系统。由于分布式操作系统不像网络一样分布得很广，同时分布式操作系统还要支持并行处理，因此它提供的通信机制和网络操作系统提供的通信机制有所不同，它要求通信速度高。分布式操作系统的结构也不同于其他操作系统，其分布在系统中的各台计算机上，能并行地处理用户的各种需求，有较强的容错能力。

例如，Amoeba、UNIX 等为分布式操作系统。

3.3.2 办公软件（△◇☆）

办公软件是指可以进行文字处理、表格制作、幻灯片制作、图形及图像处理、简单数据库处理等方面工作的软件。目前办公软件朝着操作简单化、功能细化等方向发展。

办公软件的应用范围很广，大到社会统计，小到会议记录，数字化的办公离不开办公软件的协助。另外，政府部门用的电子政务、税务机构用的税务系统、企业用的协同办公软件等都属于办公软件。

目前计算机已经应用到我们工作、生活的各个方面，上班族只要一打开计算机，基本上都需要使用办公软件，无论是起草文件、撰写报告，还是统计分析数据，都离不开办公软件，办公软件已经成为我们工作必备的基础软件。有时也会把办公自动化软件、图像处理软件纳入办公软件范畴，它们也是支撑我们工作的一部分，但覆盖的用户范围有限。

1．文字处理软件

文字处理软件可用于文字编辑、文档排版、插入表格、图文混排、校对和印刷等，它占用的存储空间小、可移植强。移动存储空间可用于文件传输和备份，有利于提高工作效率。总之，文字处理软件作为办公自动化管理中最常用的计算机软件之一，是提高办公质量、提高办公效率、实现无纸化办公的重要工具。我们通常使用的文字处理软件有 Microsoft Office Word、WPS 文字等，利用它们可以快速地进行文字编辑和打印出美观的文档。利用 Microsoft Office Word 进行文档排版如图 3-73 所示。

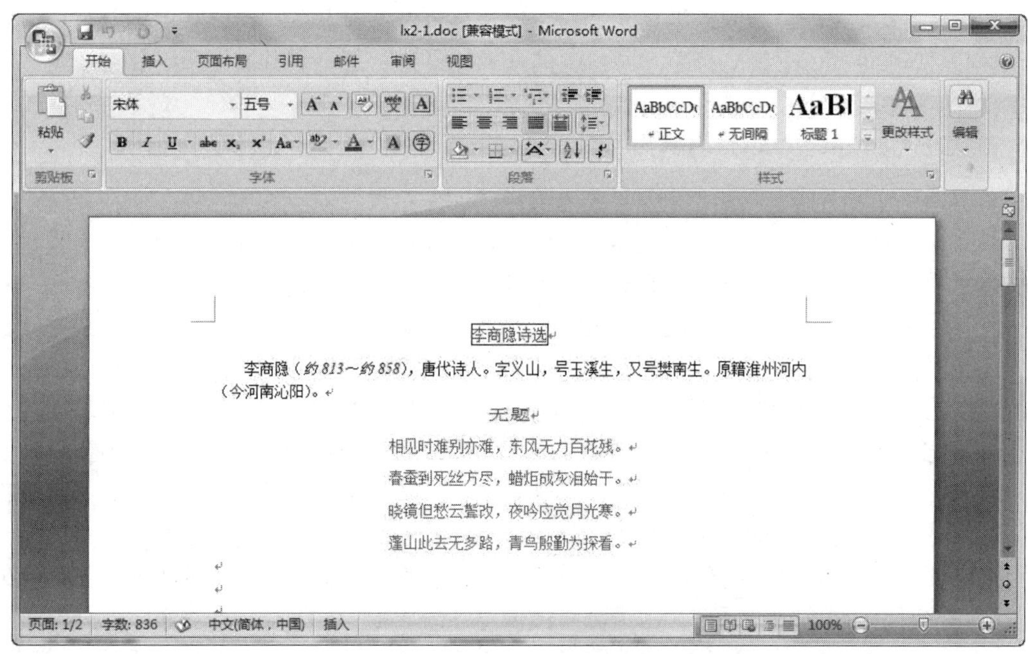

图 3-73　利用 Microsoft Office Word 进行文档排版

2．数据处理软件

数据处理软件具有强大的数据处理功能，可以处理各种数据材料，因此在办公过程中有着广泛的应用。进行数据处理有利于科学管理，大大提高办公效率。例如，使用 Microsoft Office Excel、WPS 表格等软件可以进行各种电子表格的制作与编辑，从而可以更方便地处理数据。利用 Microsoft Office Excel 进行表格制作如图 3-74 所示。

3．演示文稿制作软件

利用演示文稿制作软件可以制作出形象生动、图文并茂的幻灯片，可用于课堂教学、学术会议、产品介绍、公司宣传、论文答辩等。例如，利用 Microsoft Office PowerPoint、WPS 演示文稿等软件能够制作出集文字、图形、图像、声音及视频剪辑等多媒体元素于一体的演示文稿。利用 Microsoft Office PowerPoint 制作教学课件如图 3-75 所示。

2007年第一学期考试成绩表

姓名	性别	专业	数学	英语	计算机	体育	平均分	总分
张明	男	计算机	86	95	82	82	86.25	345
周晓艳	女	计算机	90	76	87	92	86.25	345
李小佳	女	园林	75	83	82	76	79	316
王磊	男	计算机	62	56	76	72	66.5	266
许玲玲	女	园林	87	78	75	62	75.5	302
刘光	男	园林	51	90	68	85	73.5	294
赵月	女	计算机	92	45	81	84	75.5	302
魏琳琳	男	园林	77	79	74	73	75.75	303

图 3-74 利用 Microsoft Office Excel 进行表格制作

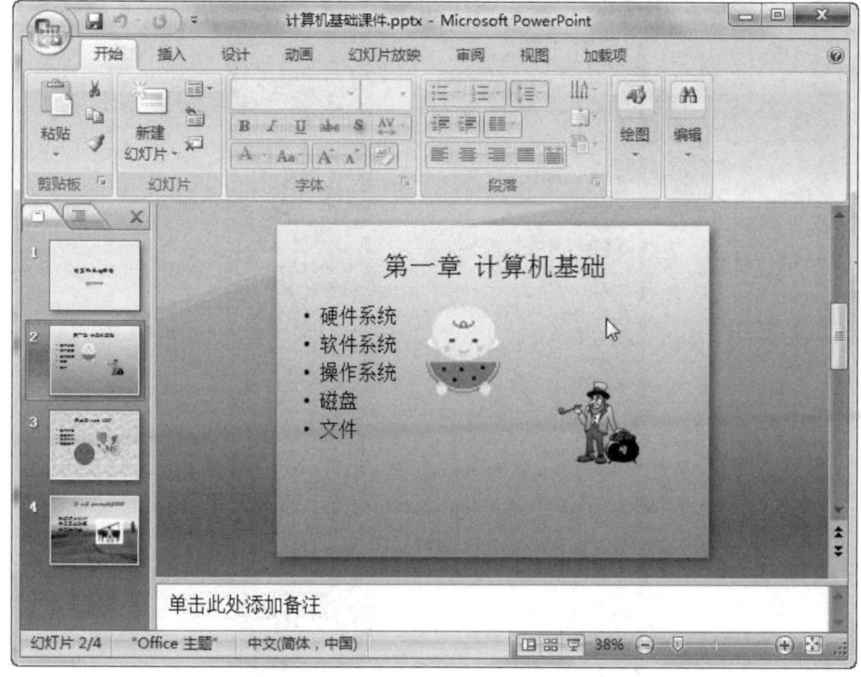

图 3-75 利用 Microsoft Office PowerPoint 制作教学课件

4. 图像处理软件

图像处理软件可以快速地实现对图片、平面广告等各种包装设计应用的处理。例如，Photoshop（PS）是目前应用非常广泛的图像处理软件，其功能强大，能够满足不同人群的需求，如图像修复、截图、图像大小处理、美化等。除此之外，CorelDRAW、美图秀秀等也可以轻松实现图像的处理。

3.3.3 系统工具（△◇☆）

1．IE 浏览器的使用

1）IE 浏览器简介

Internet Explorer 浏览器（简称 IE 浏览器）是微软公司开发的一款功能强大、很受欢迎的网页浏览器。Windows 7 中内置了 IE 浏览器的升级版本 IE 11，与以前的版本相比，其功能更加强大，使用更加方便，可以使用户毫无压力地使用。使用 IE 11，用户可以将计算机连接到 Internet，从 Web 服务器上搜索需要的信息，浏览 Web 网页，收发电子邮件及上传网页等。

2）如何启动 IE 浏览器

依次选择“开始”→“所有程序”→“Internet Explorer”菜单命令，启动 IE 浏览器，如图 3-76 所示。也可以通过双击桌面上的 Internet Explorer 快捷方式来启动 IE 浏览器。

图 3-76　通过“开始”菜单启动 IE 浏览器

3）IE 浏览器窗口的组成

IE 浏览器窗口的组成如图 3-77 所示。

菜单栏：包含在使用 IE 浏览器浏览网页时能选择的各项命令。

收藏夹栏：包含用户收藏的一些网站。

命令栏：包含一些常用的按钮，如主页按钮、打印按钮等。

地址栏：可输入要浏览的网页的地址。

网页区：显示当前正在访问的网页中的内容。

状态栏：显示 IE 浏览器下载网页的实际工作状态。

选项卡：显示 IE 浏览器当前正在访问的网页的标题。

在默认状态下，菜单栏、收藏夹栏、命令栏是不显示的，可以在 IE 浏览器窗口的右上角空白处右击来选择显示它们。

图 3-77　IE 浏览器窗口的组成

4）如何浏览网页内容

依次选择“开始”→“所有程序”→“Internet Explorer”菜单命令或者双击桌面上的 Internet Explorer 快捷方式，启动 IE 浏览器，如图 3-78 所示。

图 3-78　启动 IE 浏览器

在地址栏中输入搜狐网站的网址“www.sohu.com”后按 Enter 键，即可打开搜狐网站的主页，如图 3-79 所示。

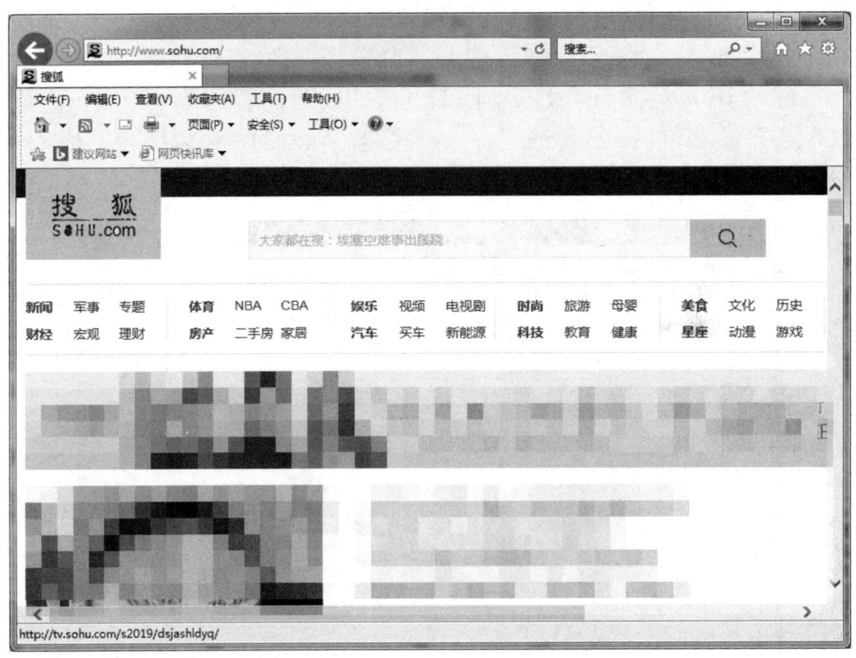

图 3-79　IE 浏览器窗口中搜狐网站的主页

【提示】

如果以前浏览过搜狐网站的主页，也可单击地址栏右侧的向下箭头，在弹出的如图 3-80 所示的下拉列表中选择“http://www.sohu.com/”即可打开搜狐网站的主页。

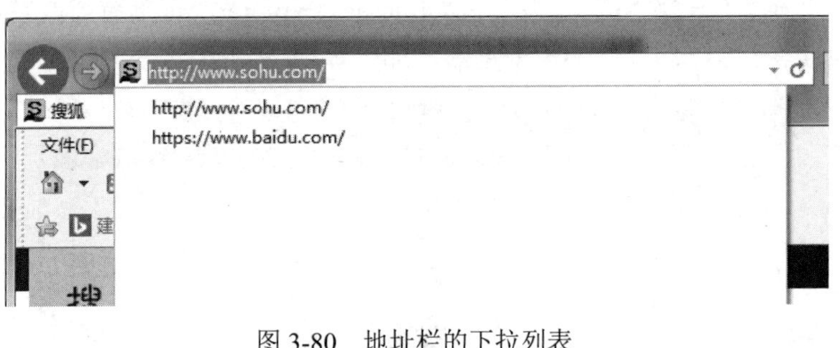

图 3-80　地址栏的下拉列表

浏览 IE 浏览器中的内容，找到自己感兴趣的文章或话题，如“进博之光辉耀世界——写在第二届中国国际博览会开幕之际”新闻标题，把鼠标指针移动到该标题上，鼠标指针变成一个“小手”的形状，表示该标题上带有超链接，单击该标题，即可打开关于该新闻的 IE 浏览器窗口，如图 3-81 所示。

在如图 3-79 或图 3-81 所示的 IE 浏览器窗口中，单击任意带有超链接的文本或图片，即可打开一个新的关于该文本或图片的 IE 浏览器窗口。

在浏览结束时，单击该网页上的“关闭”按钮，即可关闭当前查看的页面。也可单击 IE 浏览器窗口右上角的“关闭”按钮，关闭整个 IE 浏览器窗口。

图 3-81　新打开的 IE 浏览器窗口

5）多窗口浏览

IE 浏览器允许打开多个窗口同时浏览多个网页。可以通过选择输入命令的方式，也可以通过单击超链接的方式在新窗口中打开网页。

方法 1：利用菜单打开新窗口。

依次选择“文件”→“新建窗口”菜单命令，即可打开一个新窗口。

方法 2：利用鼠标打开新窗口。

在网页上移动鼠标指针寻找超链接，在超链接上右击，在弹出的快捷菜单中选择“在新窗口中打开”命令，即可打开一个新窗口。

方法 3：按住 Shift 键并单击超链接打开新窗口。

在网页上移动鼠标指针寻找超链接，按住 Shift 键并单击该超链接，即可打开一个新窗口。

【注意】

打开多个窗口有利于增加浏览的信息量。但窗口打开得过多将影响各窗口中信息下载的速度，一般同时打开窗口以不超过 6 个为宜，否则会影响计算机的运行速度，甚至导致系统崩溃。

2. WinRAR 的使用

1）WinRAR 简介

WinRAR 是目前非常流行和通用的压缩软件。它支持多种格式的压缩文件，具有固定压缩、分卷压缩和自释放压缩等多种压缩方式；可以选择不同的压缩比例，实现最大限度的减少占用体积。

2）WinRAR 的使用

（1）快速压缩。

右击待压缩的文件，就会弹出如图 3-82 所示的快捷菜单。图 3-82 中圈住的命令就是用 WinRAR 创建压缩文件的命令。

如果想压缩文件，可以在待压缩文件上右击，在弹出的快捷菜单中选择“添加到档案文件”命令，这样就会弹出如图 3-83 所示的对话框，在该对话框中有 6 个选项卡。

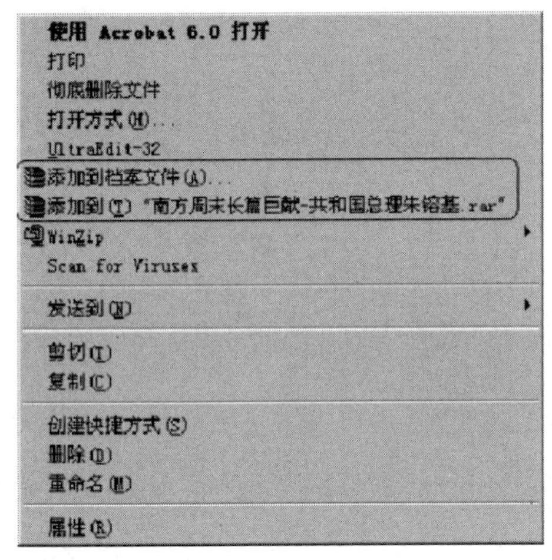

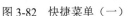

图 3-82　快捷菜单（一）

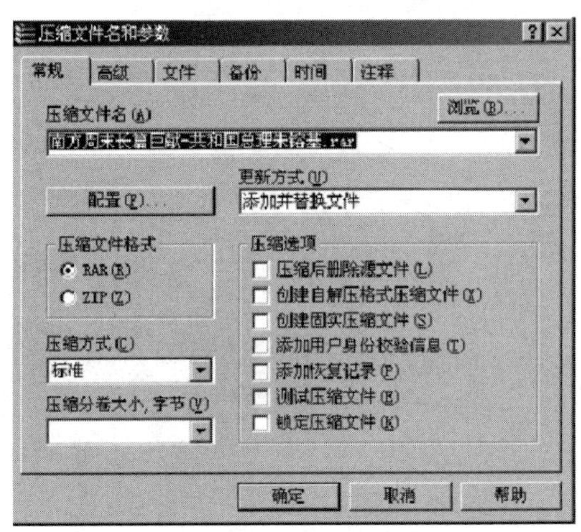

图 3-83　“压缩文件名和参数”对话框

（2）快速解压。

在压缩文件上右击后，弹出如图 3-84 所示的快捷菜单。图 3-84 中圈住的命令就是快速解压命令。

选择“释放文件”命令后弹出如图 3-85 所示的对话框，在“目标路径”下拉列表中选择解压后的文件将被安排至的路径和名称，单击“确定”按钮就可以解压了。

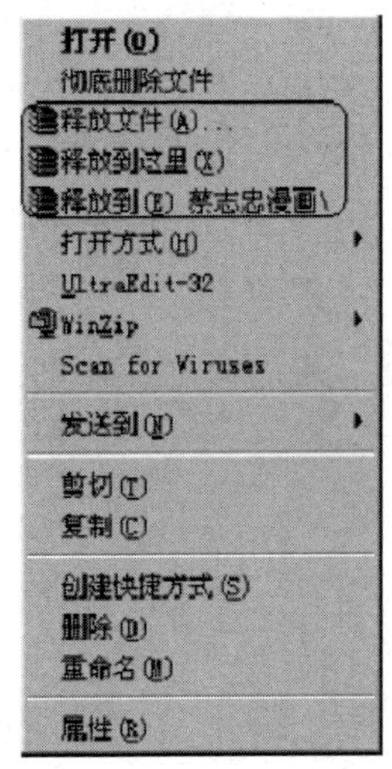

图 3-84　快捷菜单（二）

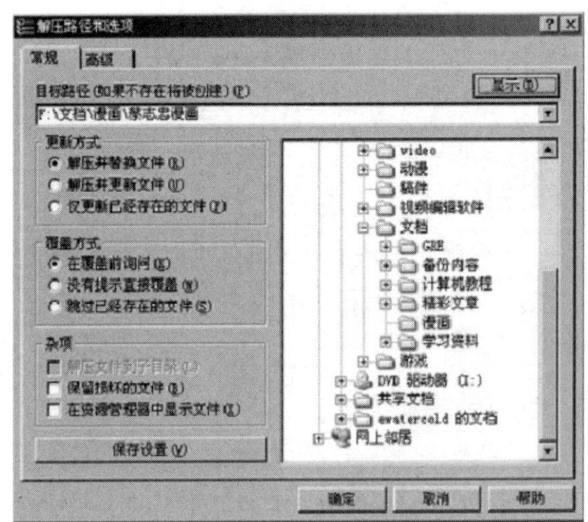

图 3-85　“解压路径和选项”对话框

3）WinRAR 的主界面

对文件进行压缩和解压的操作，使用快捷菜单中的功能就足够了，一般不用在 WinRAR 的主界面中进行操作。但是在 WinRAR 的主界面中有一些其他的功能，下面我们将对 WinRAR 的主界面中的按钮一一进行说明。双击桌面上的 WinRAR 图标后出现 WinRAR 的主界面，如图 3-86 所示。

图 3-86　WinRAR 的主界面

“添加”按钮就是压缩按钮，单击该按钮就会弹出如图 3-83 所示的对话框。

在选中一个具体的文件后，单击“查看”按钮就会显示文件中的内容代码等信息。

“删除”按钮的功能十分简单，就是删除选定的文件。

“修复”按钮的功能是允许修复文件。WinRAR 会自动为修复后的文件起名为_reconst.rar，所以只要在“被修复的压缩文件保存的文件夹”处为修复后的文件找好路径即可，当然也可以自己为它起名。

“解压到”按钮的功能是将文件解压，单击该按钮会弹出如图 3-85 所示的对话框。

“测试”按钮的功能是允许对选定的文件进行测试，它会告诉你是否有错误等测试结果。

“信息”按钮的功能是显示当前压缩文件的压缩信息。

在 WinRAR 的主界面中双击打开一个压缩包后又会出现几个新的按钮，如图 3-87 所示。

“自解压格式”按钮的功能是将压缩文件转换为自解压可执行文件。

“保护”按钮的功能是保护压缩包免受额外的损害。

“注释”按钮的功能是对压缩文件做一些相关的解释与说明。

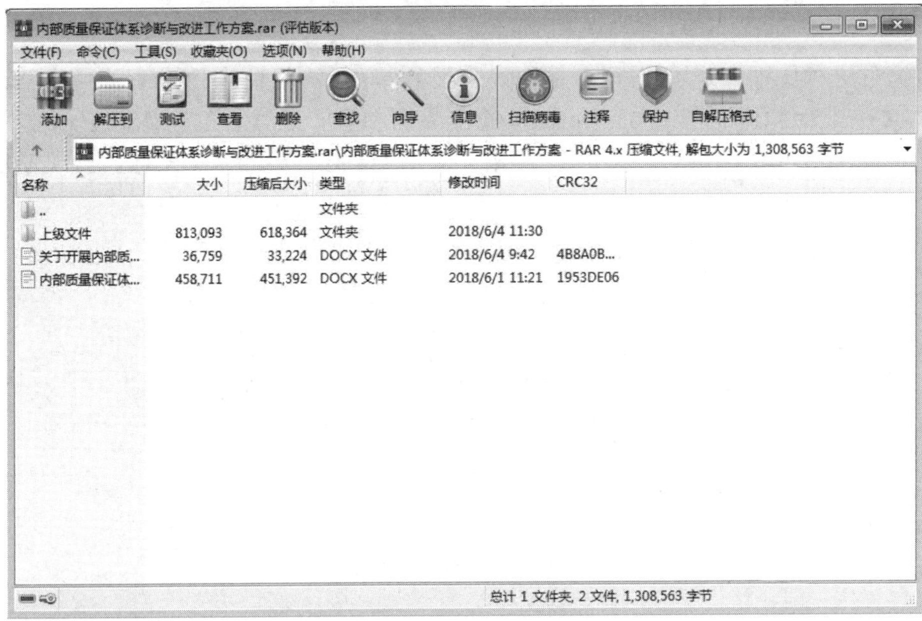

图 3-87　出现几个新按钮

3.3.4　网络通信工具（△◇☆）

1．迅雷的安装及使用

1）迅雷的下载及安装

启动浏览器，在地址栏输入网址“https://www.xunlei.com/”后按 Enter 键，进入迅雷官网。在迅雷官网中单击“产品中心”命令，进入迅雷产品中心页面，如图 3-88 所示。

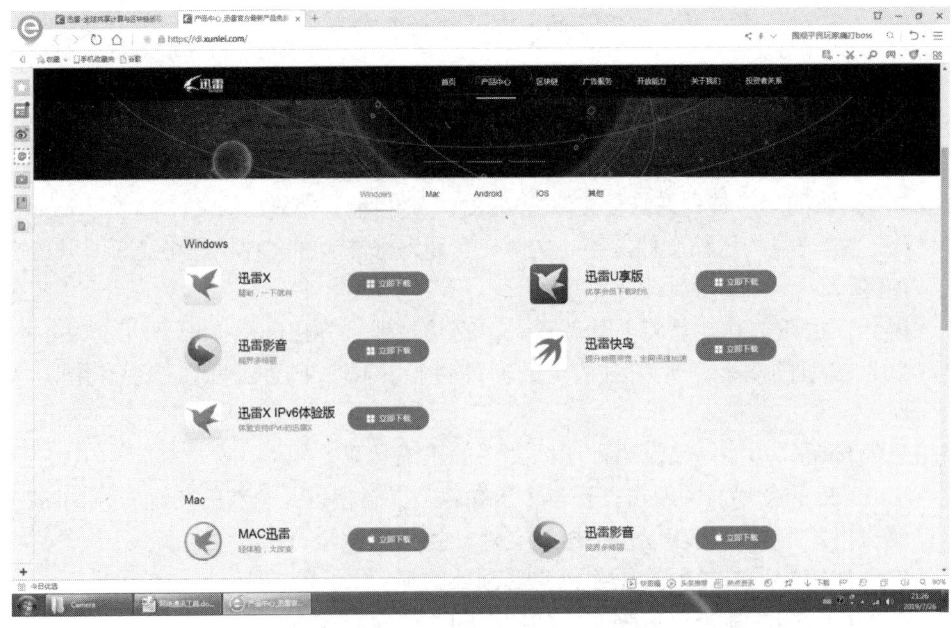

图 3-88　迅雷产品中心页面

在选择合适的产品后，单击“立即下载”按钮，在弹出的页面中选择文件保存的位置，将安装包保存到计算机硬盘中。双击安装包，弹出迅雷安装界面，如图 3-89 所示。

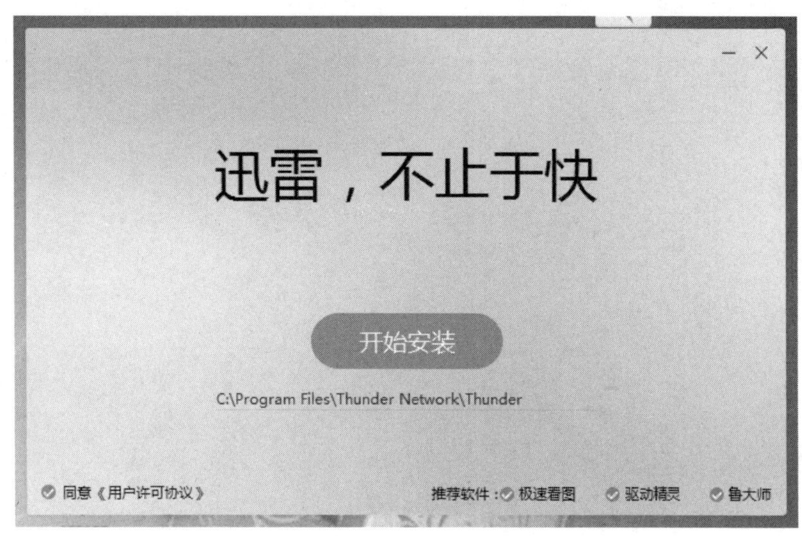

图 3-89　迅雷安装界面

单击“开始安装”按钮进行默认安装。若需要更改安装位置，则单击“开始安装”按钮下方“C:\Program Files\Thunder Network\Thunder”右侧的文件夹图标，选择新的位置。在安装迅雷 X 时默认同步安装“极速看图”“驱动精灵”“鲁大师”，如果不需要则可以取消勾选相应的复选框。

2）登录及设置

运行迅雷 X，单击界面左上角，弹出登录窗口，在该窗口中可以使用迅雷账号、QQ 账号、微信账号等进行登录，也可以注册迅雷账号。登录完成后，窗口左上角会显示账户信息，如图 3-90 所示。

图 3-90　迅雷运行界面

单击界面右上角的“主菜单”按钮，在弹出的菜单中选择“设置中心”命令，弹出“设置中心”窗口。根据需要设置是否开机启动迅雷、下载目录、同时下载任务数等，如图 3-91 所示。

图 3-91　“设置中心”窗口

3）使用迅雷下载

迅雷 X 集成了浏览器功能，在搜索栏中输入要下载的关键字，如“window7”，然后按 Enter 键或单击搜索栏右侧的搜索按钮，可进行资源搜索，如图 3-92 所示。

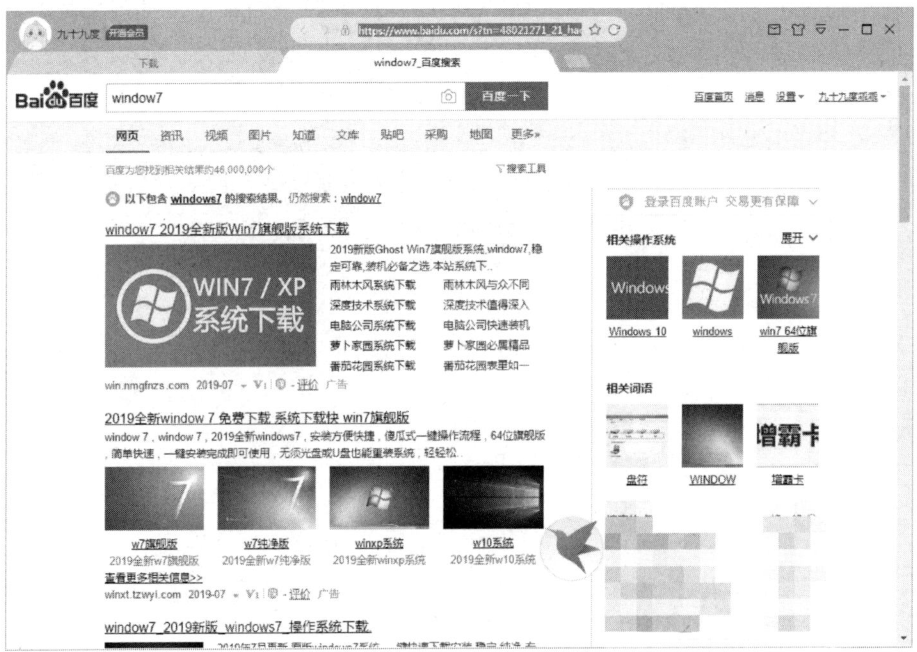

图 3-92　迅雷资源搜索

单击需要下载的资源，根据提示下载，如图3-93所示。

图3-93　迅雷资源下载

4）设置浏览器默认下载工具

当不是在迅雷中进行资源搜索，而是在其他浏览器（如百度、IE、360等）中进行资源搜索时，很多浏览器有自己默认的下载工具，我们也可以根据需要将浏览器的默认下载工具更改为迅雷。

启动浏览器（以360为例），单击右侧的“打开菜单”按钮，选择“设置”选项，弹出“选项-基本设置”窗口，单击“下载设置”选项中的“选择默认下载工具”下拉按钮，选择默认下载工具，如图3-94所示。

图3-94　选择默认下载工具

2．QQ 的安装及使用

1）QQ 的下载及安装

启动浏览器，在地址栏输入“https://im.qq.com/download”后按 Enter 键，进入 QQ 下载页面，如图 3-95 所示，根据软件及硬件环境选择需要的产品，如选择 QQ PC 版，单击“下载”按钮。

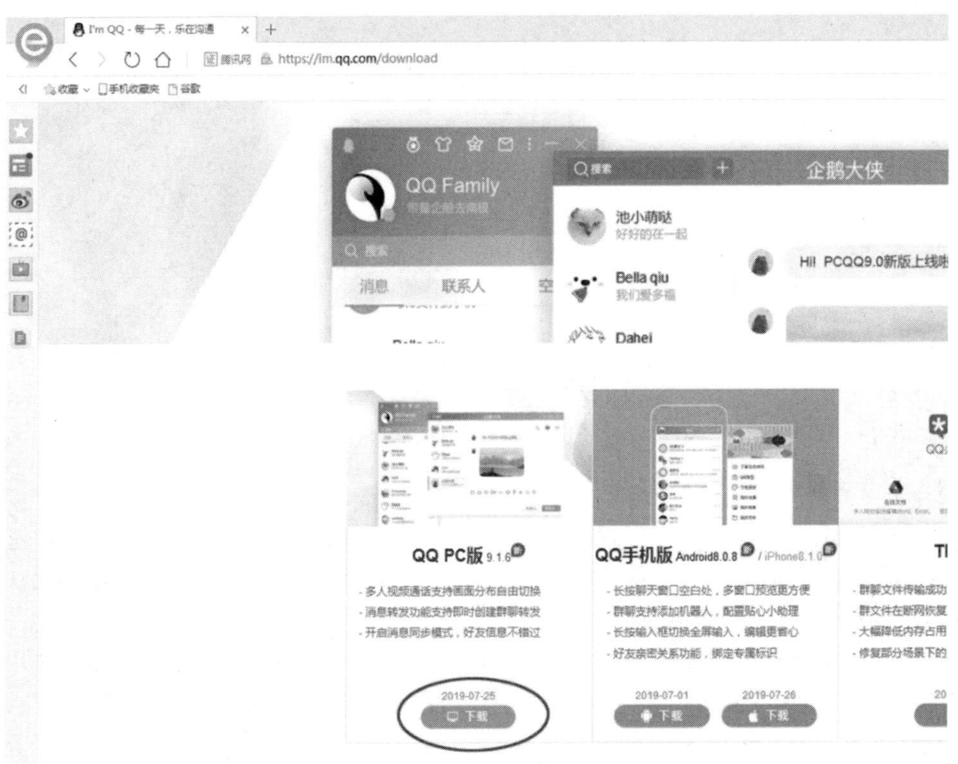

图 3-95　QQ 下载页面

下载完成后，找到下载的文件，双击 QQ 安装包。单击“立即安装”按钮进行默认安装，也可以单击“自定义选项”单选按钮，在展开的界面中进行更多设置，如图 3-96 所示。

图 3-96　QQ 安装界面

2）注册 QQ 账号

双击计算机桌面上的 QQ 快捷方式，弹出 QQ 启动界面，如图 3-97 所示。

图 3-97 QQ 启动界面

单击左下角的“注册账号”，弹出 QQ 注册页面，如图 3-98 所示。

图 3-98 QQ 注册页面

填入“昵称”“密码”等信息，单击“立即注册”按钮，即可注册成功，如图 3-99 所示。在注册 QQ 的同时，开通了 QQ 邮箱，QQ 邮箱地址为“QQ 号码@qq.com”。

3）添加 QQ 好友

单击 QQ 界面下方的“加好友”按钮，如图 3-100 所示，弹出“查找”界面，在搜索栏中输入要添加的好友的 QQ 号码，单击“查找”按钮，搜索成功后，单击“+好友”按钮，弹出“添加好友”对话框，如图 3-101 所示。

首先在“请输入验证信息:”文本框中输入对自己的简单介绍，单击“下一步”按钮，如图 3-102 所示，然后设置好友的备注及分组，单击“下一步”按钮，最后单击“完成”按钮，等待对方审核。

图 3-99　QQ 注册成功

图 3-100　QQ 界面

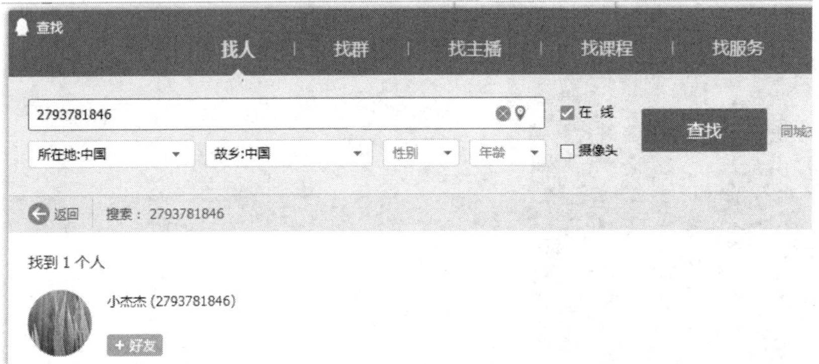

图 3-101　QQ 查找界面

图 3-102　“添加好友”对话框

4）使用 QQ 聊天

在 QQ 界面中，双击要聊天的好友，弹出聊天界面，下面为输入窗口，上面为信息显示窗口，如图 3-103 所示。

图 3-103　QQ 聊天界面

在输入窗口中输入要和对方说的话，单击“发送”按钮或 Ctrl+Enter 组合键，即可将消息发送出去。

5）文件传送

选中要传送的文件，右击并在弹出的快捷菜单中选择“复制”命令或按 Ctrl+C 组合键。在 QQ 界面中，双击要传送文件的好友，弹出聊天界面，在输入窗口中右击并在弹出的快捷菜单中选择“粘贴”命令或按 Ctrl+V 组合键，单击“发送”按钮，即可将文件发送给对方。

也可使用鼠标左键直接将要发送的文件拖曳到输入窗口中。

6）接收文件

当好友给自己发送文件后，在聊天界面的右侧单击“另存为”按钮，如图 3-104 所示，在弹出的“另存为”对话框中设置接收文件存放的位置，然后单击“确定”即可接收文件。

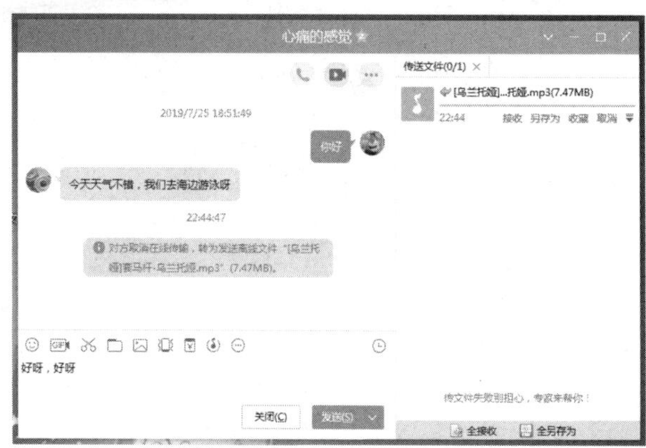

图 3-104　接收文件

7）QQ 设置

QQ 登录成功后，在桌面状态栏右边有一个 QQ 小图标，右击该图标，可以进行“离开”“忙碌”“隐身”“离线”等设置。在“隐身”状态下能够及时接收到对方发送来的消息，但在好友看来，我们的 QQ 呈未登录状态（头像是灰色的）。

单击 QQ 界面左下角的“主菜单”按钮，在弹出的菜单中选择“设置”命令，弹出“系统设置”对话框，如图 3-105 所示。在该对话框中可以对 QQ 功能进行更多的设置。

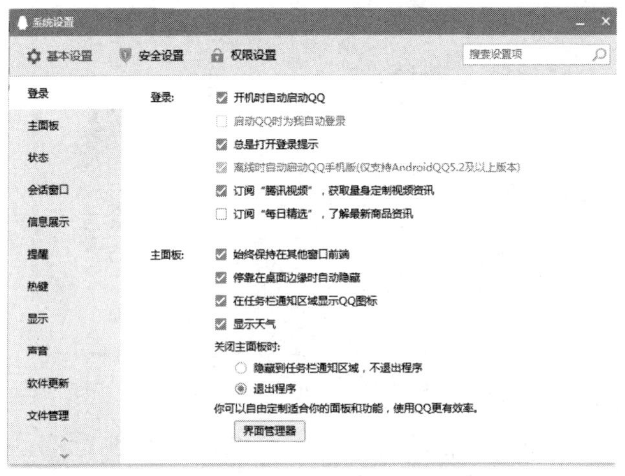

图 3-105　“系统设置”对话框

8）接收邮件

在如图 3-100 所示的 QQ 界面中，单击上方的信封图标，即可启动 QQ 邮箱，如图 3-106 所示。

图 3-106　QQ 邮箱

在 QQ 邮箱左侧单击“收件箱”选项，右侧会展开收件箱，单击邮件标题可以打开邮件，如图 3-107 所示。如果其中有需要下载的附件，可以单击“下载”按钮进行附件下载。

图 3-107　接收邮件

9）发送邮件

在 QQ 邮箱左侧单击“写信”选项，右侧出现邮件书写界面。在“收件人”文本框中填写对方的邮箱地址，如果对方为 QQ 好友，可以在右侧单击好友头像，就会自动填写邮箱地址。单击“添加抄送”，填入其他人的邮箱地址，可以将邮件同时发送给多人。“抄送”文本框中可以填写多个邮箱地址，使用英文分号隔开，如图 3-108 所示。

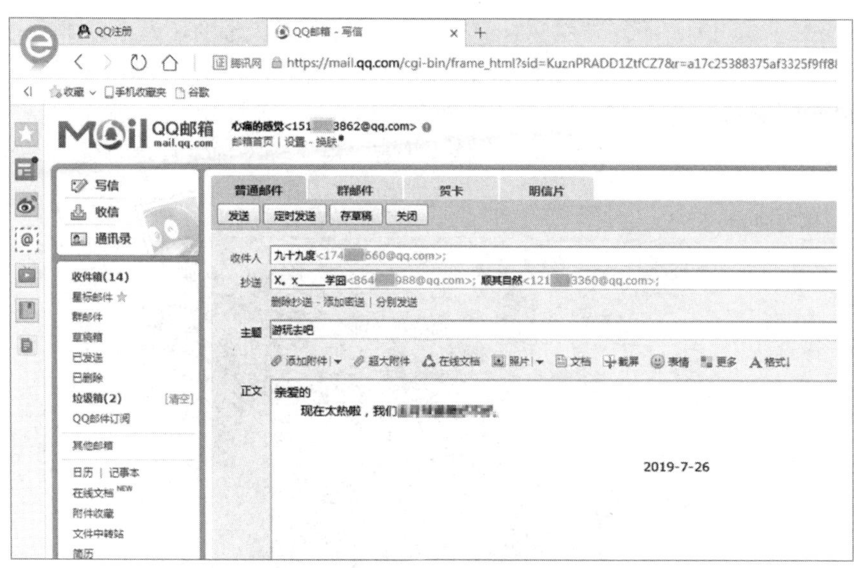

图 3-108　写邮件

若需要同步发送附件，则可以单击“添加附件”，在弹出的对话框中选择需要添加的文件，单击“打开”按钮，系统会将文件上传，最后单击“发送”按钮即可将邮件发送出去，如图 3-109 所示。

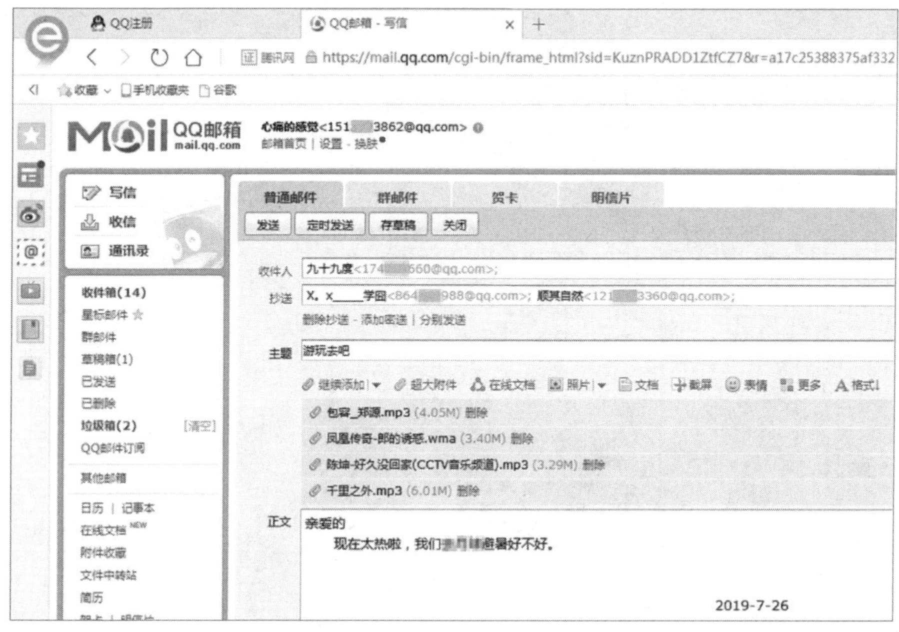

图 3-109　发送邮件

3.3.5　多媒体软件（◇☆）

Flash 是一个网页交互动画制作工具。我们在掌握了 Flash 动画的制作方法之后，就可以轻松地制作一些网站的小动画，并将其放到网页中。利用 Flash 还可制作出精美的图片，与 gif 格式和 jpg 格式的图片不同，用 Flash 制作出来的图片是矢量的，无论怎样放大、缩小，它都清晰可见。本节以 Adobe Flash Professional CS6 为例进行介绍，此版本专门用于动画设计、动画处理等操作，具备 Flash 的基本功能及全新的视觉设计功能，其安装过程如下。

（1）右击下载的压缩包，在弹出的快捷中选择“解压到当前文件夹”命令，如图 3-110 所示。

图 3-110　解压文件

（2）双击“QuickSetup.exe”文件，如图 3-111 所示。

名称	修改日期	类型	大小
Adobe Flash CS6	2017/3/8 星期三 ...	文件夹	
QuickSetup.exe	2012/7/21 星期...	应用程序	154 KB
安装必看 .txt	2017/3/8 星期三 ...	文本文档	1 KB

图 3-111　双击“QuickSetup.exe”文件

（3）单击“安装”按钮，如图 3-112 所示。

（4）耐心等待一会，桌面上就会生成如图 3-113 所示的快捷方式。

图 3-112　单击“安装”按钮

图 3-113　Adobe Flash Professional CS6 快捷方式

以上，就完成了 Adobe Flash Professional CS6 的安装。下面我们制作一个简单的小球运动动画。

（1）打开 Flash 软件，即双击桌面上的 Adobe Flash Professional CS6 快捷方式。

（2）新建一个 Flash 空白文档，当出现启动界面后，选择“ActionScript 3.0”选项，如图 3-114 所示。

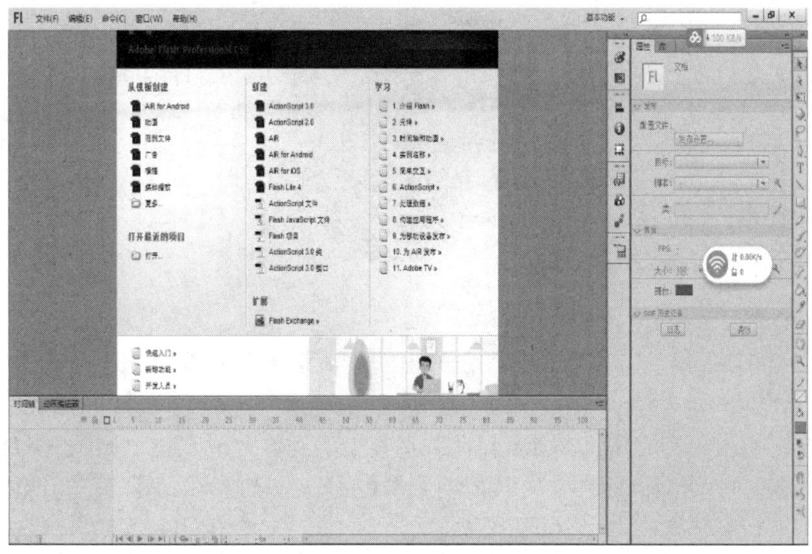

图 3-114　新建空白文档

（3）在工具栏中选择圆形工具，按住 Shift 键，拖动鼠标在场景上的第一帧画一个圆圈。右击该圆圈，在弹出的快捷菜单中选择“转换为元件”命令。如图 3-115 所示。

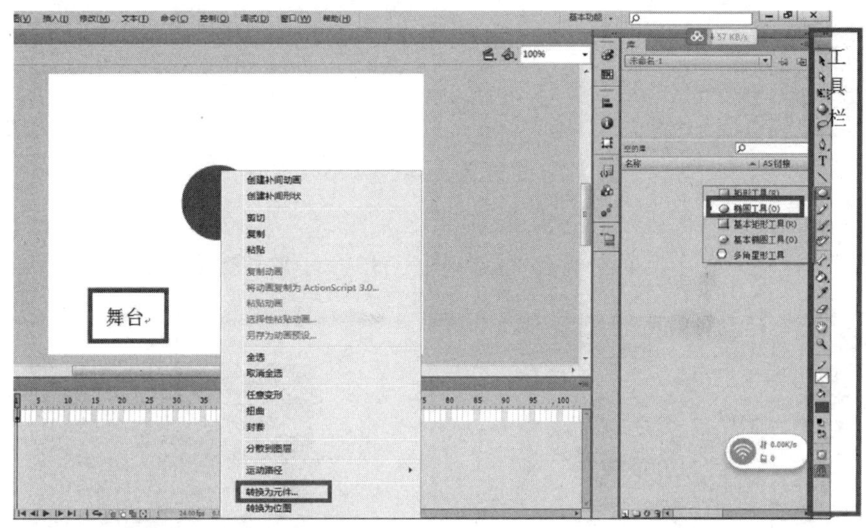

图 3-115　转换为元件

（4）在弹出的“转换为元件”对话框中的“名称”文本框中输入“小球”，在“类型”下拉列表中选择“图形”选项，最后单击“确定”按钮，如图 3-116 所示，小球图形元件就创建好了。

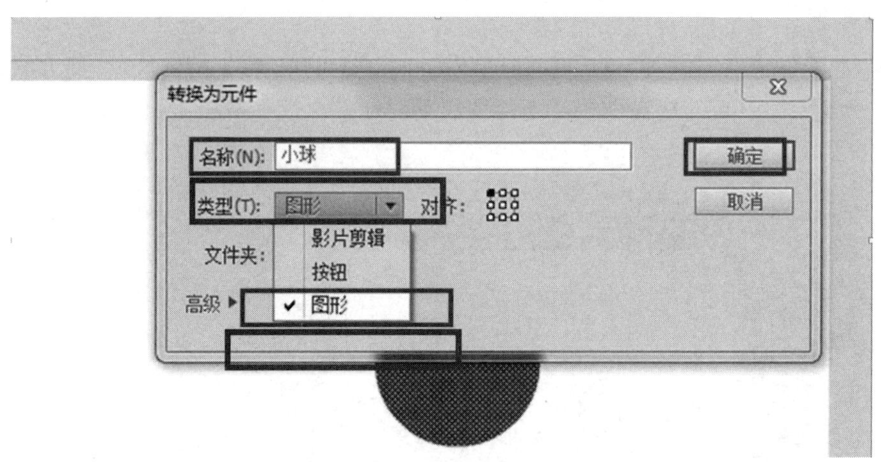

图 3-116　创建小球图形元件

（5）在时间轴的第 50 帧处右击，在弹出的快捷菜单中选择“插入关键帧”命令，如图 3-117 所示。

（6）选中第一帧，选中小球图形元件并将其拖动到舞台最左边，如图 3-118 所示。选中第 50 帧，选中小球图形元件并将其拖动到舞台另一个位置，如图 3-119 所示。

（7）在第 1 帧与第 50 帧之间的任意位置处右击，在弹出的快捷菜单中选择“创建传统补间”命令，如图 3-120 所示，在时间轴上多出一条箭头线，一个传统补间动画就制作好了。

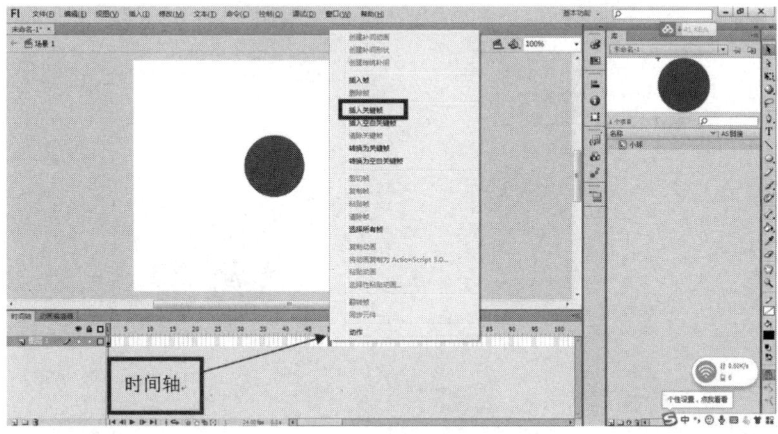

图 3-117 插入关键帧

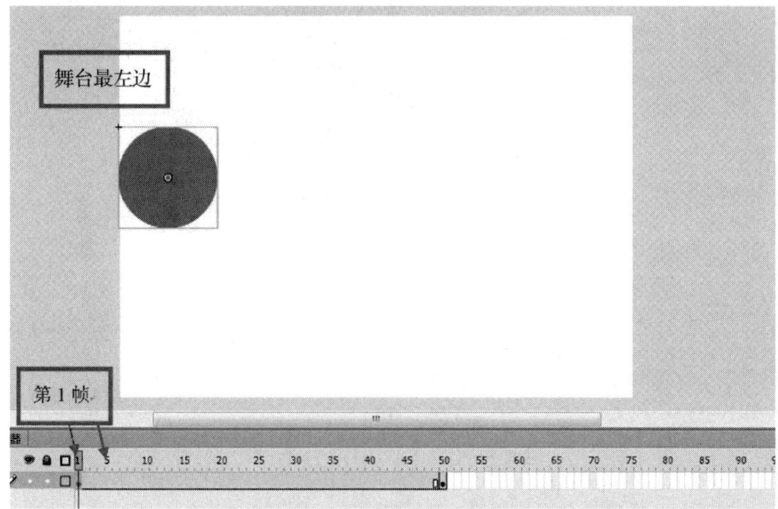

图 3-118 选中第 1 帧

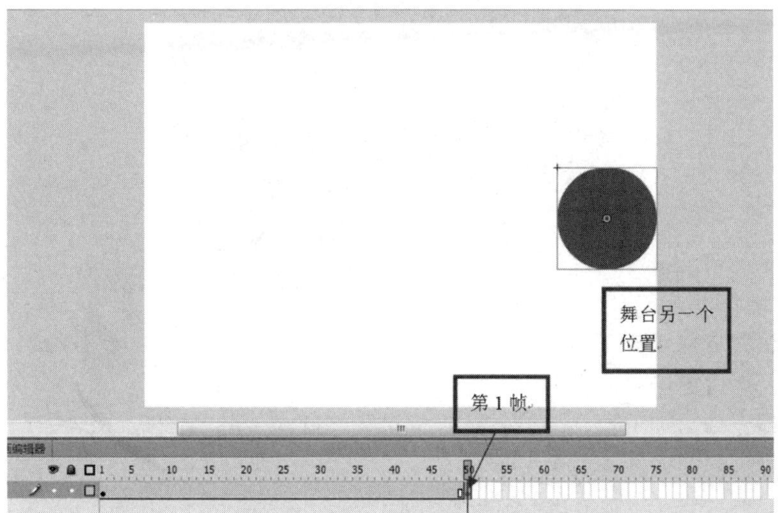

图 3-119 选中第 50 帧

图 3-120　在第 1 帧与第 50 帧之间的任意位置处右击

（8）按 Enter 键即可看到这个简单的小球运动动画。

3.3.6　其他软件

360 安全卫士是一款功能较强、防攻击效果较好、使用简单的计算机防护软件，可以为用户带来安全、快速的使用体验。

1. 安装 360 安全卫士（以 12.0 版本为例）

（1）打开 360 安全卫士官方网站，选择合适的版本，利用在线或者离线方式下载安装程序。360 安全卫士官网下载界面如图 3-121 所示。

图 3-121　360 安全卫士官网下载界面

（2）下载完成后双击安装包，进入 360 安全卫士安装界面，如图 3-122 所示，首先选择安装路径，然后单击“同意并安装”按钮开始安装。

安装过程无须人工干预，静待安装进度达到 100%，360 安全卫士即安装成功。360 安全卫士安装过程界面如图 3-123 所示。

图 3-122　360 安全卫士安装界面

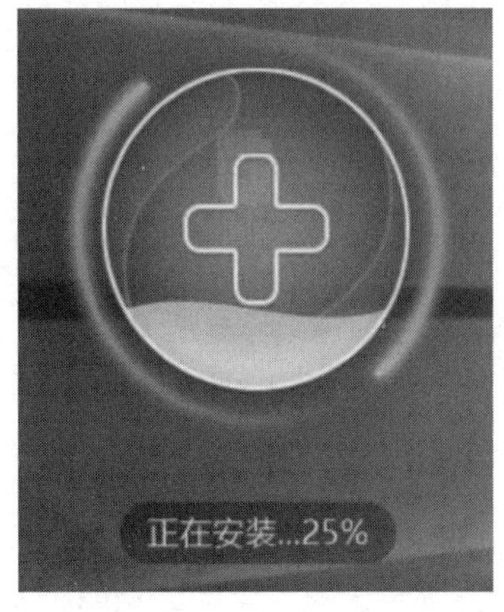

图 3-123　360 安全卫士安装过程界面

2. 使用 360 安全卫士

（1）双击计算机桌面上的 360 安全卫士快捷方式，进入 360 安全卫士主界面，如图 3-124 所示，单击相应的按钮即可使用相应的功能。

图 3-124　360 安全卫士主界面

360 安全卫士的主要功能如下。

木马查杀：对电脑全盘或者指定位置进行扫描，当扫描到危险的文件之后，会提示我们，然后将文件放到隔离区，当确认文件安全之后再将其移到信任区，还可以对杀毒引擎进行更新。此外，在网络上进行文件下载时会进行文件查杀。

电脑清理：电脑运行久了，会产生很多垃圾，占用系统的磁盘空间，电脑清理可以针对指定区域、系统盘、软件、注册表、cookie 等进行清除，让系统运行更加流畅。

系统修复：对补丁、漏洞、驱动及软件进行检测和修复。针对恶意软件对电脑主页进行修改的问题，提供主页锁定功能。

优化加速：对开机时间、系统、网络和硬盘进行加速，并对开机启动项进行管理，提升用户体验。

其余功能：功能大全提供各种工具和日常出现电脑问题的案例，用户可以进行问题的诊断和修复。小金库、软件管家、游戏管家需要调用除 360 安全卫士以外的软件进行相应使用。

3.4 计算机网络操作基础

3.4.1 计算机网络的组成（△◇☆）

1. 计算机网络的定义

所谓计算机网络，是指将地理位置不同且具有独立功能的多台计算机通过通信设备和线路连接起来，并配以功能完善的网络软件及网络协议，实现网络上的资源共享与通信的系统。简单来说，计算机网络就是一些相互连接的、以共享资源为目的的、自治的计算机的集合。

计算机网络按照任务不同分成通信子网和资源子网两部分：通信子网负责计算机间数据通信，也就是信息的传输；资源子网负责全网数据处理和向网络用户提供资源及网络服务，包括网络的数据处理资源和数据存储资源。

2. 网络通信设备

网络通信设备主要包括网卡、中继器、集线器、交换机、网桥、路由器等。

1）网卡

计算机与外界局域网的连接是通过在主机箱内插入一块网络接口板实现的。网络接口板又称通信适配器或网络适配器或网络接口卡（简称网卡）。网卡的外观如图 3-125 所示。

2）中继器

中继器是对信号进行再生和还原的网络设备，其主要功能是通过对数据信号的重新发送或者转发延长网络的传输距离。

3）集线器

集线器（Hub）的主要功能是对接收到的信号进行再生整形放大，以延长网络的传输距离，同时把所有节点集中在以它为中心的节点上。集线器独占全部带宽。集线器的外观如图 3-126 所示。

4）交换机

交换机是多端口设备，能够对任意两个端口进行临时连接。交换机仅将信息帧从一个端口传送到目标节点所在的端口，而不会向其他的端口传送。交换机的外观如图 3-127 所示。

集线器和交换机的外观相似，它们都是数据传输枢纽。不同点是，集线器上的所有端口争用一个共享信道的带宽，因此随着网络节点数量的增加、数据传输量的增大，每个节点的可用带宽将减少；交换机上的所有端口均有独享的信道带宽，可以保证每个端口上数据的快速有效传输。集线器采用广播的形式传输数据，即向所有端口传送数据；

交换机为用户提供的是独占的、点对点的连接，数据包只被发送到目的端口，而不会向所有端口发送。

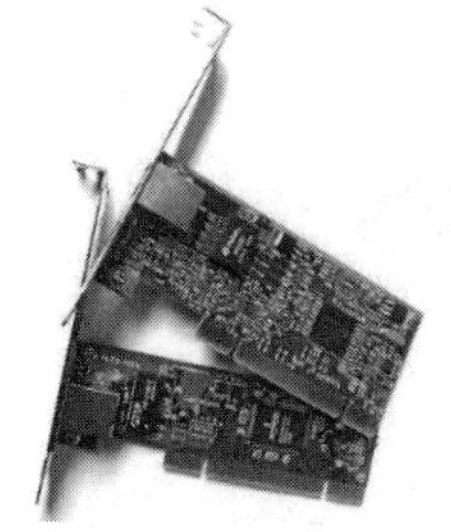

图 3-125 网卡的外观

图 3-126 集线器的外观

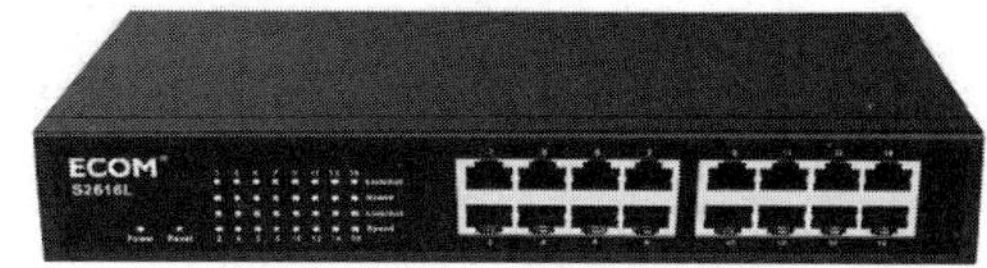

图 3-127 交换机的外观

5）网桥

网桥也称桥连接器，是连接两个局域网的一种设备。网桥的作用是延长网络的传输距离，在不同介质之间转发信号，隔离不同网段之间的通信，减轻网络的负载压力。

6）路由器

路由器是互联网的枢纽，用于连接多个逻辑上分开的网络，逻辑网络代表一个单独的网络或者一个子网。当数据从一个子网传输到另一个子网时，可通过路由器的路由功能来完成。路由器的外观如图 3-128 所示。

图 3-128 路由器的外观

3. 传输介质

1）有线介质

（1）双绞线如图 3-129 所示，其优点是经济性好、安装方便，但易受干扰，传输效率较低，传输距离比同轴电缆短，一般应用于局域网。

（2）同轴电缆俗称细缆，如图 3-130 所示，同轴电缆经济实用，但是由于具有传输效率和抗干扰能力一般、传输距离较短、扩展性不好等局限性，现在逐渐被淘汰了。

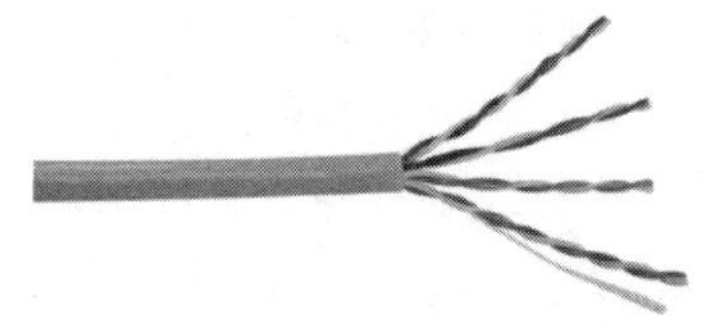

图 3-129 双绞线

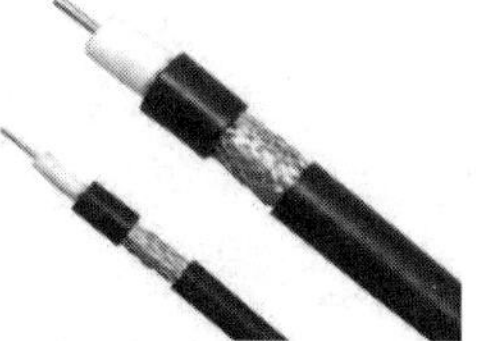

图 3-130 同轴电缆

（3）光纤电缆如图 3-131 所示，其优点是传输距离长、传输效率高、抗干扰性强，是高安全性网络的理想选择。

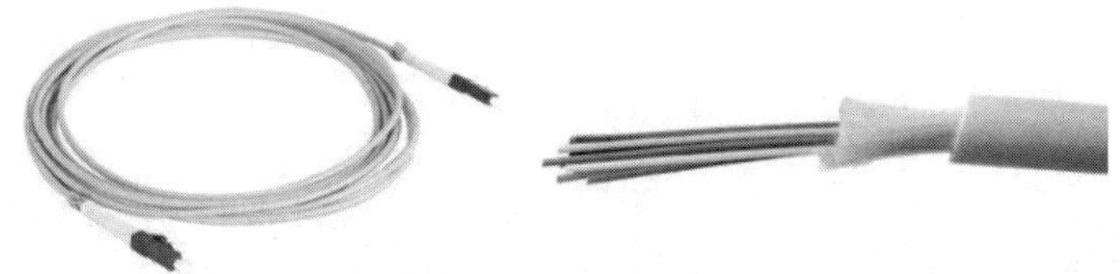

图 3-131　光纤电缆

2）无线介质

（1）无线电波是指在自由空间（包括空气和真空）中传播的射频频段的电磁波，其频率一般为 300MHz 以下，波长大于 1m。

（2）微波是指频率为 300MHz～300GHz 的电磁波，波长为 1mm～1m，是无线电波中一个有限频带的简称。微波通信具有良好的抗灾性能，在水灾、风灾及地震等自然灾害情况下，微波通信一般都不受影响。但微波在空中传送，易受干扰，在同一个微波电路中不能使用相同频率于同一方向，因此微波通信电路必须在无线电管理部门的严格管理之下进行建设。

（3）蓝牙是一种无线技术标准，使用 2.4～2.485GHz 的 ISM 波段的 UHF 无线电波，可实现固定设备、移动设备和楼宇个人域网之间的短距离数据交换。

（4）红外线是指波长介于微波与可见光之间的电磁波，波长在 760nm 到 1mm 之间，是波长比红光长的非可见光。红外线用于传输的优点是不容易被人发现和截获，保密性强；几乎不会受到电气、天电、人为干扰，抗干扰性强。其缺点是它必须在直视距离内通信，且传播受天气的影响。

（5）激光是一种新型光源，具有亮度高、方向性强、单色性好、相干性强等特征。激光通信的优点是通信容量大，保密性强，设备结构轻便、经济。其缺点是通信距离限于视距（数千米至数十千米范围内），易受天气影响，瞄准困难。

4．网络终端设备

网络终端设备主要包括服务器、工作站、网络打印机、绘图仪等，其中服务器和工作站是网络中的主体。

1）服务器

服务器是一台速度快、存储容量大、配置高的计算机，它是网络系统的核心设备，负责网络资源管理和提供用户服务，具有高性能、高可靠性和可拓展性，可以分为文件服务器、通信服务器、数据库服务器、应用程序服务器、打印服务器等。

服务器主要由 CPU、内存、芯片组、I/O 总线、I/O 设备、电源和机箱组成。服务器的主要作用是安装、运行网络操作系统，存储、管理网络中的共享资源和软件系统。

服务器按网络规模划分，可分为工作组级服务器、部门级服务器、企业级服务器；按结构划分，可分为 CISC 架构的服务器、RISC 架构的服务器；按用途划分，可分为通用型

服务器、专用型服务器；按外形划分，可分为塔式服务器、刀片式服务器、机架式服务器、机柜式服务器。

2）工作站

工作站是具有独立处理能力的计算机，它是用户向服务器申请服务的终端设备。常用的工作站有台式机、笔记本、数据采集器、智能手机等。工作站根据软件、硬件平台的不同，一般分为基于 RISC 架构的 UNIX 系统工作站和基于 Windows 或 Intel 的 PC 工作站。

5. 计算机网络的功能

1）数据通信

数据通信是计算机网络最基本的功能。计算机网络可用来在计算机与终端、计算机与计算机之间快速传送各种信息，包括文字信息、新闻消息、资讯信息、图片资料等。

2）资源共享

资源共享是指在计算机网络中的用户均能享受计算机网络中各个计算机系统的全部或部分软件、硬件和数据资源，这是计算机网络最本质的功能。资源共享的结果是避免重复投资或劳动，从而提高资源的利用率。

3）提高性能

计算机网络中的每台计算机都可通过计算机网络相互成为后备机。一旦某台计算机出现故障，它的任务就可由其他的计算机代为完成，这样可以避免在单机情况下一台计算机发生故障引起整个系统瘫痪的现象，从而提高系统的可靠性。数据资源也可以存放在多个地点，用户可以通过多种途径来访问计算机网络中的某个资源，从而避免单点失效对用户访问产生影响。

4）分布式处理

分布式处理是指通过算法将大型的综合性问题交给不同的计算机同时进行处理。用户可以根据需要合理选择计算机网络中的资源，就近快速地进行处理。

3.4.2 计算机网络的分类（△◇☆）

1. 按覆盖的地理范围分类

按覆盖的地理范围分类，计算机网络可以分为局域网、城域网、广域网和互联网。

1）局域网（LAN）

局域网是一种在小区域内使用的、由多台计算机组成的网络，覆盖范围通常局限在 10km 之内，属于一个单位或部门组建的小范围网。

2）城域网（MAN）

城域网是作用范围在广域网与局域网之间的网络，其网络覆盖范围通常可以延伸到整个城市，借助通信光纤将多个局域网联通公用城市网络形成大型网络，使得不仅局域网内的资源可以共享，局域网之间的资源也可以共享。

3）广域网（WAN）

广域网是一种远程网，涉及长距离的通信，覆盖范围可以是一个国家或多个国家，甚至整个世界。由于广域网在地理上的距离可以超过几千千米，所以信息衰减非常严重，这种网络一般要用专线，通过接口信息处理协议和线路连接起来，构成网状结构，解决寻径问题。

4）互联网（Internet）

互联网因其英文“Internet”的谐音也被称为“英特网”。在互联网应用发展迅速的今天，它已是我们每天都要打交道的一种网络，无论是从地理范围还是从网络规模上来讲，它都是最大的一种网络。

2．按网络的拓扑结构分类

网络拓扑是指网络形状，或者网络在物理上的连通性。网络拓扑结构是指用传输媒体连接各种设备的物理布局。如图 3-132 所示，按照网络的拓扑结构可将计算机网络分为星形网络、总线网络、环形网络、树形网络、网状网络等类型。

1）星形网络

星形网络由一个中心、多个分节点构成。它的结构简单，连接方便，管理和维护都相对容易，而且扩展性强，网络延迟时间较少，传输误差低。只要中心无故障，网络一般就没问题。一旦中心出现故障，网络就会出问题。此外，星形网络的共享能力差，通信线路利用率不高。

2）总线网络

总线网络中的所有设备连接到一条连接介质上。总线网络所需要的电缆数量少，线缆长度短，易于布线和维护，多个节点共用一条传输信道，信道利用率高，但传输介质发生故障会使整个网络瘫痪。

3）环形网络

环形网络的节点形成一个闭合环，工作站少，节约设备。当然，这样就导致一个节点出问题，整个网络就会出问题，而且不好诊断故障。

4）树形网络

树形网络和星形网络类似，其形状像一棵倒置的树，顶端是树根，树根以下带分支，每个分支还可带子分支，树根接收各站点发送的数据，然后发送到全网。树形网络好扩展，容易诊断故障，但对根部要求高。

5）网状网络

网状网络应用最广泛，它的优点是不受瓶颈问题和失效问题的影响，若网络中某些线路出问题，则可以通过其他线路实现网络的联通。但是网状网络比较复杂，使用成本高。

3．按传输技术分类

1）广播网络

广播网络中只有一条传输信道，网络中所有的机器都共享该信道，在机器之间传递包。

任何一台机器发送的包都可以被其他的机器接收。在包中有一个地址域，指明了该包的目标接受者，一台机器接收到一个包以后，会检查地址域。如果该包正是发送给它的，那么就处理该包；如果该包不是发送给它的，那么就忽略该包。

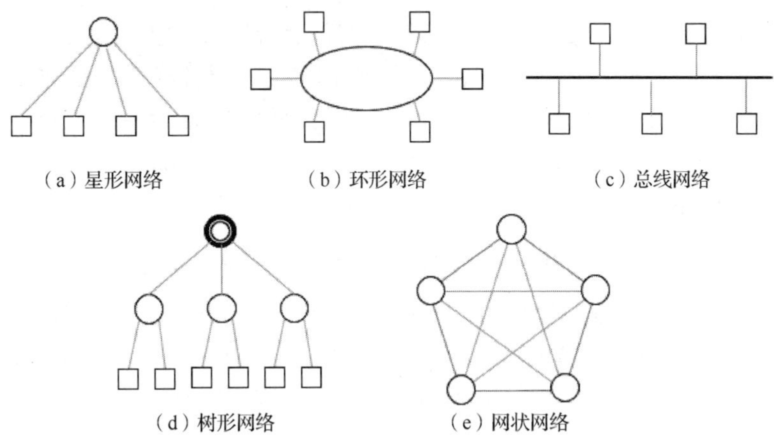

图 3-132 网络的拓扑结构

广播网络往往也允许将一个包发送给所有的目标机器，这样网络中每一台机器都将接收该包，并进行处理，这种操作模式称为广播。有些广播网络也支持将一个包发送给一组机器，即所有机器的子集，这种操作模式称为多播。

2）点到点网络

点到点网络是由许多连接构成的，每个连接对应一台机器。在这种网络中，将一个分组从源端传送到目的地，可能要经过一台或者多台中间机器。

通常可能存在多条不同长度的路径，所以找到一条好的路径对于点对点网络非常重要。只有一个发送方和一个接收方的点到点传输模式称为单播。

一般原则是，越小的、地理位置局部化的网络倾向于使用广播传输模式，而大的网络通常使用点到点传输模式。

4．按传输介质分类

按传输介质不同，计算机网络可以分为有线网络和无线网络。有线网络的传输介质采用的是双绞线、同轴电缆和光纤等；无线网络的传输介质采用的是卫星、无线电、红外线、激光和微波等。

3.4.3 网络体系结构（◇☆）

1．层和协议

两个系统中实体（可以理解为计算机）间的通信是一个十分复杂的过程，为了减少网络设计和测试过程的复杂性，大多数网络都按层的方式来组织，每一层完成一定的功能，每一层又都建立在它的下层之上，不同的网络，其层的数量及各层的名字、内容和功能不尽相同，然而在所有的网络中每一层都向上一层提供一定的服务。

网络中不同实体相同功能层之间的通信规则就是该层使用的协议，而同一实体不同功能层之间的通信规则称为接口。

2．网络体系结构的概念

网络体系结构是指通信系统的整体设计，它为网络硬件、软件、协议、存取控制和拓扑提供标准。计算机网络由多个互联的节点组成，节点之间要不断地交换数据和控制信息，要做到有条不紊地交换数据和控制信息，每个节点就必须遵守一整套合理而严谨的结构化管理体系。计算机网络就是按照高度结构化设计方法采用功能分层原理来实现的。

3．OSI 参考模型

OSI 参考模型是国际标准化组织（ISO）在 1979 年提出的开放系统互联（OSI-Open System Interconnection）的参考模型。该模型定义了网络互联的 7 层框架，即物理层、数据链路层、网络层、传输层、会话层、表示层和应用层。在这一框架下进一步详细规定了每一层的功能，以实现开放系统环境中的互联性、互操作性和应用的可移植性。

1）物理层

物理层是 OSI 参考模型的最底层，它利用传输介质为数据链路层提供物理连接。它主要负责的是通过物理链路从一个节点向另一个节点传送比特流，也就是一系列由 0 和 1 组成的信号，物理链路可能是铜线、卫星、微波或其他的通信媒介。物理层关心的是链路的机械、电气、功能和规程特性。

2）数据链路层

数据链路层为网络层提供服务，用于解决两个相邻节点之间的通信问题，其传送的协议数据单元称为数据帧。

数据帧中包含物理地址（又称 MAC 地址）、控制码、数据及校验码等信息。该层的主要作用是通过校验、确认和反馈重发等手段，将不可靠的物理链路转换成对网络层来说无差错的数据链路。

此外，数据链路层还要协调收、发双方的数据传输速率，即进行流量控制，以防止接收方因来不及处理发送方发来的高速数据而导致缓冲器溢出及网络拥塞。

3）网络层

网络层为传输层提供服务，传送的协议数据单元称为数据包或分组。该层的主要作用是解决如何使数据包通过各节点传送的问题，即通过路径选择算法（路由）将数据包送到目的地。另外，为避免通信子网中出现过多的数据包而造成网络拥塞，需要对流入的数据包数量进行控制（拥塞控制）。当数据包要跨越多个通信子网才能到达目的地时，还要解决网际互联的问题。

4）传输层

传输层为上层协议提供端到端的可靠和透明的数据传输服务，包括处理差错控制和流量控制等问题。该层向高层屏蔽了下层数据通信的细节，使高层用户看到的只是在两个传输实体间的一条主机到主机的、可由用户控制和设定的、可靠的数据通路。

传输层传送的协议数据单元称为段或报文。

5）会话层

会话层的主要功能是管理和协调不同主机上各种进程之间的通信（对话），即负责建立、管理和终止应用程序之间的会话。会话层得名的原因是它很类似于两个实体间的会话概念。例如，一个交互的用户会话以登录到计算机开始，以注销结束。

6）表示层

表示层的主要功能是处理流经节点的数据编码的表示方式问题，以保证一个系统的应用层发出的信息可被另一个系统的应用层读出。如有必要，该层可提供一种标准表示形式，用于将计算机内部的多种数据表示形式转换成网络通信中采用的标准表示形式。数据压缩和加密也是表示层可提供的转换功能之一。

7）应用层

应用层是 OSI 参考模型的最高层，是用户与网络的接口。该层通过应用程序来完成网络用户的应用需求，如文件传输、收发电子邮件等。

当数据在一个 OSI 网络内流动时，发送端的每层都在输出到网络的数据单元上附加适当的首部信息，同时接收端又在来自网络的数据单元中去除由发送方的本层实体所附加的首部信息。以这种方式传输，数据单元将以原先在发送应用进程处的形式到达接收应用进程。OSI 参考模型下的数据流动如图 3-133 所示，其展示了发送端数据经由中转节点路由器到达接收端的过程。

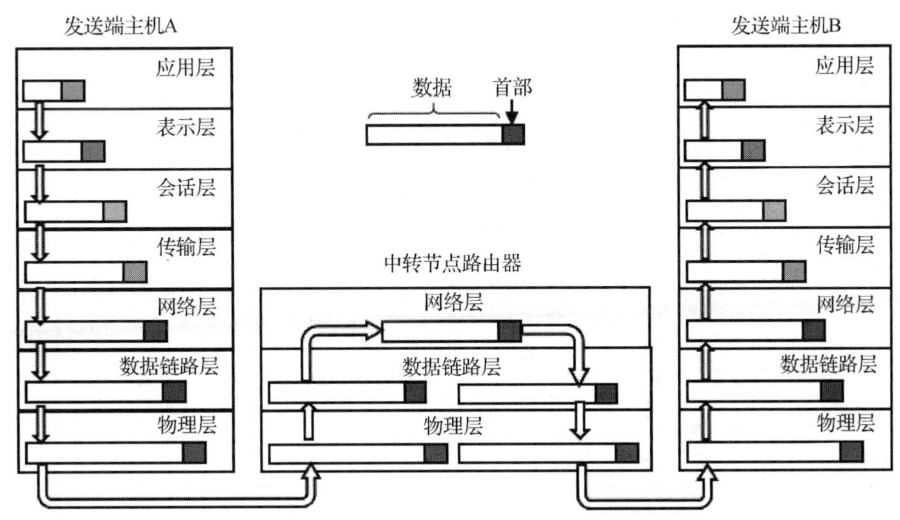

图 3-133　OSI 参考模型下的数据流动

OSI 参考模型是一个理论模型，在实际应用时千变万化，因此多把它作为分析、评判各种网络技术的依据。对大多数应用来说，只将它的协议集与 7 层模型进行大致的对应，看看实际用到的特定协议是属于 7 层中某个子层，还是包括了上、下多层的功能。

4．TCP/IP 参考模型

Internet 网络体系结构以 TCP/IP 协议为核心，其中 IP 协议用来给各种不同的通信子网或局域网提供一个统一的互联平台，TCP 协议则用来为应用程序提供端到端的通信和控制功能。基于 TCP/IP 协议的 Internet 网络体系结构被称为 TCP/IP 参考模型。该模型分为 4 层，即网络接口层、网络层、传输层和应用层。

1）网络接口层

网络接口层用于控制对本地局域网或广域网的访问，如以太网（Ethernet Network）、令牌环网（Token Ring）、分组交换网（X.25 网）、数字数据网（DDN）等。

2）网络层

网络层负责解决一台计算机与另一台计算机之间的通信问题，该层的协议主要为 IP 协议，也称互联网协议，用 IP 地址标识互联网中的网络和主机，IP 协议存放在主机和网间互联的设备中。

3）传输层

传输层负责端到端的通信，TCP 协议是该层的主要协议，它只存在于主机中，提供面向连接的服务，在通信时，须先建立一条 TCP 连接通路，用于提供可靠的端到端数据传输。该层的用户数据报协议（UDP）也是常用的传输层协议，用于提供无连接的服务。

4）应用层

应用层包括若干网络应用协议，应用层的协议有 Telnet、FTP、SMTP、HTTP 等，人们在 Internet 上浏览信息、发送电子邮件、传输数据就用到了这些协议，应用层的协议只在主机上实现。

TCP/IP 参考模型的分层结构及其与 OSI 参考模型各层的对应关系如图 3-134 所示。网络接口层似乎与 OSI 参考模型的数据链路层和物理层相对应，但 TCP/IP 参考模型并没有详细描述这一部分，只是指出主机必须使用某种协议与网络连接，以便能在其上传递 IP 分组，具体的物理网络可以是上述网络接口层部分提到的各种通信网络。

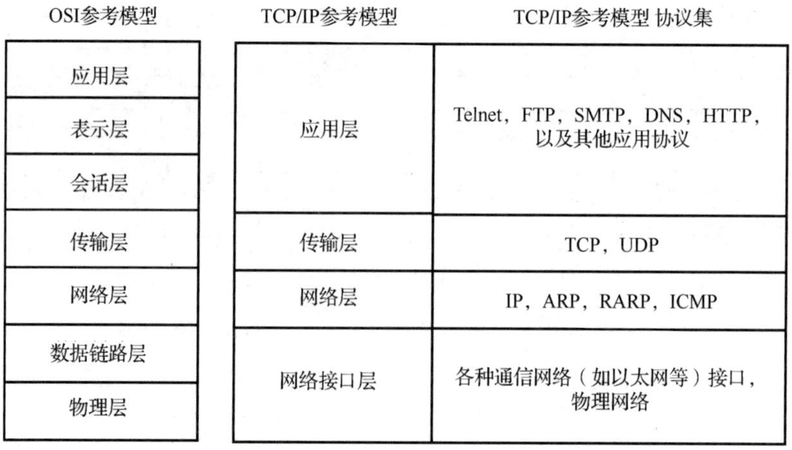

OSI参考模型	TCP/IP参考模型	TCP/IP参考模型 协议集
应用层 表示层 会话层	应用层	Telnet，FTP，SMTP，DNS，HTTP，以及其他应用协议
传输层	传输层	TCP，UDP
网络层	网络层	IP，ARP，RARP，ICMP
数据链路层 物理层	网络接口层	各种通信网络（如以太网等）接口，物理网络

图 3-134　TCP/IP 参考模型的分层结构与 OSI 参考模型各层的对应关系

3.4.4 Internet 基础（△◇☆）

1．常见概念

1）IP 地址

IP 地址就是给每个连接在 Internet 上的主机分配的一个 32bit 的地址（根据互联网协议的第四版 IPv4）。每个 IP 地址长 32bit，即 4B。IP 地址经常被写成十进制数的形式，每字节对应一个 0～255 的十进制整数，使用符号“.”分开不同的字节，这种表示法叫作“点分十进制表示法”。因此 IP 地址格式通常为 XXX.XXX.XXX.XXX。一个网络中的主机 IP 地址是唯一的。

2）子网掩码

子网掩码又叫网络掩码、地址掩码等，用于指明一个 IP 地址的哪些位标识的是主机所在位。子网掩码将某个 IP 地址划分成网络地址和主机地址两部分。子网掩码由 1 和 0 组成，且 1 和 0 分别连续。子网掩码的长度也是 32bit，左边是网络位，用二进制数字“1”表示，1 的数目等于网络位的长度；右边是主机位，用二进制数字“0”表示，0 的数目等于主机位的长度。

3）域名

域名（Domain Name）的实质就是一组用来代替 IP 地址的由字符组成的名字。域名与标识计算机的 IP 地址一一对应，故域名在互联网中是唯一的，域名的一般形式为主机名.网络名.机构名（二级域名）.地理域名（一级域名）。例如，沈阳大学的域名是 www.syu.edu.cn，其中 cn 是地理域名，表示这台主机在中国这个域；edu 表示该主机是教育领域的；syu 是沈阳大学的网络名；www 表示该主机是 Web 服务器。

4）浏览器

浏览器是指可以显示网页服务器或者文件系统的 HTML 文件（标准通用标记语言的一个应用）内容，并让用户与这些文件交互的一种软件。它用来显示在万维网或局域网等中的文字、图像及其他信息。

国内网民计算机上常用的网页浏览器有 IE 浏览器、火狐浏览器、QQ 浏览器、Google Chrome、百度浏览器、搜狗浏览器、猎豹浏览器、360 浏览器、UC 浏览器等，浏览器是经常使用到的客户端程序。

5）搜索引擎

搜索引擎是一种网络信息资源检索工具，是以各种网络信息资源为检索对象的查询系统。它像一本书的目录，Internet 各个站点的网址就像页码，可以通过关键词或主题分类的方式来查找感兴趣的信息所在的 Web 页面。国内常用的搜索引擎有百度、搜狗、360 好搜、一搜、中国搜索、搜狐搜索、新浪搜索及网易搜索等。国外常用的搜索引擎有 Google、Bing、Yahoo Search、Aol Search 等。

2．Internet 的功能

（1）获取与发布信息和资源。

（2）通信，如发电子邮件。

（3）网上交际，如聊天、交友、网络游戏。

（4）电子商务，如网上购物、网上商品销售、网上拍卖、网上货币支付等。

（5）网络电话，如 IP 电话服务、视频电话。

（6）网上事务处理，如办公自动化、视频会议。

（7）云端化服务，如网盘、笔记、资源、计算。

（8）Internet 的其他功能，如远程教育、远程医疗、远程主机登录、远程文件传输。

3．接入 Internet 的方式

1）有线

（1）ADSL。

ADSL（Asymmetric Digital Subscriber Line，非对称数字用户环路）是一种数据传输方式，它因为上行和下行带宽不对称而被称为非对称数字用户环路。用户需要使用一个 ADSL 终端来连接电话线路，这个终端因为和传统的调制解调器（Modem）类似，所以也被称为“猫”。因为 ADSL 使用高频信号，所以还要使用 ADSL 信号分离器将 ADSL 数据信号和普通音频电话信号分离开，避免打电话的时候出现噪声干扰。

通常的 ADSL 终端有一个电话 Line-In，一个以太网接口，有些终端集成了 ADSL 信号分离器，还提供一个用于连接电话的 PHONE 接口，其硬件连接图如图 3-135 所示。

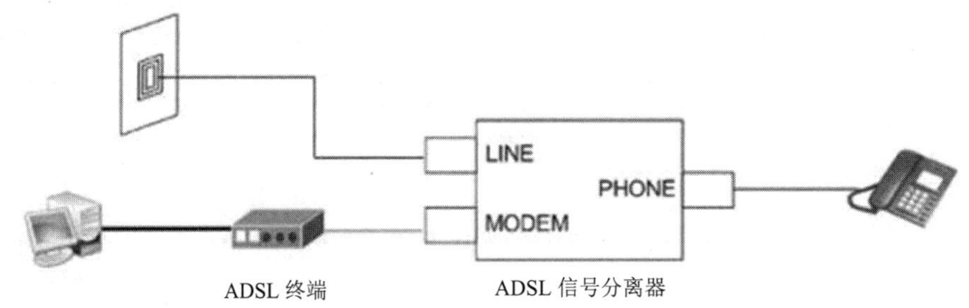

图 3-135　ADSL 的硬件连接图

（2）光纤接入。

光纤接入是指局端与用户之间完全以光纤作为传输媒介。光纤接入可以分为有源光纤接入和无源光纤接入。光纤接入网的主要技术是光波传输技术。因此根据光纤深入用户群的程度，可将光纤接入网分为 FTTC（光纤到路边）、FTTZ（光纤到小区）、FTTB（光纤到大楼）、FTTO（光纤到办公室）和 FTTH（光纤到户），它们统称 FTTx。FTTx 不是指具体的接入技术，而是指光纤在接入网中的推进程度或使用策略。

（3）LAN 接入。

LAN 接入是利用以太网技术，采用“光缆+双绞线”的方式对社区进行综合布线。具体实施方案是，从社区机房敷设光缆至住户单元楼，楼内布线采用双绞线敷设至用户家里，双绞线总长度一般不超过 100m，用户家里的计算机通过网线接入墙上的 5 类模块就可以实现联网。社区机房的出口是通过光缆或其他媒介接入城域网的。

2）无线

（1）无线局域网。

无线局域网（Wireless Local Area Networks，WLAN）是相当便利的数据传输系统，它利用射频技术，使用电磁波取代旧式的由双绞铜线构成的局域网，在空中进行通信连接，使得无线局域网拥有简单的存取架构。从家庭到企业再到 Internet 接入热点，无线局域网的应用非常广泛。人们常说的 Wi-Fi 实际上是无线局域网技术的一种传输协议，因为目前该协议在无线局域网中的应用比较广泛，所以人们经常错误地以为无线局域网等同于 Wi-Fi，但实际上无线局域网技术还有另一种传输协议，即 WAPI，它是由中国提出的。

（2）无线个人局域网（WPAN）。

无线个人局域网（Wireless Personal Area Network，WPAN）是一种主要基于蓝牙（Bluetooth）技术的个人局域网，是为了实现活动半径小、业务类型丰富、面向特定群体、无线无缝连接而提出的无线通信网络技术，通常用于实现与距中心位置较近的兼容设备的连接。WPAN 的覆盖范围一般是 10m。

蓝牙技术是一个开放性的、短距离无线通信技术标准，是 WPAN 联网标准。该技术面向的是移动设备间的小范围连接，因而其本质是一种代替线缆的技术。蓝牙的无线覆盖范围视干扰、传输障碍（如墙体和建筑材料）及其他因素而定。某些设备具有内置蓝牙兼容性。

（3）移动宽带或无线广域网（WWAN）。

无线广域网（Wireless Wide Area Network，WWAN）需要使用移动电话信号，移动宽带的提供和维护一般依靠特定移动电话（蜂窝电话）服务提供商。用户即使远离其他网络接入形式也能保持连接。只要是可以提供蜂窝电话服务的地方，就能获得该提供商提供的无线广域网连接信号，其往往需要另付接入费用。

3.4.5 网络安全与计算机病毒（△◇☆）

1. 网络安全

1）网络安全的概念

网络安全是指网络系统中的硬件、软件及数据受到保护，不会受到偶然的或恶意的破坏和泄露，系统能连续、可靠、正常地工作，网络提供的服务不间断。

2）网络的不安全因素

（1）网络系统的脆弱性。

- 操作系统的脆弱性。
- 计算机系统本身的脆弱性。
- 电磁泄漏。
- 数据的可访问性。
- 通信系统和通信协议的脆弱性。
- 数据库系统的脆弱性。
- 存储媒介的脆弱性。

（2）网络系统受到的威胁。

网络系统受到的威胁包括非法授权访问、假冒合法用户、病毒破坏、线路窃听、干扰系统正常运行、修改或删除数据等。网络系统受到的威胁大致可分为无意威胁和故意威胁两大类。无意威胁是指在无预谋的情况下破坏了网络系统的安全性、可靠性或信息资源的完整性等，无意威胁主要由一些偶然因素引起，如软件、硬件的机能失常，不可避免的人为错误、误操作，电源故障和自然灾害等。有意威胁实际上就是“人为攻击”，这些攻击又可分为被动攻击和主动攻击，被动攻击是指攻击者只观察网络线路上的信息，而不干扰信息的正常流动，如被动地搭线窃听或非授权地阅读信息；主动攻击是指攻击者对传输过程中的信息或存储的信息进行各种非法处理，如有选择地更改、插入、延迟、删除或复制等。

2）网络安全相关技术

（1）防火墙技术。

防火墙技术是通过有机结合各类用于安全管理与筛选的软件和硬件设备，帮助计算机网络在其内、外网之间构建一道相对隔绝的保护屏障，以保护用户资料与信息安全的一种技术。

防火墙技术的功能主要在于及时发现并处理计算机网络在运行时可能存在的安全风险、数据传输问题等，其中处理措施包括隔离与保护，同时可对计算机网络安全当中的各项操作实施记录与检测，以确保计算机网络运行的安全性，保障用户资料与信息的完整性，为用户提供更好、更安全的计算机网络使用体验。

（2）数据加密技术。

所谓数据加密技术，是指将一条信息（或称明文）经过加密钥匙、加密函数转换，变成无意义的密文，而接收方则将此密文经过解密钥匙、解密函数还原成明文。数字加密技术是网络安全技术的基石。目前，主要有对称密钥加密和非对称密钥加密两种加密方式。

数字签名就是采用了非对称密钥加密方式，用于对信息发送者的身份进行识别，从而确定接收到的数据信息的真实性。一套数字签名通常定义两种互补的运算，一种用于签名，另一种用于验证。

（3）网络安全扫描。

要解决网络层安全问题，首先要清楚网络中存在哪些安全隐患。面对大型网络的复杂性和变化性，仅依靠管理员的技术和经验寻找安全隐患和进行风险评估是不现实的。最好的方法就是使用安全扫描工具来查找安全隐患并提出修改建议。另外实时给操作系统和软件打补丁也可以消除一部分安全隐患。有经验的管理员还可以利用黑客工具对网络进行模拟攻击，从而寻找网络的薄弱点。

（4）入侵检测技术。

入侵检测技术是为保证计算机系统的安全而设计与配置的一种能够及时发现并报告系统中未授权或异常现象的技术，是一种用于检测计算机网络中违反安全策略行为的技术。在入侵检测系统中利用审计记录，能识别出任何不希望有的行为，从而达到限制这些行为、保护系统安全的目的。

（5）网络内部系统安全。

对于网络外部的入侵可以通过安装防火墙来解决，但是对于网络内部的入侵安装防火墙是没用的。在这种情况下可以对各个子网做一个具有一定审计功能的文件，为管理员分析自己的网络运行状态提供依据；也可以设计一个子网专用的监听程序监听子网内计算机间互联情况，为系统中各个服务器的审计文件提供备份。

（6）计算机病毒防治。

关于计算机病毒防治的相关内容将在接下来单独进行详细介绍。

2. 计算机病毒的基本知识

1）计算机病毒的定义

在1994年2月18日公布的《中华人民共和国计算机信息系统安全保护条例》中，对计算机病毒进行了定义：计算机病毒，是指编制或在计算机程序中插入的破坏计算机功能或毁坏数据，影响计算机使用，并能自我复制的一组计算机指令或程序代码。这一定义具有一定的法律性和权威性，但通常是计算机病毒的狭义定义。计算机病毒在广义上的定义除了包括传统计算机病毒，还包括木马程序、蠕虫型病毒等一切恶意程序。

2）计算机病毒的分类

目前计算机病毒的种类很多，其破坏性的表现方式也很多，一般有以下几种分类方法。

（1）按寄生方式和传染途径不同可分为引导型病毒、文件型病毒、混合型病毒。

① 引导型病毒：在系统启动、引导或运行的过程中，病毒利用系统扇区及相关功能的疏漏，直接或间接地修改扇区，实现直接或间接地传染、侵害或驻留等功能。

② 文件型病毒：此类病毒感染应用程序文件使用户无法正常使用该文件，或直接破坏系统和数据。所有通过操作系统的文件系统进行感染的病毒都称为文件型病毒，所以这是一类数目非常巨大的计算机病毒。

文件型病毒根据算法不同可分为伴随型病毒、蠕虫型病毒、寄生型病毒。

伴随型病毒：此类病毒并不改变文件本身，它们根据算法产生EXE文件的伴随体，具有同样的名字和不同的扩展名（COM）。例如，XCOPY.EXE的伴随体是XCOPY-COM。病毒把自身写入COM文件，并不改变EXE文件，当DOS加载文件时，伴随体优先被执行到，再由伴随体加载执行原来的EXE文件。

蠕虫型病毒：此类病毒通过计算机网络传播，不改变文件和资料信息，利用网络从一台机器的内存传播到其他机器的内存，计算机将自身的病毒通过网络发送。有时它们在系统中存在，一般除了内存不占用其他资源。

寄生型病毒：除了伴随型病毒和蠕虫型病毒，其他文件型病毒均可称为寄生型病毒，它们依附在系统的引导扇区或文件中，通过系统的功能进行传播。

寄生型病毒按链接方式不同可分为操作系统型病毒、外壳型病毒、入侵型病毒、源码型病毒。

操作系统型病毒：此类病毒是最常见、危害最大的病毒，它把自身贴附到一个或多个操作系统模块、系统设备驱动程序及一些高级的编译程序中，主动监视系统的运行。用户一旦调用这些系统软件，这类病毒就实施感染和破坏。

外壳型病毒：此类病毒把自己隐藏在主程序的周围，一般情况下不对原程序进行修改。

计算机中许多病毒都采取这种外围方式进行传播。

入侵型病毒：此类病毒将自身插入到目标程序中，使病毒程序和目标程序成为一体。此类病毒的数量不多，但破坏力极大，而且很难检测，有时即使查出病毒并完成了杀毒，但被感染的程序已被破坏，无法再使用。

源码型病毒：此类病毒在源程序被编译之前，隐藏在用高级语言编写的源程序中，随源程序一起被编译成程序。

③ 混合型病毒：此类病毒是具有引导型病毒和文件型病毒寄生方式的计算机病毒，所以它的破坏性更大，传染的机会也更多，杀毒也更困难。此类病毒扩大了病毒程序的传染途径，它既可感染磁盘的引导记录，又可感染可执行文件。当染有此类病毒的磁盘用于引导系统或调用染有此种病毒的可执行文件时，病毒就会被激活。

（2）按破坏情况不同可分为良性病毒、恶性病毒。

良性病毒：此类病毒的发作方式往往是显示信息、奏乐、发出声响。对计算机系统的影响不大，破坏较小，但干扰计算机正常工作。

恶性病毒：此类病毒干扰计算机运行，使系统变慢、死机、无法打印等。极恶性病毒会导致系统崩溃、无法启动，其采用的手段通常是删除系统文件、破坏系统配置等。毁灭性病毒对用户来说是最可怕的，它通过破坏硬盘分区表、FAT 区、引导记录、删除数据文件等行为使用户的数据受损，如果用户没有做好备份则会造成较大的损失。

3）计算机病毒的特点

破坏性：计算机病毒的破坏性主要取决于计算机病毒的设计者，一般来说，凡是能通过软件手段触及计算机资源的地方，都有可能受到计算机病毒的破坏。事实上，所有计算机病毒都存在着共同的危害，即占用 CPU 的时间和内存的空间，从而降低计算机系统的工作效率。严重时病毒能够破坏数据或文件，使系统丧失正常运行功能。

潜伏性：计算机病毒的潜伏性是指其依附于其他媒介而寄生的能力。病毒程序大多混杂在正常程序中，有些病毒可以潜伏几周或几个月甚至更长时间而不被发现。计算机病毒的潜伏性越好，其在系统中存在的时间就越长。

传染性：对于绝大多数计算机病毒来讲，传染性是它的一个重要特征。在系统运行时，病毒通过病毒载体进入系统内存，在内存中监视系统的运行并寻找可攻击目标，一旦发现可攻击目标并满足传染条件，便通过修改目标程序或对自身进行复制并链接到被攻击的目标程序中，达到传染的目的。计算机病毒的传染是以带病毒程序运行及读/写磁盘为基础的，计算机病毒通常可通过 U 盘、硬盘、网络等渠道进行传播。

可触发性：计算机病毒程序一般包括两个部分，即传染部和行动部。传染部的基本功能是传染，行动部则是计算机病毒的危害主体。计算机病毒侵入后，一般不立即活动，需要等待一段时间，在触发条件成熟时才作用。在满足一定的传染条件后，病毒的传染机制使之进行传染，或在一定条件下激活计算机病毒的行动部使之干扰计算机的正常运行。计算机病毒的触发条件是多样化的，可以是内部时钟、系统日期，也可以是用户标识符等。

3．计算机中病毒的表现

（1）计算机变得迟钝，反应缓慢，出现蓝屏甚至死机现象。

（2）程序载入的时间变长。有些病毒能控制应用程序或系统的启动程序，当系统刚开始启动或一个应用程序被载入时，这些病毒将执行它们的动作，因此计算机要花更多的时间来启动或载入应用程序。

（3）可执行程序文件的大小改变。在正常情况下，可执行程序文件应该维持固定的大小，但有些病毒会改变可执行程序文件的大小。

（4）对同样一个简单的工作，计算机要花长得多的时间才能完成。例如，原本计算机储存一页的文字只需要 1s，但感染病毒后可能需要花更多的时间来寻找未感染的文件。

（5）没有存取磁盘，但磁盘指示灯却一直亮着。硬盘的指示灯无缘无故一直亮着，意味着计算机可能受到了病毒感染。

（6）计算机在开机后出现陌生的声音、画面或提示信息，以及不寻常的错误信息或乱码。当这种信息频繁出现时，表明系统可能已经中毒了。

（7）系统内存或硬盘的容量突然大幅减少。有些病毒会消耗可观的内存或硬盘容量，如对于曾经执行过的程序，当再次执行时，计算机突然提示没有足够的内存可以利用，或者硬盘空间意外变小。

（8）文件名称、扩展名、日期、属性等被更改过。

（9）文件的内容改变或被加上一些奇怪的资料。

（10）文件离奇消失。

（11）磁盘驱动器及其他设备无缘无故地变成无效设备。

（12）磁盘标号被自动改写、出现异常文件、出现固定的坏扇区、可用磁盘空间变小、文件无故变大、文件失踪或被改乱、可执行文件变得无法运行等。

（13）打印异常、打印速度明显降低、不能打印、不能打印汉字与图形或打印时出现乱码等。

（14）收到来历不明的电子邮件、自动链接到陌生的网站、自动发送电子邮件等。

4. 计算机病毒的防御

对于计算机病毒的防御，主要采取以“防”为主、以“治”为辅的方法。阻止病毒的侵入比病毒侵入后再去发现和排除它重要得多。预防病毒传播主要有以下几条措施。

（1）谨慎使用公共和共享的软件，因为这种软件使用的人多而杂，它们携带病毒的可能性较大。

（2）谨慎使用办公室中外来的 U 盘等移动存储设备，特别是在公用计算机上使用过的移动存储设备。

（3）密切关注有关媒体发布的反病毒信息，特别是某些定期发作的病毒，在其发作的时间内不启动计算机。

（4）写保护所有系统盘和文件。硬盘中的重要文件要备份，操作系统要用备份软件制作映像文件，一旦操作系统有问题便于进行恢复。

（5）提高病毒防范意识，应使用正版软件，不使用盗版软件和来历不明的软件。

（6）除非是原始盘，否则绝不用 U 盘引导硬盘。

（7）不要随意复制、使用不明来源的 U 盘和光盘。对外来盘要查毒、杀毒，确认无毒后再使用。自己的 U 盘、移动硬盘不要随意拿到别的计算机上使用。

（8）对重要的数据、资料、CMOS 及分区表要进行备份，创建一个无毒的启动 U 盘，用于重新启动或安装系统。

（9）在计算机系统中安装正版杀毒软件，定期用正版杀毒软件对引导系统进行查毒、杀毒，建议不仅使用一种杀毒软件，因为每种杀毒软件都有自己的特点和查毒、杀毒的盲区，用多种杀毒软件进行交叉杀毒可以提升杀毒的效果，对杀毒软件要及时进行升级。

（10）使用病毒防火墙。病毒防火墙具有实时监控的功能，能抵抗大部分的病毒入侵。很多杀毒软件都带有防火墙功能。但是即使安装了防火墙系统，也不要对计算机的各种异常现象掉以轻心，因为杀毒软件对于病毒库中未知的病毒也是无可奈何的。

（11）对新搬到本办公室的计算机消毒后再使用。绝不把用户数据或程序写到系统盘上，绝不执行不知来源的程序。

（12）如果不能防止病毒侵入，至少应该尽早发现它的侵入。显然，发现病毒越早越好，如果能够在病毒产生危害之前发现和排除它，可以使系统免受危害；如果能在病毒广泛传播之前发现它，可以使系统中的修复任务较轻、较容易。总之，病毒在系统内存在的时间越长，产生的危害也就相对越大。

（13）对执行重要工作的计算机要专机专用、专盘专用。

5. 杀毒软件

杀毒软件也称反病毒软件或防毒软件，是用于消除计算机病毒、特洛伊木马和恶意软件等计算机威胁的一类软件。

杀毒软件通常集成监控识别、病毒扫描和清除及自动升级等功能，有的杀毒软件还带有数据恢复等功能，是计算机防御系统（包含杀毒软件、防火墙、特洛伊木马和其他恶意软件的查杀程序，入侵检测系统等）的重要组成部分。

杀毒软件的病毒库更新相对于病毒的发展是滞后的，每当有新病毒被发现，杀毒软件的病毒库就会扩展，因此在使用杀毒软件的时候，要注意实时对杀毒软件进行升级，使其具有更强的抵御病毒的能力。

第 4 章　计算机外部设备及网络设备

计算机外部设备（Computer Peripheral Device），简称计算机外部设备，是指连在计算机主机外部的设备，它是输入设备、输出设备（包含外存储器）的总称。计算机外部设备是计算机系统中的重要组成部分，起到信息传输、转入和存储的作用。

4.1　计算机外部设备

4.1.1　打印机（△◇☆）

打印机（Printer）是计算机的主要输出设备之一，如图 4-1 所示，用于将计算机处理结果以人所能识别的数字、字母、符号和图形等形式，依照规定的格式打印在相关介质上。

图 4-1　打印机

衡量打印机质量的指标有三项：打印分辨率、打印速度和噪声。

从全球第一台打印机，到现在各种形式的打印机，如针式打印机、喷墨打印机和激光打印机等，打印机应用的领域越来越宽，并正在向低功耗、高速度和智能化方向发展。

1．打印机的种类及特点

打印机的种类很多，按照不同的划分方法，可以分成不同的类型。

按打印元件对纸是否有击打动作，可分为击打式打印机与非击打式打印机。

按打印字符结构，可分为全形字符打印机和点阵字符打印机。

按所采用的技术，可分为柱形、球形、喷墨、热敏式、激光式、静电式、磁式、LED 式等打印机。

按工作原理，可分为针式打印机、喷墨打印机和激光打印机等。

按打印机用途，可分为商用打印机和家用打印机。商用打印机是指商业印刷用的打印机，由于这一领域要求的印刷质量比较高，有时还要处理图文并茂的文档，因此一般选用高分辨率的激光打印机。

打印机除以上常见的类型以外，还有热转印打印机和大幅面打印机等几种有专业用途的类型。热转印打印机利用透明染料进行打印，它的优势在于可以打印出专业、高质量的图像，一般用于印前及专业图形输出。大幅面打印机的打印幅宽一般为 24in（约 61cm）

以上，主要应用于工程与建筑领域，以及广告制作、大幅摄影、艺术写真和室内装潢等装饰、宣传领域，是打印机家族中重要的一员。

下面简要介绍几种主要类型的打印机。

1）针式打印机

针式打印机的基本工作原理是通过打印机和纸张的物理接触来打印字符或图形。在打印时，针式打印机通过针击打位于纸面上的有色物质，通常是浸有墨水的色带进行打印，使颜色因击打摩擦而印在纸上。针式打印机已经发展了几十年，在打印机的发展史中占有重要的地位。从 9 针的针式打印机到 24 针的针式打印机都具有极低的打印成本和良好的易用性，还可以进行单据打印。针式打印机的优点是打印尺寸大、打印成本低、打印耗材价格低和使用寿命长；缺点是打印质量低、工作噪声大，无法满足高质量、高速度的商用打印需要。目前在银行、超市等需要打印单据的地方还在使用针式打印机。针式打印机由于具有中等分辨率和打印速度且耗材便宜，还具有高速跳行、多份打印、宽幅面打印、维修方便等特点，因此是办公和事务处理中打印报表、发票等的优选机器，在这一应用领域，针式打印机一直占领主导地位。针式打印机如图 4-2 所示。

2）喷墨打印机

喷墨打印机通过喷射墨粉来打印字符或图形。喷墨打印机应用广泛，不但有着良好的打印效果与较低的价位，而且在打印介质的使用上比较灵活，既可以打印在信封、信纸等普通介质上，又可以打印在各种胶片、照片纸等特殊介质上，所以喷墨打印机占据了广阔的中低端市场。喷墨打印机如图 4-3 所示。

图 4-2　针式打印机

图 4-3　喷墨打印机

3）激光打印机

激光打印机分为黑白激光打印机和彩色激光打印机两种，它为我们提供了更高质量、更快速的打印方式。

激光源发出的激光束经由字符点阵信息控制的声光偏转器调制后进入光学系统，通过多面棱镜对旋转的感光鼓进行横向扫描，在感光鼓上的光导薄膜层上形成字符、图形或图像的静电潜像，再经过处理，便在纸上得到所需的字符、图形或图像。激光打印机的主要优点是打印速度快、字符清晰、工作噪声小，可打印字符、图形和图像。激光打印机如图 4-4 所示。

4）3D 打印机

3D 打印机又称三维打印机（3DP），是采用了增材制造，即快速成形技术的一种机器，

其工作原理是将数据和原料放到3D打印机中，机器会按照程序把产品一层一层地制造出来。3D打印机以数字模型文件为基础，运用特殊蜡材、粉末状金属或塑料等可黏合材料，通过打印一层一层的可黏合材料来制造三维的物体。现阶段3D打印机已经被用来制造产品并通过逐层打印的方式来制造物体。3D打印机与传统打印机最大的区别在于它使用的“墨水”是实实在在的原材料，可用于打印的介质种类多样，包括塑料、金属、陶瓷及橡胶类物质。3D打印机如图4-5所示。

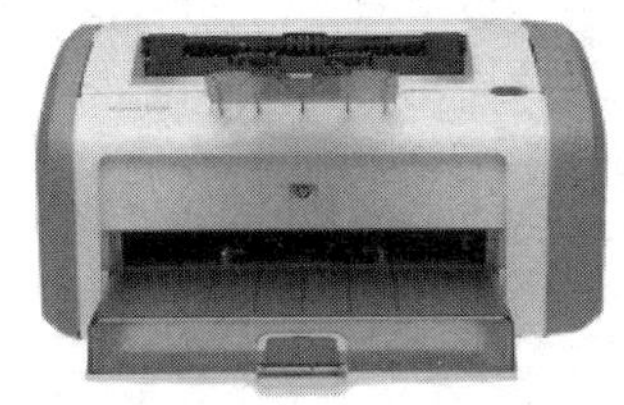

图4-4 激光打印机

图4-5 3D打印机

5）网络打印机

网络打印机是指通过打印服务器（内置或外置）将打印机作为独立的设备接入局域网或互联网，使之成为网络中的网络节点和输出终端，此时网络中的其他成员可以直接访问并使用该打印机。由于网络打印机用于网络系统可以为较多人提供打印服务，因此要求这种打印机具有打印速度快、能自动切换仿真模式和网络协议、便于网络管理员进行管理等特点。网络打印机支持局域网内的用户共同使用，不但可以提高效率，而且可以节省采购设备的开支。网络打印机如图4-6所示。

图4-6 网络打印机

网络打印机要接入网络，一定要有网络接口，目前有两种接入方式。

一种是内置式接入方式，即打印机自带打印服务器，打印服务器上有网络接口，只需插入网线、分配IP地址就可以了。这种接入方式由于直接与网络相连，因此数据传输速度快。

另一种是外置式接入方式，即打印机使用外置的打印服务器，打印机通过并行接口或USB接口与打印服务器连接，打印服务器再与网络连接。网络打印机一般具有管理和监视软件，用于对自身的配置参数进行设定，绝大部分网络打印机的管理软件是基于Web方式的，使用简单快捷。

2．打印机的组成及工作原理

1）针式打印机

针式打印机主要由打印头、字车结构、色带、输纸机构和控制电路组成。针式打印机上所有机械上的复杂动作、字符的形成等都可以经过微处理器进行存储记忆、控制和操作。打印头是针式打印机的核心部件，包括打印针、电磁铁等。打印头在电磁铁的带动下打击色带，色带后面是同步旋转的打印纸，从而打印出字符点阵，整个字符由打印头打印出来的点拼凑而成。

2）喷墨打印机

喷墨打印机按工作原理可分为固态喷墨打印机和液态喷墨打印机两种。固态喷墨技术是美国泰克公司的专利技术，固态喷墨打印机使用的相变墨在常温下为固态，在打印时墨被加热液化后喷射到打印纸上，因此墨汁的附着性相当好，色彩极为鲜艳。但这种打印机价格昂贵，一般适合专业用户选用。

通常我们所说的喷墨打印机指的是液态喷墨打印机。液态喷墨打印机通常采用间断喷墨方式，仅在打印时喷射墨水，因而不需要过滤器和复杂的墨水循环系统。液态喷墨打印机的优点是组成字符、图形和图像的印点比针式打印机小得多，因而字符点的分辨率高，印字清晰；可灵活方便地改变字符的尺寸和字体；印刷采用普通纸，还能直接在某些产品上印字；字符、图形和图像在形成过程中无机械磨损，印字能耗小。

3）激光打印机

激光打印机由激光扫描系统、电子照相系统和控制系统三大部分组成，其中激光扫描系统包括激光器、偏转调制器、扫描器和光路系统。

激光打印机的工作原理是，首先将由计算机传来的二进制数据信息通过视频控制器转换成视频信号，其次由视频接口/控制系统把视频信号转换为激光驱动信号，再次由激光扫描系统产生载有字符信息的激光束，最后由电子照相系统使激光束成像并转印到纸上。

激光打印机内部有一个光敏旋转硒鼓，是激光打印机的关键部件，当激光照到光敏旋转硒鼓上时，被照到的感光区域产生静电，能吸起碳粉等细小的物质。光敏旋转硒鼓旋转一周，对应激光打印机打印一行。光敏旋转硒鼓通过碳粉所在的位置，将碳粉吸附到感光区域，当光敏旋转硒鼓旋转到与打印纸相接触的位置时，便将碳粉附在打印纸上，然后利用加热部件使碳粉熔固在打印纸上。

3. 打印机的耗材

按打印机的类型不同，打印机的耗材大概可以分为如下几类。

针式打印机的耗材是色带，如图 4-7 所示。部分色带可以单独更换，部分色带须连色带架一起更换。相对而言，色带的使用成本最低，不足之处是打印效果不理想，不能打印彩色图文。

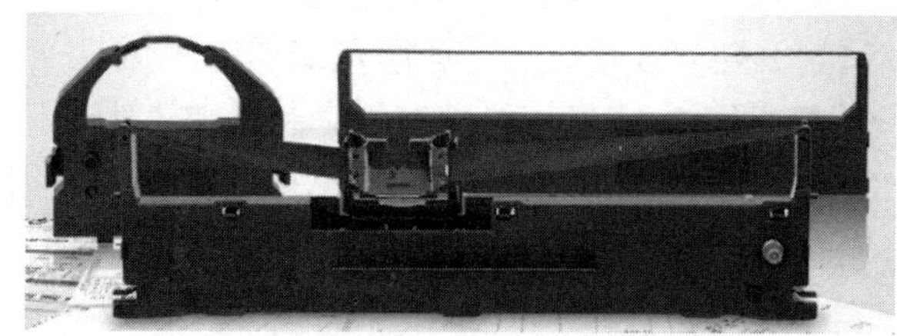

图 4-7　针式打印机的色带

激光打印机的耗材是碳粉和光敏旋转硒鼓，其使用成本最高，但打印精度也最高。

喷墨打印机的耗材是墨水和一体式墨盒。根据打印颜色（4～6 种）不同，一般可以单独更换其中 1 种颜色的墨水，这种打印机的好处是换墨水的成本较低，不足之处是打印头在多次使用后，打印质量会有所下降，也容易出现堵塞喷嘴的问题，严重的话打印机要进行维修甚至直接报废。

4．打印机的选择与安装方法

1）打印机的选择

在选购打印机时要考虑如下几点。

① 打印质量。打印质量的主要指标是打印机的分辨率，分辨率越高，人的视觉系统所感受和分辨的图像就越清晰，打印质量就越好。由于分辨率对输出质量有重要影响，因此打印机的档次通常是以分辨率的高低来衡量的。

② 打印幅面。打印幅面是衡量打印机输出图文页面大小的指标。打印机的打印幅面越大，打印的范围越大。针式打印机中一般给出行宽，用一行中能打印多少个字符（个字符/行或列/行）表示。例如，常用的针式打印机的打印幅面有 80 列和 132/136 列两种。激光打印机的打印幅面常用单页纸的规格表示，如 A3、A4、A5 等。喷墨打印机的打印幅面为 A3 或 A4。

③ 介质类型。激光打印机的打印介质包括普通打印纸、信封、投影胶片、明信片等。喷墨打印机的打印介质包括普通打印纸、喷墨纸、光面照片纸、专业照片纸、高光照相胶片、光面卡片纸、T 恤转印介质、信封、透明胶片、条幅纸等。针式打印机的打印介质包括普通打印纸、信封、蜡纸等。

④ 打印成本。打印机的耗材是衡量打印成本非常重要的一个指标，在购买打印机时应该重点考虑其综合成本，包括整机价格及墨盒、墨水和打印介质的价格等。

2）打印机的安装

在使用打印机前需要先安装打印机，其操作步骤如下。

① 将打印机连接至主机，打开打印机电源，在“开始”菜单中选择“设备和打印机”命令，打开“设备和打印机”窗口，如图 4-8 所示。

图 4-8 “设备和打印机”窗口

② 在“设备和打印机”窗口中单击“添加打印机”按钮，弹出“添加打印机”对话框，进入添加打印机的第一步，如图 4-9 所示，在该对话框中选择安装什么类型的打印机。如果需要安装的打印机的数据线连接在当前计算机上，那么选择“添加本地打印机”选项；

如果是通过网络上的其他计算机进行的连接，那么选择“添加网络、无线或 Bluetooth 打印机”选项。

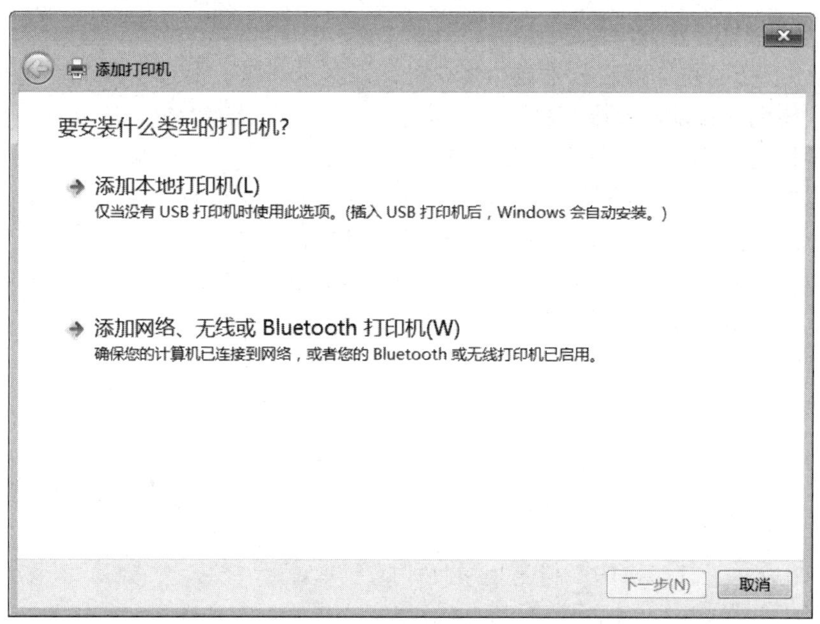

图 4-9　选择打印机类型

③ 选择“添加本地打印机”选项后单击“下一步”按钮，进入添加打印机的第二步，选择打印机端口，如图 4-10 所示，这里选择默认选项，即“使用现有的端口”选项。

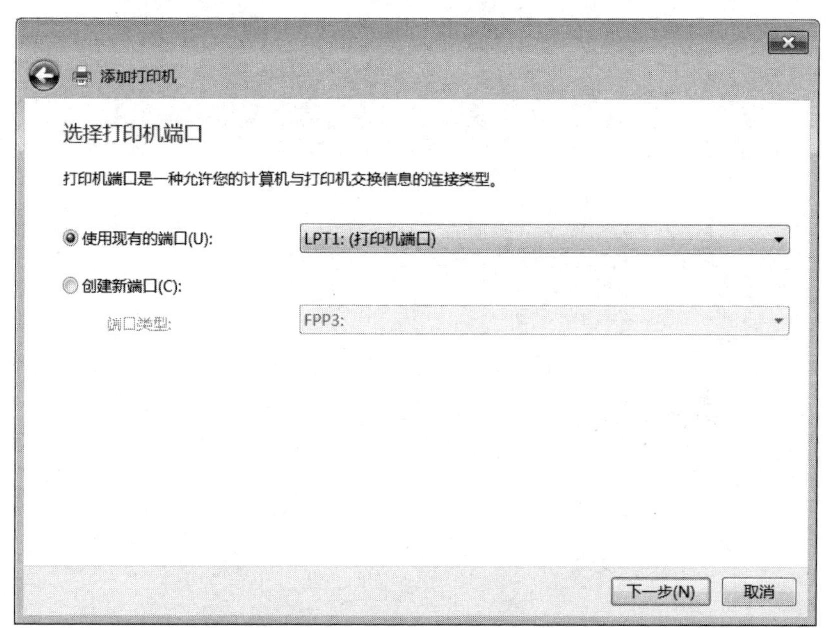

图 4-10　选择打印机端口

④ 单击“下一步”按钮，进入添加打印机的第三步，选择打印机厂商。如果打印机

型号出现在“厂商”列表中，那么按照提示操作即可完成本地打印机的添加，如图 4-11 所示。否则需要到打印机厂商的官方网站下载相应型号的打印机驱动程序并进行安装。

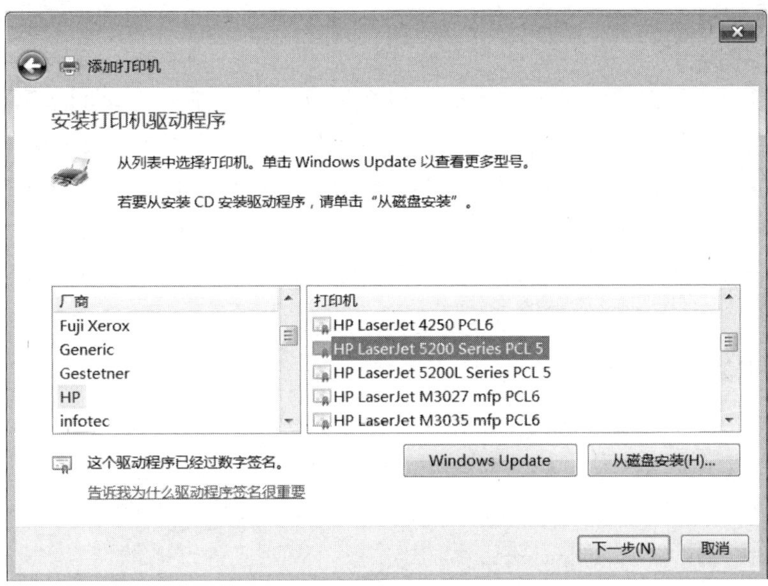

图 4-11　选择打印机厂商

⑤ 单击“下一步”按钮，进入添加打印机的第四步，为正在添加的打印机命名。这里的打印机名称默认为打印机的品牌型号，如图 4-12 所示。如果添加了多台打印机，为了进行标识，一般不做修改。

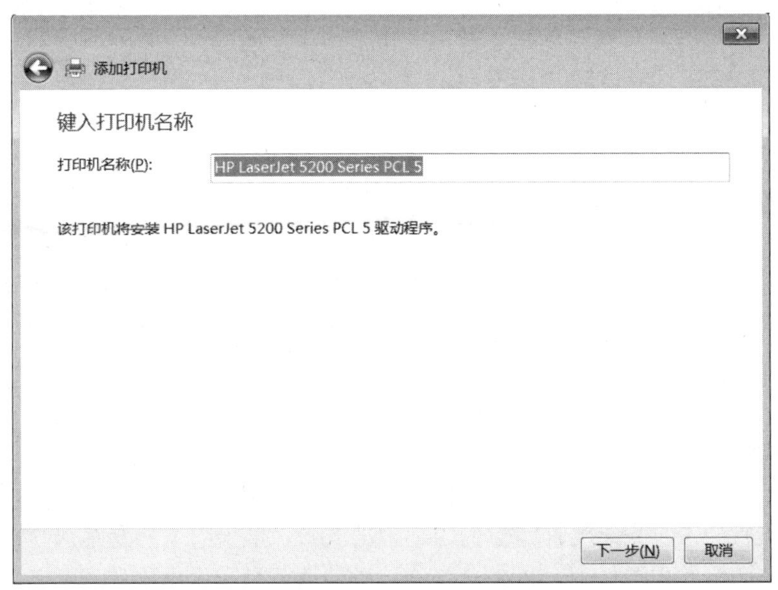

图 4-12　为正在添加的打印机命名

⑥ 单击“下一步”按钮，进入添加打印机的最后一步，将新添加的打印机设为默认使用的打印机。单击“完成”按钮，完成打印机的添加。

⑦ 在新安装的打印机图标上右击，在弹出的快捷菜单中选择“共享”命令，打开打印机的“属性”对话框，单击“共享”选项卡，选择“共享这台打印机”选项，并在“共享名”文本框中填入需要共享的名称，单击“确定”按钮即可完成共享的设定。

⑧ 安装驱动程序。

按照上面的步骤把打印机与计算机连接好之后，要先打开打印机电源，再打开计算机开关。进入操作系统后，系统会提示发现一个打印机，系统要安装打印机的驱动程序才可以使用打印机。有的操作系统（如 Windows 7）自己带有多款打印机的驱动程序，可以自动安装大部分常见的打印机驱动程序。如果操作系统没有这款打印机的驱动程序，那么需要先下载驱动程序，再根据系统提示进行安装，在提示安装完成时，单击“完成”按钮即可。

5. 打印机的清洁与维护

定期对打印机进行清洁与维护可以有效地延长它的寿命，大大提高打印机的工作效率。通常情况下，打印机的很多故障是由灰尘导致的，最好请专业的维修人员定期进行清洁，因为打印机内部的部件比较精密，即使是普通的擦拭或加润滑油操作都有可能会对打印质量产生较大的影响，如果需要自己动手清洁（特别是内部的清理），那么一定要谨慎小心，必须先了解哪些部件可以清理，哪些部件不能清理。下面以激光打印机为例介绍如何清洁打印机。

1）清洁打印机外部

在清洁打印机之前，要先把电源切断，然后用一块稍湿的布擦拭打印机的外部，最好只用清水清洁，有时也可以使用汽车内部清洁剂清洁，但切记不可使用含有氨的清洁剂清洁。在清洁打印机时先将清洁剂喷在柔软的布上，然后擦拭打印机的外壳，这样可以减少静电。

2）清洁打印机内部

首先了解哪些部件可以清理，哪些部件不能清理。

碳粉保护装置。打印机的碳粉盒内都会有一些衬垫，其作用是在传输纸张的滚筒系统中吸收过剩的碳粉。在清洁时可以把它从机器中取出，用手工的方式进行清洁。

送纸滚筒。送纸滚筒是打印机的传送部分，其作用是将纸张从纸槽拖到打印机的内部，但在这个过程中，纸张上玷污的油和灰尘也会在滚筒上沉淀，长时间不清洁就会导致卡纸和送纸错误，这也是打印机最容易出现的故障。在冠状电线和通风口处，灰尘的沉淀也会影响打印机的使用效率。

在清洁纸道时，首先打开激光打印机的翻盖，取出光敏旋转硒鼓，然后用一块没有线头且干净、柔软的干布来清洁打印机的内部，把灰尘、撒出的碳粉及纸屑擦拭干净。清洁完后，再将打印机的电源插上，再过一张纸，以便清洁打印机内部残留的灰尘或纸屑等。也可以使用专门的滚筒清洁器进行清洁。

不同类型的打印机有不同的清洁技巧，在清洁之前一定注意看一下打印机的产品说明书，上面也会提供一些清洁的实用技巧。

6. 打印机常见故障处理

1）打印机不能自动重新换行

如果打印机在打印过程中无法自动重新换行，打印工作就不能完成，这时可以通过修改注册表来解决问题。

解决办法：在打开的“注册表编辑器”窗口中展开“HKEY_LOCAL_MACHINE\Software\Policies\Microsoft\Windows NT\Printers”，将“PruneDownlevel”值改为“2”。重启计算机后，故障消失。

2）打印时墨迹稀少，字迹无法辨认

解决办法：该故障多数是由于打印机长期未用，墨水输送系统障碍或喷头堵塞，此时应执行打印机上的清洁操作命令。

3）更换新墨盒后，在开机时打印机面板上“墨尽”灯仍然是亮的

在正常情况下，当墨水用完时“墨尽”灯才会亮。更换新墨盒后，即可恢复正常。但有时更换新墨盒后，打印机面板上的“墨尽”灯仍然是亮的，发生这种故障的原因，一是墨盒未装好；二是在关机状态下自行拿下旧墨盒，更换上新墨盒，使打印机无法检测到重新安装上的墨盒；三是有些打印机对墨水容量是使用打印机内部的电子计数器来进行计量的，当该计数器达到一定值时，打印机判断墨水用尽，而在墨盒更换过程中，打印机将对其内部的电子计数器进行复位，从而确认安装了新的墨盒。

解决方法：打开电源，将打印头移动到墨盒更换位置。将墨盒安装好后，让打印机进行充墨，充墨过程结束后，故障排除。

4.1.2 显示器（△◇☆）

1. 显示器概述

显示器（Display）通常也被称为监视器。显示器是计算机的I/O设备，是一种将一定的电子文件通过特定的传输设备显示到屏幕上再传射到人眼中的显示工具，一般是指与计算机相连的显示设备。从广义上讲，街头随处可见的大屏幕、电视机、荧光屏、手机的显示屏等都算是显示器。

显示器的应用非常广泛，在现代工业生产和生活中随处可见。在工业领域，显示器被嵌入机器、机柜或操作台，用作人机操作显示界面；在医院，显示器用于各类门诊终端、病房床头服务的显示终端等。此外，工业液晶显示器广泛应用于多媒体、移动电信、电力国防、自动化设备、工业制造等领域，作为人机操作显示界面，还可用于通信、控制终端，公共场所的媒体（广告）播放机或查询终端，以及安防系统和家庭服务终端等。

2. 显示器的分类及工作原理

根据显像原理的不同，显示器可分为阴极射线管显示器、液晶显示器、等离子显示器、LED显示器、3D显示器等。

1）阴极射线管显示器

阴极射线管（Cathode Ray Tube，CRT）显示器是出现最早、应用最广泛的显示器之一，

具有技术成熟、还原性好、彩色全、清晰度高、成本较低和几何失真调整能力丰富等优点，主要应用于电视、计算机、工业监视器、投影机等终端显示设备。

阴极射线管显示器主要由 5 部分组成：电子枪（Electron Gun）、偏转线圈（Deflection Coils，又称偏转系统）、荫罩（Shadow Mask，又称管壳）、高压石墨电极和荧光屏（包括荧光粉层及玻璃外壳）。

阴极射线管显示器最重要的部位就是它的显像管。到现在为止，显像管已经经历过球面、柱面、平面直角、纯平面、方管等几代技术，其显示原理简单地说就是阴极射线管将电信号转变为光学图像。当阴极射线管显示器接收到计算机传来的视频信号后，通过转换电路转换为特定强度的电压，电子枪根据这些高低不平的电压发射出一定数量的阴极射线，即电子束，经过聚焦和加速后，在偏转线圈的作用下穿过小孔打在荧光屏上，从而形成一个发光点，成为我们看到的字符和图像。随着显示器技术的不断发展，阴极射线管显示器逐渐被市场淘汰。阴极射线管显示器如图 4-13 所示。

2）液晶显示器

液晶显示器（Liquid Crystal Display，LCD）是以液晶材料为基本组件材料的显示器。液晶是介于固态物质和液态物质之间的物质，同时具备液体的流动性和类似晶体的某种排列特性。在电场的作用下，液晶分子的排列会产生变化，从而实现显示效果。与传统的阴极射线管显示器相比，液晶显示器具有体积小、厚度薄、质量轻、显示质量高、没有电磁辐射、可视面积大、能耗低、变形失真小及采用数字式接口等特点。

在彩色液晶显示器中，每个像素都由 3 个液晶单元格构成，其中每个液晶单元格前面都分别有红色、绿色或蓝色的过滤器。这样，通过不同液晶单元格的光线就可以在屏幕上显示出不同的颜色。

液晶显示器的工作原理：在液晶显示器内部有很多液晶粒子，它们有规律地排列成一定的形状，并且它们的每一面的颜色都不同，分别为红色、绿色、蓝色。这三原色能还原成任意的其他颜色，当液晶显示器接收到计算机的显示数据时会控制每个液晶粒子转动到不同颜色的面，来组合成不同的颜色和图像。也因为这样，液晶显示器的缺点是色彩不够鲜艳、可视度不够高等。液晶显示器如图 4-14 所示。

图 4-13　阴极射线管显示器

图 4-14　液晶显示器

3）等离子显示器

等离子显示器（Plasma Display Panel，PDP）是采用了高速发展的等离子显示技术的新一代显示设备。等离子显示器具有厚度薄、分辨率高、亮度高、对比度高、纯平面图像

无扭曲、输入接口齐全、环保、无辐射等特点。从工作原理上讲，等离子显示技术同其他显示技术相比存在明显的差别，等离子显示技术的成像原理是，在显示屏上排列上千个密封的小低压气体室，其通过电流激发发出肉眼看不见的紫外光，然后紫外光碰击后面玻璃上的红、绿、蓝3色荧光体发出肉眼能看到的可见光。

另外，等离子显示器最突出的特点是可做到超薄，可轻易做到40in以上的完全平面大屏幕，而厚度不到100mm，多面向有大屏幕需求的用户和家庭影院等。

4）LED显示器

LED显示器（LED Display）是一种平板显示器，由一个个小的LED模块面板组成，是用来显示文字、图像、视频等各种信息的设备。

LED显示器是由LED排列组成的显示设备。LED显示器通过控制LED进行显示，采用低电压扫描驱动，具有耗电少、使用寿命长、成本低、亮度高、故障少、视角大、可视距离远等特点。同时，LED显示器拥有更高的刷新速度，在视频方面有更好的性能表现，可以显示各种文字、数字、彩色图像及动画信息，可以播放电视、录像、VCD、DVD等彩色视频信号，背光颜色较鲜艳、饱和度高。

LED显示器系统由计算机专用设备、显示屏幕、视频输入端口和系统软件等组成。它以计算机为处理控制中心，电子屏幕与计算机显示器窗口某一区域逐点对应，显示内容实时同步，屏幕映射位置可调，可方便随意地选择显示画面的大小。

LED显示器在显示效果方面表现突出。LED显示器的显示屏幕由于具有高亮度、宽广的观看角度和良好的色彩还原能力，因此可在阳光直射条件下使用，加之LED显示器的显示屏幕可任意延展，实现了无缝拼接，所以LED显示器广泛应用于机场、商场、酒店、高铁、地铁、影院、展会、写字楼等处的大屏幕显示。LED显示器集微电子技术、计算机技术、信息处理技术于一体，成为最具优势的新一代显示设备之一，可以满足不同环境的需要。

5）3D显示器

3D显示器利用自动立体显示技术的视差栅栏，使人的两只眼睛分别接收不同的图像，来形成立体效果。平面显示器要形成立体感的影像，至少要提供两组相位不同的图像。传统的3D电影在荧幕上有两组图像（来源于在拍摄时互成一定角度的两台摄影机），观众必须戴上偏光镜才能消除重影（让一只眼只接受一组图像），形成视差，产生立体感。

3．显示器的主要技术性能指标

（1）显示器的对比度和亮度。

（2）显示器的刷新速度。

（3）显示器的响应时间和视频接口。

（4）显示器的分辨率和可视角度。

4．显示器的标准

许多机构为显示器制定了一些标准，如EPA标准、MPR-II标准、TCO标准及CCC标准。

1）EPA 标准

EPA 标准是由美国国家环境保护局制定的，是显示器的国际标准。

2）MPR-II 标准

MPR-II 标准是由瑞典国家技术部制定的，是一种电磁场辐射规范标准，包括对电场中电场强度的规定。

3）TCO 标准

TCO 标准是由瑞典专业雇员联盟制定的。随着不断扩充和改进，TCO 标准逐渐演变成了现在通用的世界性显示器标准。

4）CCC 标准

CCC 标准也称 3C 标准，是由中国电工产品认证委员会制定的电工产品安全认证标准。凡是在我国市场上销售的显示器，都必须通过这一认证。CCC 标志如图 4-15 所示。

图 4-15　CCC 标志

5．显示器的接口

显示器的接口主要有以下几种。

1）VGA 接口

VGA 接口是视频图形阵列接口。CRT 接口只能接收模拟信号输入，VGA 接口就是显卡上输出模拟信号的接口。VGA 接口也叫 D-Sub 接口，是一种 D 形接口，上面共有 15 针，分成 3 排，每排 5 个，是显卡上应用最为广泛的接口类型。

2）DVI 接口

DVI 接口是数字视频接口。在 DVI 接口中，计算机直接以数字信号的方式将显示信息传送到显示设备，避免了以前模/数 2 次转换的过程，提升了图像质量。另外 DVI 接口实现了真正的即插即用和热插拔，免除了在连接过程中须关闭计算机和显示设备的麻烦，液晶显示器多采用 DVI 接口。DVI 接口如图 4-16 所示。DVI 分为两种；一种是 DVI-D 接口，只能接收数字信号，不兼容模拟信号；另一种是 DVI-I 接口，可兼容模拟信号和数字信号。

3）HDMI 接口

HDMI 接口是高清晰度多媒体接口。HDMI 接口的数据传输带宽更宽，可以传送无压缩的音频信号及高分辨率的视频信号，保证高质量的影音信号传送效果。HDMI 接口如图 4-17 所示。

图 4-16　DVI 接口

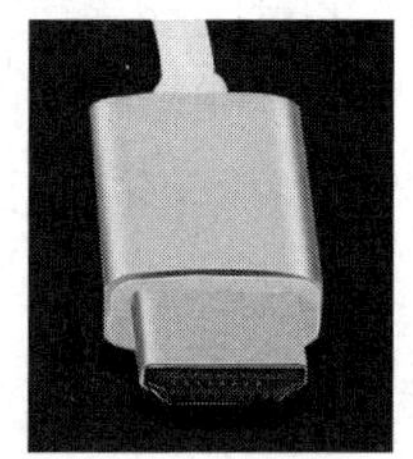

图 4-17　HDMI 接口

HDMI 接口的优势：只需要一条 HDMI 线便可以同时传送影音信号，而不需要多条；由于无须进行数/模或模/数转换，因此能取得更高的音频和视频传输质量。

6．显示器的参数设置

1）分辨率设置

分辨率是指图像的像素，分辨率越高画面越细、越清晰，但图片和文字显示出来就越小，分辨率一般用水平像素乘以垂直像素来表示。

显示器分辨率的设置步骤如下。

① 在计算机桌面空白处右击，在弹出的快捷菜单中选择“屏幕分辨率”命令，如图 4-18 所示。

② 进入“屏幕分辨率”窗口，对分辨率进行设置，如图 4-19 所示。

图 4-18　快捷菜单

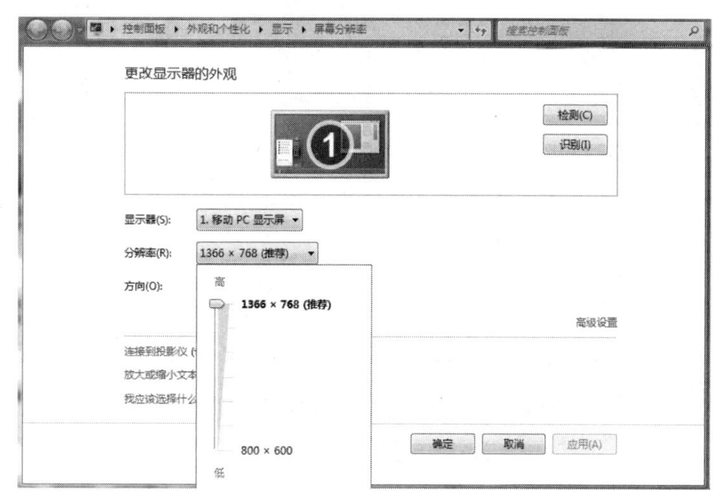

图 4-19　“屏幕分辨率”窗口

2）屏幕刷新频率设置

① 在“屏幕分辨率”窗口中，单击“高级设置”按钮，如图 4-20 所示。

图 4-20　单击“高级设置”按钮

② 在弹出的“通用即插即用监视器和 Intel(R) HD Graphics 4000 属性”对话框中，单击“监视器”选项卡，设置屏幕刷新频率，如图 4-21 所示。

图 4-21　设置屏幕刷新频率

7．显示器的日常维护与保养

显示器的日常维护与保养应注意以下几个方面的问题。

（1）不要经常性地开/关显示器。开/关太快，容易使显示器内部瞬间产生高电压，过大的电流将烧毁显像管。

（2）尽量避免使显示器长期工作。长期工作会使显示器过热，所以不用时要关闭显示器，或者降低显示器的显示亮度，否则会导致显示器内部烧坏或者老化。另外，如果长时间显示一种固定内容的画面，就有可能导致某些像素过热，进而导致显示器内部烧坏。

（3）防尘。显示器内部由于有高电压所以极易吸附空气中的灰尘，如果 PCB 上吸附太多灰尘，就会影响电子元器件的热量散发，使电子元器件温度上升从而损坏。灰尘也有可能吸收空气中的水分，腐蚀显示器内部的线路，造成一些莫名其妙的故障。

（4）防潮。在环境湿度为 30%～80%的条件下，显示器能正常工作，一旦室内湿度高于 80%，显示器内部就会产生凝露现象，因此显示器必须注意防潮，长时间不用的显示器要定期通电工作一段时间，让其工作时产生的热量将显示器内的潮气驱逐出去。另外，当室内湿度很大时，显示器机械摩擦部分会产生静电干扰，内部元器件被静电破坏的可能性增大，容易影响显示器的正常工作。

（5）防震。要避免强烈的冲击和震动，不要对显示器表面施加压力。

（6）防磁场干扰。不要在放置计算机的房间放置强磁场性物质，因为电磁场的干扰会使电路中出现不该有的电压、电流，特别是多媒体音箱要选用防磁效果好的，且要尽量远离显示器。

（7）防强光。强光会加速显像管荧光粉的老化，降低显示器的发光效率，缩短显示器的使用寿命。因此，不要把显示器放置在日光照射较强的地方。

（8）保持清洁。如果发现显示器屏幕上有污渍，可用沾有少许水的软布轻轻地将其擦去。

8. 显示器的故障与维修

当显示器不能正常显示时，应该先简单地分析一下故障出在哪里，判断是软件设置有问题还是显示器内部电路有故障，然后确定下一步如何维修。

显示器的故障现象可分为如下几类。

1）黑屏

在打开计算机时出现黑屏现象，首先应检查显示器的电源是否接好。如果电源线已接好、电源插座通电正常且电源开关是开的，但显示器的电源指示灯不亮，就说明显示器内部电路有故障。如果显示器的电源指示灯亮，可重启计算机，并注意主机的电源指示灯是否闪亮，主机是否发出声音。如果是，那么说明计算机已经正常启动，这时应检查显示器与主机的信号线连接是否正常，显示器与主机相连的插头是否松动，插头内的针是否正常。如果都正常，那么说明显示器内部电路有故障。

2）缺色

显示器缺色，比较明显的是缺红色、黄色或蓝色，但图像细节清晰，这时需要关机检查一下显示器和主机的连接插头，通常可能是因为里面的针有断的或显卡松动。

3）白屏

出现白屏现象表示背光板能正常工作，首先判断主板能否正常工作，可按显示器的电源开关查看指示灯有无反应，如果指示灯可以变换颜色，则表明主板工作正常。这时需要检查主板信号输出到显示器的连接线是否接触不良，以及主板各个工作点的电压是否正常，特别是显示器的供电电压。用示波器检查时钟信号，如果指示灯无反应，则表明主板工作不正常。

4）抖动

当显示器刷新频率设置得太低时，屏幕会出现抖动、闪烁的现象，原因是电源变压器离显示器和主机箱太近或音箱离显示器太近。电源变压器在工作时会产生较大的电磁干扰，从而造成屏幕抖动；音箱所产生的磁场效应也会干扰显示器的正常工作，使显示器产生屏幕抖动和串色等现象。

另外，显示器的显示与显卡息息相关，当显示器出现故障时可以考虑是不是显卡方面的原因，如显卡接触不良等。

4.1.3 存储设备（◇☆）

1. 存储设备概述

存储设备是用于储存信息的设备，通常是将信息数字化后再利用电能、磁能或光学等方式加以存储。

利用电能方式存储信息的设备包括各式存储器，如 RAM、ROM 等；利用磁能方式存储信息的设备包括硬盘、U 盘等；利用光学方式存储信息的设备包括 CD、DVD 等。专用存储系统包括用于数据备份或容灾的专用信息系统，以及利用高速网络进行大数据量存储信息的设备等。

计算机对存储器的要求：一是存取速度快，二是存储容量大。

计算机中的信息，包括输入的原始数据、计算机程序、中间运行结果和最终运行结果都保存在存储器中。存储器根据控制器指定的位置存入和取出信息。有了存储器，计算机才有记忆功能，才能正常工作。存储器通常分为外部存储器（外存）和内部存储器（内存）。外存通常是指磁性介质或光盘等，能长期保存信息。内存是指主板上的存储部件，用来存放当前正在执行的数据和程序，但仅用于暂时存放程序和数据，关闭电源或断电，数据会丢失。

存储器的主要功能是存储各种程序和数据，并在计算机运行过程中高速、自动地完成程序或数据的存取。存储器采用具有两种稳定状态“0”和“1”的物理器件来存储信息。英文字母、运算符号、十进制数等必须转换成等值的二进制数才能存入存储器。

根据在计算机系统中所起的作用，存储器可分为主存储器、辅助存储器、高速缓冲存储器、控制存储器等。

为了解决容量大、速度快、成本低三者之间的矛盾，计算机通常采用多级存储器体系结构，即同时使用高速缓冲存储器、主存储器（内存）和辅助存储器（外存）。各存储器之间的关系如图 4-22 所示。

高速缓冲存储器用于存储常用的或即将用到的指令和数据，存取速度快，但存储容量小；主存储器用于存放计算机运行期间的大量程序和数据，存取速度较快，存储容量不大；辅助存储器用于存放系统程序和大型数据文件及数据库，存储容量大，成本低。

当数据（或指令）要从存储器内取出或送入存储器时，控制器要先给出一条命令，从命令发出到数据（或指令）被从存储器内取出或送入存储器，需要一段时间，这段时间叫作存取时间，也叫作存取周期。存储器的存储容量和存取周期是两个重要参数。

2. 存储设备的类型及特点

1）可移动磁盘

可移动磁盘（Removable Disk）是指可与计算机分离并在断电后仍可存储数据信息的可移动设备。许多移动存储装置在计算机上都显示为可移动磁盘，如基于芯片存储的 U 盘和基于硬盘存储的移动硬盘。可移动磁盘如图 4-23 所示。一般可移动磁盘都是通过 USB 接口与计算机相连的。

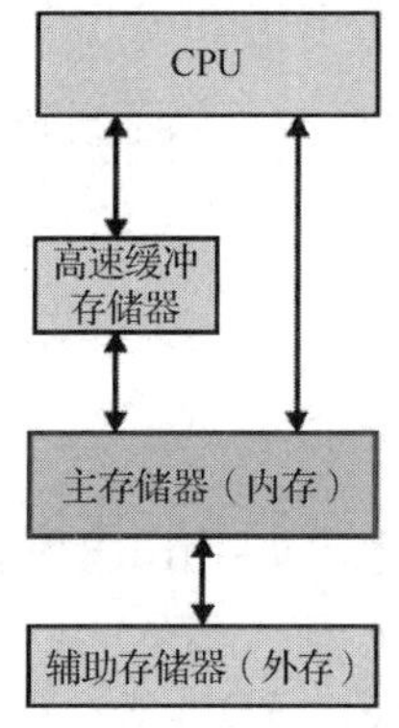

图 4-22　各存储器之间的关系

图 4-23　可移动磁盘

（1）U盘。

U盘的全称为USB接口移动硬盘，也形象地被称为“闪存”“闪盘”等。U盘使用USB接口进行连接，其特点是小巧、抗震、外观多样、便于携带、存储容量大、价格便宜。

（2）闪存卡。

闪存卡（Flash Card）是利用闪存技术存储电子信息的存储器，一般应用在数码相机、掌上电脑、MP3等小型数码产品中作为存储介质。

（3）移动硬盘。

移动硬盘是以硬盘为存储介质，可以存储大容量数据的便携性存储设备。移动硬盘在数据的读、写模式上与标准IDE硬盘是相同的。移动硬盘多采用USB接口等传输速度较快的接口与计算机连接，可以较高的速度与系统进行数据传输。

另外，普通的计算机硬盘通过硬盘盒或其他转换接口设备，也能实现移动硬盘的效果。

【注意】

移动硬盘的抗震能力弱，所需要的电量大，在使用时一定要保证有充足的电量，若一个USB接口不能提供充足的电量，则需要使用两个USB接口为其供电。

2）光盘

光盘是以光信息作为存储载体并利用激光原理进行读、写的设备。光盘分为不可擦写光盘（如CD-ROM、DVD-ROM等）和可擦写光盘（如CD-RW、DVD-RAM等）。

常见的光盘类型有以下几种。

PD光盘：PD是相变式可重复擦写光盘驱动器（Phase Change Rewritable Optical Disk Drive）的简称。PD光盘采用相变方式，其数据再生原理与CD一样，根据反射光量的差以1和0来判别信号。PD光盘与CD形状一样，为了保护盘面数据而装在盒内使用。PD光盘系统数据传输率达5.0Mbit/s，采用微型激光头和精密机电伺服系统，实现了存取速度的高速化。

CD-ROM：CD-ROM（Compact Disc-Read Only Memory）是只读光盘。CD-ROM分为用于计算机数据存储的MODE1和用于压缩视频图像存储的MODE2两类。

GD-ROM：GD-ROM（Gigabyte Disc-Read Only Memory）是千兆光盘，是由雅马哈制作的一种适用于媒体记录和游戏机的多媒体光盘，最大存储容量为1GB，其工作原理是在原有CD-ROM的基础上，对数据进行再次打包、压缩处理来增加存储容量。

VCD：VCD（Video-CD）是激光视盘，是指全动态、全屏播放的激光影视光盘。

CD-RW：CD-RW（CD-Rewritable）是可擦写光盘，在光盘上加一层可改写的染色层，通过激光可在光盘上反复多次写入数据。

HD-CD：HD-CD（High-Density-CD）是高密度光盘。HD-CD的存储容量大，单面存储容量为4.7GB，双面存储容量高达9.4GB。HD-CD采用MPEG-2标准。MPEG-2标准是1994年ISO/IEC制定的运动图像及其声音编码标准，是针对广播级的图像和立体声信号的压缩和解压缩的标准。

DVD：DVD（Digital Versatile Disk）是数字多用光盘，采用MPEG-2标准，拥有4.7GB的大存储容量，可储存133min的高分辨率全动态影视节目。

DVD+RW：可反复写入的 DVD，采用 CAV（Constant Angular Velocity）技术和 CAV 读取方式。DVD+RW 以同样的速度来读取光盘上的数据，可以获得较高的数据传输率。

BD-ROM：BD-ROM（Blu-ray Disc-Read Only Memory）为 Blu-ray Disc 的只读光盘，是一种能够存储大量数据的外部存储设备。BD 是 DVD 之后的下一代光盘格式之一，用以储存高品质的影音数据及大容量的数据。

3. 磁盘阵列

磁盘阵列（Redundant Arrays of Independent Drives，RAID）是指由独立磁盘构成的、具有冗余能力的阵列。

RAID 是由很多个独立的磁盘利用数组方式组合成的存储容量巨大的磁盘组，利用个别磁盘提供数据所产生的加成效果提升整个磁盘系统的效能。利用这项技术，将数据分割成许多区段，分别存放在各个磁盘上。

RAID 还采用了同位检查（Parity Check）技术，在磁盘组中任意一个磁盘发生故障时，仍可读出数据；在数据重构时，可将数据经计算后重新置入新磁盘。

RAID 的原理是利用数组方式制作磁盘组，配合数据分散排列的设计，提升数据的安全性。RAID 如图 4-24 所示。

1）RAID 的基本功能

① 通过对磁盘上的数据进行条块化，实现对数据的成块存取，减少磁盘的机械寻道时间，提高数据存取速度。

② 通过对一个 RAID 中的几个磁盘同时读取，减少磁盘的机械寻道时间，提高数据存取速度。

③ 通过镜像或者存储奇偶校验信息的方式，实现对数据的冗余保护。

RAID 有 3 种样式：一是外接式磁盘阵列柜；二是内接式磁盘阵列卡；三是软件磁盘阵列（利用软件来仿真）。外接式磁盘阵列柜最常被用在大型服务器上，具备可热交换（Hot Swap）的特性，不过这类产品的价格都很高。外接式磁盘阵列柜如图 4-25 所示。

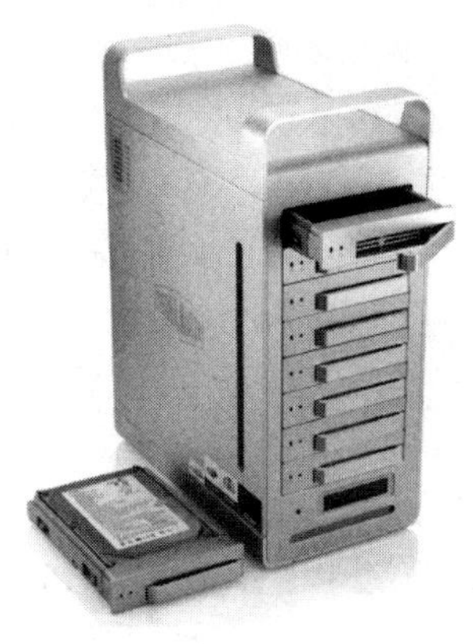

图 4-24　RAID

图 4-25　外接式磁盘阵列柜

内接式磁盘阵列卡价格较低，但需要较高的安装技术，适合技术人员使用和操作。硬件阵列能够提供在线扩容、动态修改阵列级别、自动数据恢复、驱动器漫游、超高速缓冲

等功能，同时能提供关于性能、数据保护、可靠性、可用性和可管理性等方面的解决方案。内接式磁盘阵列卡就是实现这些功能的硬件阵列产品，它拥有一个专门的处理器，还拥有专门的存储器，用于高速缓冲数据。由于使用内接式磁盘阵列卡服务器对磁盘进行操作是直接通过内接式磁盘阵列卡来进行处理的，因此不需要占用大量的CPU及系统内存资源，不会降低磁盘子系统的性能。内接式磁盘阵列卡拥有专用的处理单元来进行存储操作，其性能要远远高于常规非阵列磁盘，并且更安全、更稳定。内接式磁盘阵列卡如图4-26所示。

图4-26　内接式磁盘阵列卡

软件磁盘阵列是指通过网络操作系统自身提供的磁盘管理功能将连接的普通SCSI卡上的多个硬盘配置成逻辑盘，组成阵列。软件磁盘阵列可以提供数据冗余功能，但是会导致磁盘子系统的性能降低30%左右，因此不适用于大数据流量的服务器。

2）RAID的工作原理

RAID作为独立系统与主机直接相连或通过网络与主机相连，其多个端口可以分别和不同主机或不同端口连接，一个主机连接RAID的不同端口可提升传输速度。为加快与主机的交互速度，在RAID内部都有缓冲存储器。主机与RAID的缓冲存储器交互，缓冲存储器与具体的磁盘交互。需要经常读取的数据通常存储在缓冲存储器中，便于主机快速读取，缓冲存储器中没有的数据，则由RAID从磁盘上直接读取并传输给主机。

3）RAID的特点

RAID可以提高数据传输速率。RAID通过在多个磁盘上同时存储和读取数据来大幅度提高存储系统的数据吞吐量（Throughput），通过数据校验提供容错功能。但RAID 0没有冗余功能，如果一个磁盘（物理）损坏，那么所有的数据都无法使用。

RAID 1的利用率最高只能达到50%（在使用两个磁盘的情况下），是所有RAID中级别最低的。RAID 0+1可以理解为RAID 0和RAID 1的折中方案。RAID 0+1可以为系统提供数据安全保障，其安全保障程度比RAID 1低但磁盘空间利用率比RAID 1高。

4）RAID的级别

① RAID 0。

RAID 0是最早出现的RAID模式，它采用数据分条（Data Stripping）技术。RAID 0

是组建磁盘阵列最简单的一种形式，只需要 2 个以上的磁盘即可，成本低，可以提高整个磁盘系统的性能和吞吐量。RAID 0 无法提供冗余或错误修复能力，但其实现成本是最低的。RAID 0 示意图如图 4-27 所示。

虽然 RAID 0 可以提供更大的存储空间和更好的性能，但整个系统是不可靠的，如果出现故障，则无法进行任何补救。所以，RAID 0 一般在对数据安全性要求不高的情况下使用。

② RAID 1。

RAID 1 被称为磁盘镜像，是指把一个磁盘上的数据镜像到另一个磁盘上，即数据在写入一个磁盘的同时，会在另一个闲置的磁盘上生成镜像文件，在不影响性能的条件下最大限度地提高系统的可靠性和可修复性，只要系统中任何一对镜像磁盘中至少有一个可以使用，系统就可以正常运行，当一个磁盘失效时，系统会忽略该磁盘，转而使用剩余的镜像磁盘读/写数据，因此 RAID 1 具备很好的磁盘冗余能力。虽然这样对数据来讲绝对安全，但是成本也会明显增加。磁盘损坏的 RAID 1 系统不再可靠，应当及时更换损坏的磁盘，否则剩余的镜像磁盘也会出现问题，从而导致整个系统崩溃。RAID 1 多用在保存关键性数据的场合。RAID 1 示意图如图 4-28 所示。

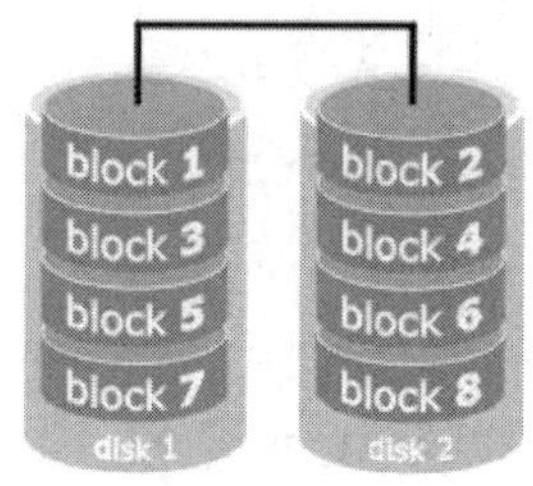

图 4-27　RAID 0 示意图

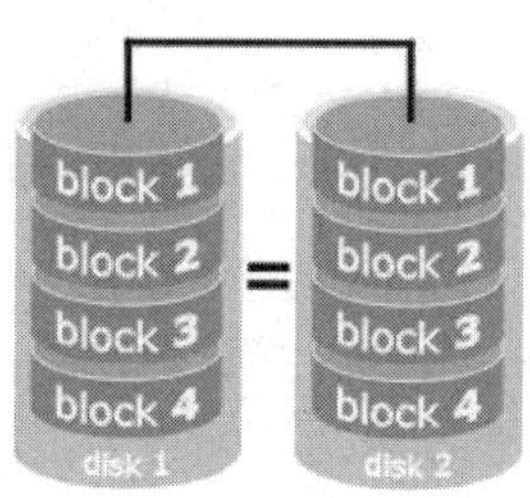

图 4-28　RAID 1 示意图

③ RAID 0+1。

从名称上便可以看出 RAID 0+1 是 RAID 0 与 RAID 1 的结合体，其原理是在磁盘镜像中建立带区集。因为这种配置方式综合了带区集和磁盘镜像的优势，所以被称为 RAID 0+1。RAID 0+1 把 RAID 0 和 RAID 1 的技术结合起来，数据分布在多个磁盘上，由于每个磁盘都有其物理镜像磁盘，可以提供全冗余能力，所以允许 1 个以下磁盘发生故障，这样不影响数据可用性，而且其具有快速读/写能力。RAID 0+1 要在磁盘镜像中建立带区集至少需要 4 个磁盘。RAID 0+1 示意图如图 4-29 所示。

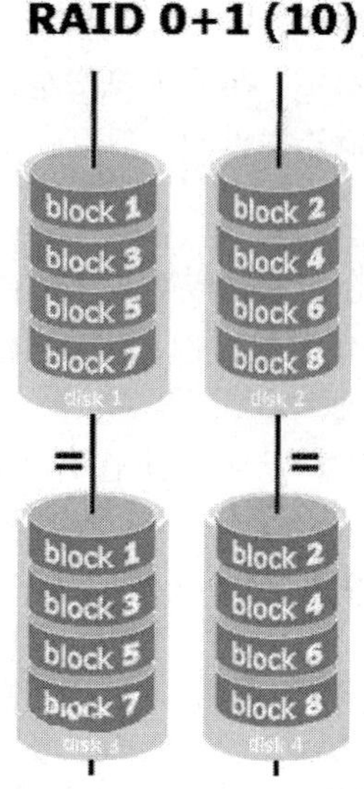

图 4-29　RAID 0+1 示意图

④ RAID 2。

RAID 2 带海明码校验功能。从概念上来讲，RAID 2 与 RAID 3 类似，两者都是将数据条块化地分布在不同的磁盘上，条块的单位为位或字节。然而 RAID 2 使用一定的编码技术来提供错误检查及恢复功能。这种编码技术需要使用多个磁盘存放检查及恢复信息，这使得 RAID 2 技术实施更复杂。

⑤ RAID 3。

RAID 3 为带奇偶校验码的并行传送磁盘结构。奇偶校验码

与 RAID 2 的海明码不同，只是检错码。在访问数据时一次处理一个块区，可以提高数据的读/写速度。奇偶校验码在写入数据时产生并保存在另一个磁盘上。在需要实现时用户必须要有 3 个以上的驱动器，写入速率与读出速率都很高，因为校验位比较少，所以计算时间相对比较少。RAID 3 主要用于图形（包括动画）传送等要求吞吐率比较高的场合。RAID 3 示意图如图 4-30 所示。

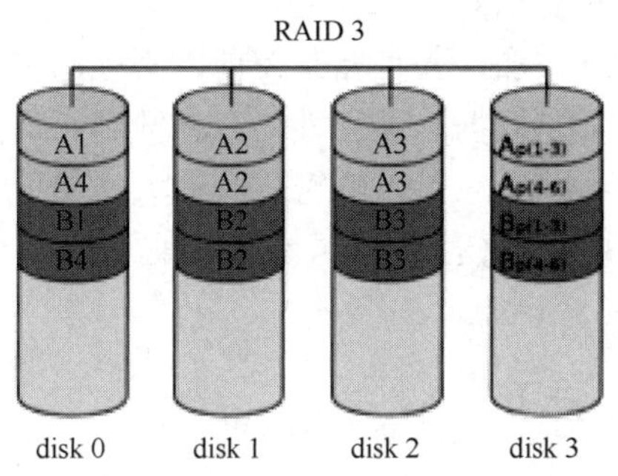

图 4-30　RAID 3 示意图

从 RAID 4（带奇偶校验码的独立磁盘结构）到 RAID 5（带分布式奇偶校验码的独立磁盘结构），再到 RAID 6（双重存储的奇偶校验码独立磁盘结构）、RAID 7（优化的高速数据传送磁盘结构）、RAID 10（高可靠性与高效磁盘结构）、RAID 5E（RAID 5 Enhancement）等，RAID 正在不断发展。

5）RAID 的日常维护

加强日常维护是保证 RAID 正常、高效工作的重要手段，在日常维护中应该注意以下几点。

① 设置热备源盘。将一个磁盘设置为热备源盘，有一个磁盘的冗余。当磁盘发生故障时，系统会自动用热备源盘去替换故障盘并重建阵列，随后数据又会处于完全保护状态中。

② 重要数据备份。应该经常对重要的数据进行备份，并且要对 RAID 定时进行巡视和检查。

4. 云存储

云存储的出现使本地存储变得不再是必需的。用户可以将所需要的文件、数据存储在互联网上的某个地方，以便随时随地访问。来自云服务商的云存储服务，可以为用户提供广泛的产品选择和独有的安全保障，使其能够在免费方案和专属方案之间自由选择。

云存储（存储虚拟化）是指将整个云系统的存储资源进行统一整合管理，为用户提供一个统一的存储空间。

云存储构建了大规模级别的存储系统，可以确保相关业务的数据信息具有可持续性和高稳定性。云存储系统此时就可以充分发挥基础性作用，确保用户数据信息的隐私权不受侵犯。云存储通过权限控制与物理隔离相结合的方式，实现对数据信息的有效隔离。

云存储具有以下功能和特点。

（1）集中存储：存储资源统一整合管理，集中存储，形成数据中心模式。

（2）分布式扩展：存储介质易于扩展，由多个异构存储服务器实现分布式存储，以统一模式访问虚拟化后的用户接口。

（3）节能减排：存储服务器和硬盘的耗电量巨大，为提供全时段数据访问，存储服务器及硬盘不可以停机。但为了节能减排，需要利用更合理的协议和存储模式，尽可能减少开启存储服务器和硬盘的次数。

（4）虚拟本地硬盘：云存储应当便于用户使用，最方便的形式是将云存储系统虚拟成本地硬盘，使用方法与本地硬盘相同。

（5）安全认证：新建用户在加入云存储系统前，必须通过安全认证并获得证书。

（6）数据加密：为保证用户数据的私密性，在将数据存储到云存储系统时必须加密。加密后的数据只有被授权的特殊用户可以解密，其他人一概无法解密。

（7）级层管理：支持级层管理模式，即上级可以监控下级的存储数据，而下级无法查看上级或平级的存储数据。

4.1.4　扫描仪（△◇☆）

扫描仪（Scanner）是利用光电技术和数字处理技术，以扫描方式将图像信息转换为数字信号的装置。

扫描仪是一种光、机、电一体化的高科技产品，它是将各种形式的图像信息输入计算机的重要工具，是继键盘和鼠标之后的第三代计算机输入设备。扫描仪具有比键盘和鼠标更强的功能，它能够捕获照片、文档、胶片、图形和插图信息，甚至能捕获硬币和手表等三维对象，并将其转化为计算机可以显示、编辑、存储和输出的数字信号，进而实现对这些形式的信息的处理、管理、使用、存储、输出等，如法律文书、信用卡账单及读者指定的文档等，都可以利用扫描仪进行电子化，扫描仪在文档输入、印刷制版等方面得到了广泛应用。

1. 扫描仪的类型及工作原理

扫描仪可分为滚筒式扫描仪、平面扫描仪、胶片/幻灯片扫描仪、手持扫描仪和组合式扫描仪等类型。

1）滚筒式扫描仪

滚筒式扫描仪一般能够使用光电倍增管（Photo Multiplier Tube，PMT）捕获正片和原稿中最细微的色彩，因此其扫描密度范围较大，而且能够分辨出图像更细微的层次变化。滚筒式扫描仪主要应用于杂志、报纸和图书印刷行业，在需要高质量的黑白或彩色扫描时使用。在使用滚筒式扫描仪时将稿件放在滚筒的旋转玻璃圆筒上，在旋转玻璃圆筒中央是一个传感器，它将稿件反射回来的光分解成三束，每束光都通过一个彩色过滤器送入光电倍增管，将光信号转换成电信号。用光电倍增管扫描的图像在输出印刷后，具有细节清楚、网点细腻、网纹较小、清晰度高的特点。滚筒式扫描仪的精度非常高但价格昂贵。

2）平面扫描仪

平面扫描仪中使用了光电耦合器件（Charged-Coupled Device，CCD），其扫描范围较小。CCD 是一种长条状的感光器件，在扫描过程中用来将图像反射过来的光波转化为数字信号。平面扫描仪中使用的 CCD 多是具有日光灯线性阵列的彩色图像感光器件。大多数

家庭中使用的扫描仪都是平面扫描仪（或称桌面式扫描仪），可以扫描纸张，以及任何可以平放在扫描仪的玻璃板和顶盖之间的物品，通过将扫描头移过原始稿件的正面进行扫描得到图像。平面扫描仪如图 4-31 所示。

3）胶片/幻灯片扫描仪

胶片/幻灯片扫描仪可以用来扫描 35mm 的胶片/幻灯片，由于原始稿件很小，因此这种扫描仪必须以高分辨率进行扫描来产生满足质量要求的输出。对于许多专业的图形设计商和杂志出版商来说，胶片/幻灯片扫描仪是必不可少的一种设备。胶片/幻灯片扫描仪如图 4-32 所示。

图 4-31　平面扫描仪

图 4-32　胶片/幻灯片扫描仪

4）手持扫描仪

手持扫描仪也称笔式扫描仪，出现于 2000 年左右，扫描宽度大约与四号汉字的宽度相同，在使用时，要贴在纸上一行一行地扫描，主要用于文字识别。手持扫描仪由于体积小巧而受到广大企事业办公人群的喜爱。手持扫描仪如图 4-33 所示。

5）组合式扫描仪

组合式扫描仪主要由扫描仪、打印机、复印机组合而成，属于一体化设备，其将平面扫描仪与激光打印机及复印机有效地组合在一起。这种设备拥有独自的集成软件，通过 Windows 驱动，而不再依赖分开的各个组件的驱动程序。组合式扫描仪如图 4-34 所示。

图 4-33　手持扫描仪

图 4-34　组合式扫描仪

扫描仪的工作原理如下。在扫描时，每一种物体都会吸收特定的光波，而没被吸收的光波就会反射出去，扫描仪就是利用这个原理来完成对稿件的读取的。在扫描仪中有许多光敏二极管的集合，被称作摄影点，由于每个摄影点对光的微小变化敏感，因此可以将反射光转换成电荷，摄影点对反射光的不断采样就可以产生大量的电荷。光感应器在接收到这些信号后，将这些信号传送到模/数转换器，模/数转换器再将其转换成计算机能读取的信号，然后通过驱动程序转换成显示器上能看到的正确图像。大多数扫描仪使用一次通过方式扫描原稿，而有些高端产品使用三次通过方式扫描原稿。

2．扫描仪的组成部件

从外形上看，扫描仪的整体十分简洁，但其内部结构却相当复杂，不仅有复杂的电子控制线路，还有精密的光学成像器件，以及设计精巧的机械传动装置。它们的巧妙结合构成了扫描仪。典型的平面扫描仪的内部与外部结构示意图如图 4-35 所示。

玻璃台：原稿面朝下放置在玻璃台上。

灯管：用于照亮原稿。

反射镜：用于反射原稿图像。

过滤器：用于调整原稿图像。

透镜：用于将原稿图像聚焦在 CCD 阵列上。

CCD 阵列：用于将原稿图像的反射光转换成电荷。

扫描头：包括 CCD 阵列、透镜和过滤器。

稳定杆：扫描头固定在稳定杆上。

传送皮带：系于步进电机上并带动稳定杆前进。

步进电机：用于驱动稳定杆。

顶盖：为被扫描的稿件提供一个均匀的背景，同时可以防止灯管的光照射人的眼睛。

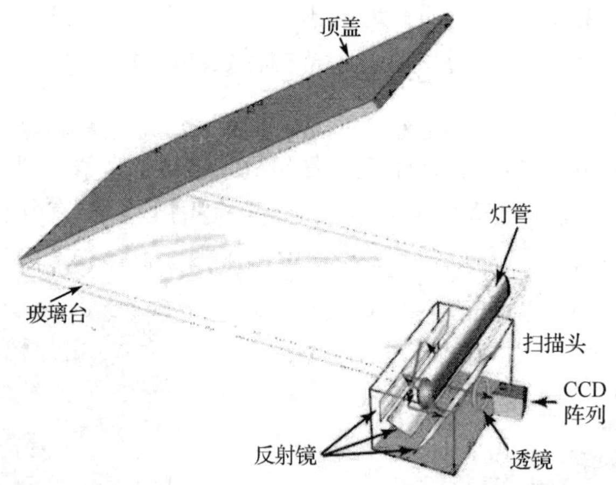

图 4-35　典型的平面扫描仪的内部与外部结构示意图

扫描仪的核心部件是光学读取装置、模/数转换器和 CCD。

CCD 与一般的半导体集成电路相似，在一块硅单晶上集成了成千上万个光电三极管，这些光电三极管分成三列，分别被红色、绿色、蓝色的滤色镜罩住，从而实现彩色扫描。光电三极管在受到光线照射时可产生电流，这些电流经放大后输出。目前市场上主流的扫描仪主要采用的感光器件都是 CCD。

CCD 的优点：扫描的图像质量较高，具有一定的景深，能扫描凹凸不平的物体；温度

系数较低，其温度随周围环境温度变化的变化可以忽略不计。CCD 的缺点：在组成 CCD 的成千上万个光电三极管之间存在着明显的漏电现象，各感光器件信号产生的干扰降低了扫描仪的实际扫描清晰度；反射镜、透镜会产生图像色彩偏差和像差，需要用软件校正；由于 CCD 需要一套精密的光学系统，因此扫描仪体积相对较大。

另外，有些扫描仪采用 CIS（Contact Image Sensor，接触式图像传感器）来代替 CCD 阵列。CIS 采用触点式感光器件（光敏传感器）进行感光，在扫描平台下采用红、绿、蓝三色 LED 传感器紧紧排列在一起的方式产生白色光源，取代了 CCD 扫描仪中采用的 CCD 阵列、透镜、灯管和阴极射线管等复杂结构，把 CCD 扫描仪的光、机、电一体变成 CIS 扫描仪的机、电一体。虽然用 CIS 技术制作的扫描仪体积小、轻、生产成本低，但是这种扫描仪分辨率低、扫描速度慢、不能提供高质量的图像。

3. 扫描仪的接口

扫描仪连接计算机主要通过三种接口实现，即 USB 接口、EPP 接口和 SCSI 接口。

（1）USB 接口。通过 USB 接口连接扫描仪和计算机很容易，只要在扫描仪的 USB 输出接口和计算机的 USB 输入接口之间连接一根电缆即可，而且 USB 接口是一种热插拔接口，支持即插即用，因此在连接扫描仪和计算机时不必关闭计算机，连接非常方便。现在计算机基本上都采用 USB 接口。

（2）EPP 接口。在 USB 接口流行之前，各种类型的扫描仪都通过 EPP 接口和计算机连接。通过 EPP 接口用电缆即可连接扫描仪、打印机和计算机，连接方便。其数据传输速度慢于 SCSI 接口。

（3）SCSI 接口。通过 SCSI 接口连接扫描仪与计算机，数据传输速度快。如果经常扫描大量的图文，或者要使用滚筒式扫描仪，则应当选择 SCSI 接口，它可以适应滚筒式扫描仪内部高速的数据传输速率。SCSI 接口的缺点是安装较为复杂。

4. 扫描仪的主要技术性能指标

1）分辨率

分辨率是扫描仪最主要的技术性能指标。

扫描仪的分辨率是指在每英寸范围内能够通过扫描得到的真实的像素点数量，其单位用 PPI（Pixel Per Inch，每英寸像素数）表示。为了方便用户理解，也可以等价地使用 DPI（Dot Per Inch，每英寸点数）表示。能扫描的图像单位长度上的点数越多，说明扫描仪对原图像细节的表达能力越强。

对于平面扫描仪，光学分辨率又分为水平分辨率和垂直分辨率。水平分辨率主要取决于 CCD 阵列的像素数和最大扫描宽度（水平分辨率=CCD 阵列的像素数/最大扫描宽度）。垂直分辨率是扫描仪中步进电机在单位时间拖动扫描头移动的距离所对应的行数。在扫描仪的两项分辨率指标中，更为重要的是水平分辨率。一般提到光学分辨率指的是水平分辨率。

例如，扫描仪的 CCD 阵列的像素数为 5000，最大扫描宽度为 8.3in，则光学分辨率=5000/8.3=600DPI。

分辨率一般有两种：光学分辨率（又称真实分辨率）和插值分辨率（又称最大分辨率）。

光学分辨率就是扫描仪的真实分辨率，它决定了图像的清晰度和锐利度。

插值分辨率可以通过扫描仪使用的扫描软件人为地提高，它通过软件运算的方式来提高分辨率的数值，即用插值的方法在实际像素之间插入额外的像素，因此也被称作软件增强的分辨率。例如，扫描软件在每个实际像素之间添加一个额外的像素，就将 1200×1200DPI 的扫描仪转变成了虚拟的 2400×1200DPI 的扫描仪，这样尽管插值分辨率低于光学分辨率，但却能大大降低扫描仪的价格，使用虚拟像素可以提高显示性能，降低成本，降低人在观看时的疲劳感，且对一些特定的工作（如扫描黑白图像或放大较小原稿）十分有用。

2）清晰度和灰度级

清晰度主要由透镜的光学质量和光源的亮度决定，借助高质量的透镜和高亮度的光源就可以扫描出高清晰度的图像。

灰度级表示图像的亮度层次范围。灰度级越高，扫描仪图像亮度范围越大，层次越丰富，多数扫描仪的灰度级为 256。

3）色彩数

色彩数表示彩色扫描仪所能扫描颜色的范围。通常用每个像素点上颜色的数据位数，即 bit 表示色彩数。数据位数越多，表现的图像越复杂。例如，常说的真彩色图像是指每个像素点由 3 个 8bit 的彩色通道组成，用 24 位二进制数表示，红色、绿色、蓝色通道结合可以产生 $2^{24} \approx 16.77$M（兆）种颜色的组合。色彩数越多，扫描图像越鲜艳、真实。

4）扫描速度

扫描速度有多种表示方法，因为扫描速度与分辨率、内存容量、软盘存取速度、显示时间及图像尺寸有关，所以通常用指定的分辨率和图像尺寸下的扫描时间来表示扫描速度。

5）扫描幅面

扫描幅面表示扫描图像的尺寸，常见的扫描幅面有 A4、A3、A0 等。

5. 扫描仪的使用操作指南

1）选择扫描仪

扫描仪已成为办公、工程设计、艺术设计及居家生活中不可缺少的计算机外部设备。在选择扫描仪时，需要注意以下两个方面。

一个是性能参数，描述扫描仪性能的参数很多，下面介绍用户在购买扫描仪时需要考虑的几点。

① 感光器件：感光器件是扫描仪中的关键部件，扫描质量与扫描仪采用的感光器件密切相关，普通扫描仪的感光器件有 CCD 和 CIS。由前述内容可知，采用 CCD 作为感光器件的扫描仪具有技术成熟、扫描质量好的优点；CIS 仅用在低档平面扫描仪中，采用 CIS 作为感光器件的扫描仪扫描质量较差，但体积小、轻、生产成本低、便于携带，可根据实际需要选择。

② 分辨率：分辨率反映扫描图像的清晰程度。扫描仪的分辨率越高，扫描出的图像

越清晰。分辨率可细分为光学分辨率和插值分辨率，其中光学分辨率是指扫描仪的硬件所能达到的实际分辨率。光学分辨率越高，扫描出的图像清晰度越高，光学分辨率是影响扫描质量的关键因素。光学分辨率又可以细分为水平分辨率和垂直分辨率，水平分辨率由扫描仪光学系统的真实分辨率决定，垂直分辨率由扫描仪传动机构的精密程度决定，在选购扫描仪时主要考察其水平分辨率。插值分辨率也称最大分辨率，是指利用软件技术在硬件产品的像素点之间插入新的像素点以获得的较高分辨率。但对于彩色或灰度扫描，插值分辨率基本没有用处，因此用户在选购扫描仪时应尽可能选择光学分辨率较高的产品。

③ 扫描幅面：扫描幅面通常有 A4、A4 加长、A3、A1、A0 等规格。大扫描幅面的扫描仪价格很高，一般建议家庭和办公用户选购 A4 扫描幅面的扫描仪。办公用户也可以根据需要考虑选购 A3 扫描幅面甚至更大扫描幅面的扫描仪。

④ 色彩数：色彩数反映扫描仪对扫描图像色彩的区分能力。通常用每个像素点上颜色的数据位数表示。色彩数越高的扫描仪，扫描出的图像色彩越丰富。色彩数用二进制位数表示。例如，1 位的图像，每个像素点可以携带 1 位的二进制信息，只能产生黑或白两种色彩；8 位的图像，每个像素点可以携带 8 位的二进制信息，可以产生 256 种色彩。

⑤ 去网功能：如果用户需要经常扫描杂志及报纸这一类的印刷品，则应检查扫描仪的去网功能。好的扫描仪应该有去网功能，并且在去网功能中有针对各种印刷品的选项供用户选择。为检测扫描仪是使用硬件去网还是使用软件去网，可以用彩色 300DPI 扫描 A4 全幅面图像，使用硬件去网的扫描仪扫描速度快，而使用软件去网的扫描仪扫描速度慢。

另一个是品牌，可以选购品牌比较好的扫描仪。

2）连接扫描仪（以平面扫描仪为例）

在连接扫描仪之前，用户应该有扫描仪的文档或用户手册，如果有需要，还可以准备好扫描仪的应用软件或驱动程序。连接平面扫描仪的步骤如下。

① 如果扫描仪的接口不是 USB 接口，那么在连接时要关闭计算机；如果扫描仪的接口是 USB 接口，那么在连接时不用关闭计算机。

② 插入扫描仪电源线，然后将它连接到计算机的适当接口，如 USB 接口。连接扫描仪如图 4-36 所示。

图 4-36 连接扫描仪

③ 先接通计算机电源，再打开扫描仪的开关。接着检查扫描仪是否将 CCD 用锁固定住了，如果固定住了应该将扫描仪开锁，如图 4-37 所示。

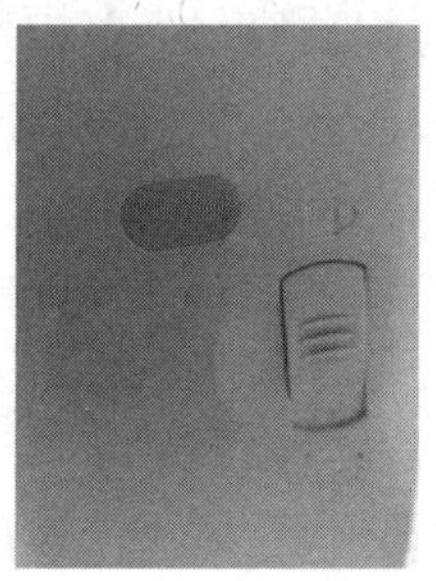

图 4-37　将扫描仪开锁

④ Windows 会识别新扫描仪，并安装正确的驱动程序。如果扫描仪附带了自己的软件，也可以安装附带的软件，安装成功即可使用。在扫描时可用专用扫描软件，也可以直接用 Adobe Acrobat Pro 软件扫描文档，如图 4-38 所示。

图 4-38　扫描文档

在如图 4-39 所示的“自定义扫描”对话框中设置扫描参数。

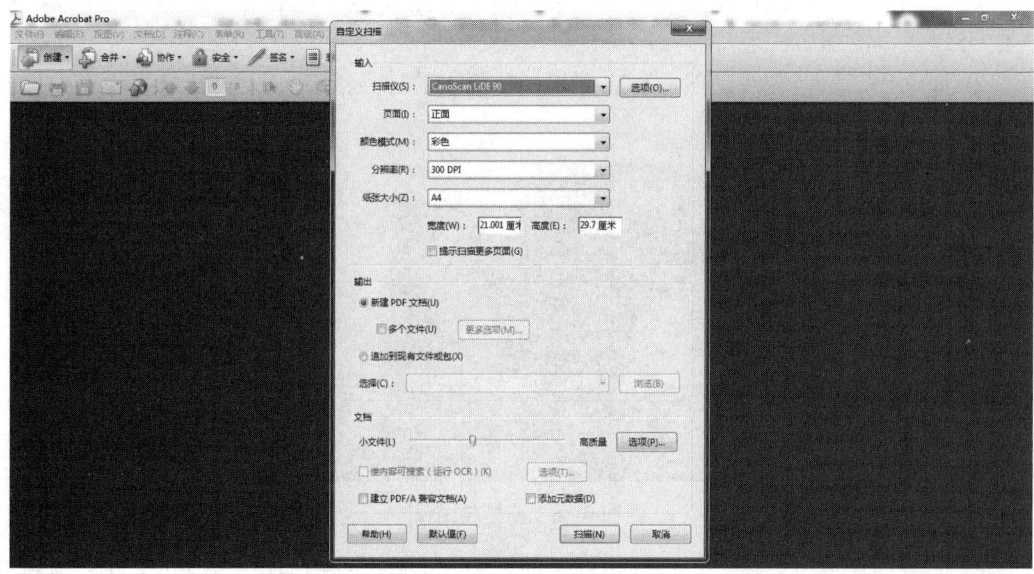

图 4-39　“自定义扫描”对话框

3）扫描仪的维护

① 避免震动，保护光学部件。

扫描仪在扫描图像的过程中，通过一个叫作光电转换器的部件把模拟信号转换成数字信号，然后把数字信号送到计算机中。透镜或者反射镜的位置对扫描质量有很大的影响。因此，扫描仪在工作的过程中，要尽量避免震动或倾斜；在移动扫描仪时，要把扫描仪背面的安全锁锁上，以避免改变光学部件的位置。

② 保持清洁。

扫描仪不像打印机那样消耗打印纸，它不消耗任何材料。扫描仪可以说是一种比较精密的设备，平时要注意认真做好清洁工作。扫描仪中的玻璃台及反光镜、透镜上如果落了灰尘或其他杂质，会影响图像的扫描质量。在清洁时，先用柔软的细布擦去外壳上的灰尘，然后用清洁剂和水认真地对其进行清洁。在对玻璃台进行清洁时，先用玻璃清洁剂擦拭一遍，再用软干布将其擦干净。

4）常见问题及解决方法

① 在打开扫描仪的开关时，扫描仪的稳定臂不能移动或扫描仪发出异常响声。这是因为扫描仪没有解锁，要在打开扫描仪的开关前先将锁打开。锁定装置一般位于平面扫描仪的底部。

② 扫描仪通电后没有任何反应。有些型号的扫描仪是节能型的，只有在进入扫描界面后灯管才会亮，一旦退出会自动熄灭。

③ 在扫描时显示“没有找到扫描仪”。重新启动计算机即可。

④ 不能通过扫描仪获取图像。重新安装扫描仪的驱动程序即可。

⑤ 扫描仪在扫描时显示“硬盘空间不够或内存不足”。需要确认硬盘空间及内存是否够用，若够用，则可适当降低所设定的扫描分辨率，避免文件过大。

⑥ 扫描时间过长。检查设定的最终真实分辨率是否高于扫描仪的光学分辨率，如果是，那么扫描速度慢就是正常现象。

4.1.5 投影机（◇）

1．投影机概述

投影机（Projector）又称投影仪，是一种可以将图像或视频投射到幕布上的设备。投影机可以通过不同的接口与计算机、VCD、DVD、游戏机、DV 等连接播放相应的视频。投影机如图 4-40 所示。

图 4-40　投影机

投影机目前广泛应用于家庭、办公室、学校和娱乐场所，所采用的技术基本分为数字光处理（DLP）技术与3LCD技术。

投影机所使用的光源有传统光源（灯泡类）及LED和激光光源。采用传统光源的投影机在使用一段时间后，通常会出现投影图像变暗、变黄，灯泡亮度衰减，色饱和度、对比度降低等现象，需要更换灯泡来保证投影质量。随着半导体照明技术及激光技术的发展，LED和激光光源也被应用于投影领域。采用LED或激光光源的投影机的成像结构更加简单且尺寸较小、易于携带、使用简单，克服了使用传统光源的投影机在亮度衰减、色彩、功耗等方面的缺陷，即开即亮，避免了使用传统光源需要等待开机的问题。

2．投影机的分类

按应用领域不同，投影机可分为如下几类。

（1）培训、会议类投影机：通常在学校、培训机构、企业会议室等场所应用，亮度为2000～3000lm，质量适中，散热和防尘性能比较好，便于安装和短距离移动，功能接口比较丰富，容易维护，性价比也相对较高，适合大批量采购及使用。

（2）商务、教育类投影机：其特点是亮度在6000lm左右，光学组件进一步优化，实现了高亮、小巧和自定义亮度输出，适合商务场合、教育机构使用。

（3）家庭影院型投影机：其特点是白色亮度和彩色亮度为3000lm，分辨率为1080P，具有HDMI高清接口/USB接口、水平及垂直梯形校正功能，能够实现短距离投影和全高清投影，适合播放电影和高清晰度电视剧。

（4）便携商务型投影机：其优点是体积小、轻、移动性强，其质量跟轻薄型笔记本不相上下，是移动商务用户在进行移动商业演示时的首选搭配。

（5）专业剧院型投影机：其最主要的特点是亮度高，亮度一般可达6000lm，甚至可超10000lm，但是体积大、较重，通常用在剧院、大会堂及公共区域，还可用在交通监控中心、各类指挥中心、控制中心等环境。

（6）主流工程型投影机：相比主流的普通投影机，主流工程型投影机的投影面积更大、投影距离更远、亮度更高，而且一般支持多灯泡模式，能更好地应对大型多变的安装环境，适用于教育、媒体等领域。

3．投影机的组成结构

投影机主要由光学系统、通风设备及电路组成。

1）投影机的光学系统

（1）聚光镜。

投影机的聚光镜多数是螺纹透镜，也叫菲涅耳透镜，它由两片刻有同心圆螺纹的薄平有机玻璃板叠合而成，作用相当于一个大口径凸透镜。螺纹透镜的优点是口径大、轻、透光性好，缺点是温度升高到70℃以上会产生变形。为了降低螺纹透镜的表面温度，在光源与聚光镜之间安装了一个新月镜，也叫辅助聚光镜。新月镜既能遮挡光源向螺纹透镜辐射的热能，又能扩大螺纹透镜的包容角。

（2）平面反射镜。

投影机加装了一个可调节角度的平面反射镜，将来自聚光镜的垂直光转变成水平光。

在打开投影机前必须将平面反射镜打开，保证开机后投影机可以将光源射出的光线引向幕布，使光斑出现在幕布上。

2）投影机的其他部件及电路

投影机中还有一些重要的通风设备和电路，其中变压器将 220V 市电转变成 24V 交流电，供投影灯泡使用。

4．投影机的主要技术性能指标

投影机的主要技术性能指标包括以下几个。

（1）光输出。光输出也称流明度（亮度），是指投影机输出的光通量。

（2）光通量。光通量是指光源在单位时间内发射出的光量，单位是流明，即 lm。

（3）发光强度。发光强度是指光源在给定方向上的发光强度，单位是坎德拉（简称坎），即 cd。

（4）亮度。亮度是表示发光体（反光体）表面发光（反光）强弱的物理量，即单位投影面积上的发光强度，也是 1lm 的光均匀分布在 $1m^2$ 的表面上所产生的光照度，单位是勒克斯，即 lx（$1lx=1lm/m^2$）。亮度越高，投影面积越大，投影画面越清晰，适用的场合越多。如果亮度足够高，在投影时就不需要关灯。

（5）对比度。对比度是指颜色层次感，对比度越高，颜色层次感就越强，投影效果越逼真。对比度是反映投影系统图像质量最重要的指标，它描述了幕布上最亮和最暗光输出的比较，但它易受环境光的影响。例如，在好的电影院内，可以看到好的对比度效果，而在某些展示会上，灯光的“冲刷”就会影响图像的对比度。

（6）标准分辨率。标准分辨率是指投影图像的精密度，标准分辨率越高，画面越精细，在同样的投影面积内能显示的信息也就越多。

（7）水平扫描频率。电子束在幕布上从左至右运动的过程叫作水平扫描，也叫作行扫描。每秒扫描的次数叫作水平扫描频率，水平扫描频率是区分投影机档次的重要指标。水平扫描频率范围在 15kHz～60kHz 的投影机通常叫作数据投影机，水平扫描频率上限超过 60kHz 的投影机通常叫作图形投影机。

（8）垂直扫描频率。电子束在水平扫描的同时，又从上向下运动，这一过程叫作垂直扫描。每垂直扫描一次形成一幅图像，每秒扫描的次数叫作垂直扫描频率，也叫作刷新频率，它表示这幅图像每秒刷新的次数。垂直扫描频率一般不低于 50Hz，否则图像会有闪烁感。

5．投影机的安装、使用与维护

1）投影机的安装（以 EPSON CB-X05 型号投影机为例）

步骤 1，安装软件。

启动计算机，安装 EPSON Projector Software，软件安装完成后会自动启动。

步骤 2，搜索并连接投影机。

自动搜索网络上的投影机。

① 启动 EasyMP Multi PC Projection。

② 选择“自动搜索”选项，EasyMP Multi PC Projection 搜索网络上的投影机。

③ 从投影机列表选区中选择要连接的投影机，然后单击“加入”按钮，如图 4-41 所示。

④ 开始使用投影机。

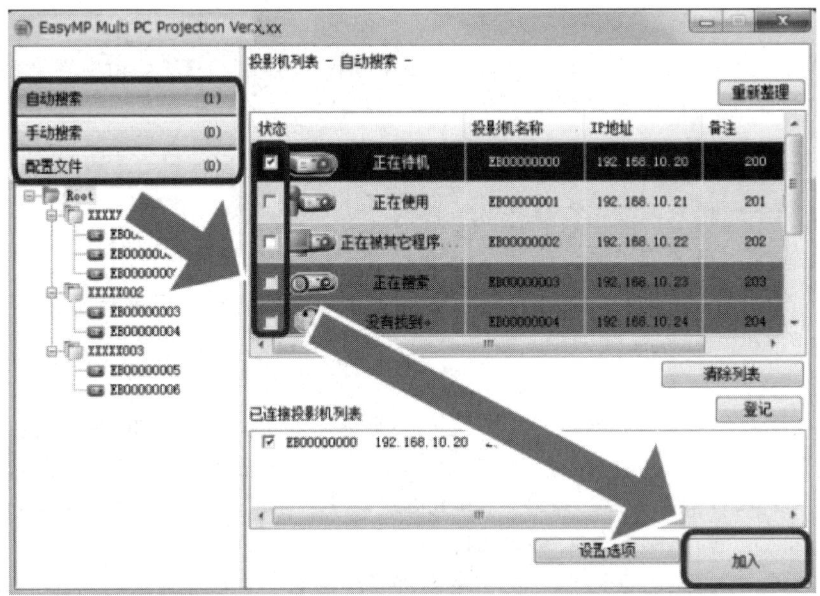

图 4-41　添加投影机

2）投影机的使用

投影机的一般调整步骤如下。

① 调整光斑，即使光斑均匀地投射到幕布上。如果光斑不均匀，那么可调整灯泡与反光镜或聚光镜的位置，动作要慢一些，直到调整均匀为止。

② 调整光程，就是使幕布上相对光轴的各对称点的光程相等。例如，挪动投影机的位置、角度及幕布张挂的位置和倾角等，使幕布与入射光轴线垂直，这样画面就不会产生梯形畸变。

③ 调整距离，即调整投影机与幕布之间的距离，从而改变投影图像的大小。一般来说，投影图像的宽或高应为投影室长度的 1/5。

④ 调整焦距，即调整镜头与被放映物的距离，使画面呈现最佳的状态。

3）投影机的维护

① 投影环境光线不能太强，最好是弱光。

投影机的投影质量不仅与投影灯泡的亮度有关，还与投影环境有关。投影环境中的光线强弱会直接影响投影的效果，因此应尽可能地使投影机在光线幽暗的环境下工作。

② 要注意电源开关的先后顺序。

投影机电源开关的正确操作顺序是：在开机之前先接通电源，再长按投影机控制面板上的开机按钮，直到指示灯不闪烁为止，也可以通过遥控器上的开机按钮下达开机命令，投影机按照预先设定的开机程序进行开机。在关机时，千万不能直接切断投影机的供电电源，而应该先长按投影机控制面板上的关机按钮，直到指示灯不闪烁为止。

③ 关机后再开机应隔一段时间。

投影机在关机后再开机，至少应间隔 5min，用于散热。

④ 使用的电源电压要稳定。

电源电压稳定，是指投影机及其信号源（也就是和投影机相连接并为投影机提供投影信号的计算机）应该连接到同一个质量较好的电源插座上，以防止出现电源功率不匹配问题，保证投影机正常工作。

⑤ 严禁非正常关机及突然断电。

突然断电对投影机造成的危害比非正常关机更严重，因为突然断电会使投影机内部积温太高，有可能使主板上的芯片组工作失常，造成图像变黄、无信号输出等故障。

⑥ 定期除尘。

投影机在使用时，常常要加装吊箱悬在空中，这种环境下投影机内容易聚积大量的灰尘，很容易导致投影机在开机半小时后自动启动过热保护机制，从而关机。所以应定期请专业人员清理灰尘，延长投影机的使用寿命。

综上所述，延长投影机使用寿命的根本在于安全关机、充分散热、定期清洁。

4.1.6 多媒体设备（△◇）

1. 多媒体设备概述

多媒体设备（Multimedia Equipment）是指可以提供各种多媒体功能的设备。

一个完整的多媒体系统由硬件和软件两部分组成，其核心部件是计算机，其外围部件主要是视听类多媒体设备。多媒体系统的硬件是计算机主机及可以接收和播放多媒体信息的各种 I/O 设备，其软件是多媒体操作系统及各种多媒体工具软件和应用软件。

典型的多媒体系统的硬件结构主要包括以下 5 个部分。

（1）计算机主机：计算机主机是多媒体系统的核心，用得最多的还是微机。

（2）视频部分：视频部分负责图像和视频信息的数字化摄取和回放，主要包括视频压缩卡、电视卡、加速显示卡等。

视频压缩卡用来完成视频信号的 A/D 转换、D/A 转换，以及数字视频的压缩和解压缩，其信号源可以是摄像头、录放像机、影碟机等。

电视卡用来完成普通电视信号的接收、解调、A/D 转换及与计算机主机的通信，从而可在计算机上观看电视节目，同时还可以 MPEG 压缩格式录制电视节目。

加速显示卡用来完成视频的流畅输出，是 Intel 公司为解决 PCI 总线带宽不足的问题而开发的图形加速端口。

（3）音频部分：音频部分负责音频信号的 A/D 转换、D/A 转换，以及数字音频的压缩、解压缩和播放，主要包括声卡、外接音箱、话筒、耳麦、MIDI 设备等。

（4）基本 I/O 设备：视频/音频输入设备包括摄像机、录像机、影碟机、扫描仪、话筒、录音机、激光唱盘和 MIDI 合成器等；视频/音频输出设备包括显示器、电视机、投影电视、扬声器、立体声耳机等；人机交互设备包括键盘、鼠标、触摸屏和光笔等；数据存储设备包括 CD-ROM、磁盘、打印机、可擦写光盘等。

（5）高级多媒体设备：随着科技的进步，出现了一些新的 I/O 设备，如用于传输手势信息的数据手套，以及数字头盔和立体眼镜等。

多媒体系统的软件结构按功能可分为系统软件和应用软件。系统软件主要包括多媒体操作系统、多媒体素材制作软件及多媒体函数库、多媒体创作工具与开发环境、多媒体外部设备驱动软件和驱动器接口程序等。应用软件是在多媒体创作平台上设计开发的面向应用领域的软件。

2．典型的多媒体外部设备

1）摄像头

摄像头又称电脑眼或网眼，不仅可应用于视频会议、远程医疗及实时监控等专业领域，还在逐步进入千家万户。摄像头可以和一些 IP 电话软件结合起来使用，使用户的普通计算机变成一部功能强大的可视电话。摄像头如图 4-42 所示。目前，多媒体计算机图像和视频信息的实时数字化摄取和回放的主要信号源就是摄像头。摄像头是一种半导体成像器件，具有灵敏度高、抗强光、畸变小、体积小、寿命长、抗震动等优点，因而被广泛应用。

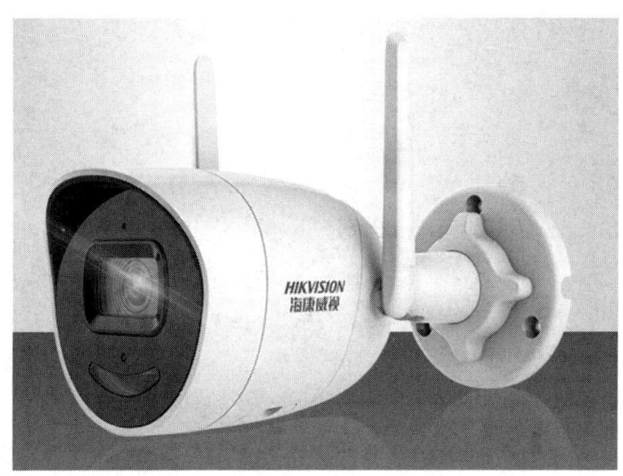

图 4-42 摄像头

① 摄像头的类型。

按成像色彩不同摄像头可分为彩色摄像头和黑白摄像头两种。

彩色摄像头：适用于进行景物细部辨别，如辨别衣着或景物的颜色。彩色摄像头因有颜色而使信息量增大，一般认为其信息量是黑白摄像头的 10 倍。

黑白摄像头：适用于光线不足及夜间无法安装照明设备的地区，如果仅监视景物的位置或移动，通常可选用分辨率高于彩色摄像头的黑白摄像头。

按信号的形式不同摄像头可分为数字摄像头和模拟摄像头两种。

数字摄像头可以独立地与计算机配合使用，而模拟摄像头必须配合视频捕捉卡一起使用，目前家庭用的主流产品是 USB 接口的数字摄像头。数字摄像头实际上是将摄像头和视频捕捉单元做在一起，可以直接与计算机的 USB 接口相连，安装比较简单，适合与任何具有 USB 接口的计算机配合使用。从原理上讲，数字摄像头与数码相机类似，相当于不带存储功能、不用电池的低档数码相机。数字摄像头的分辨率比数码相机低，但具有捕捉连续帧的功能，它采用 USB 接口连接，不需要额外的电源供应，不具备内存储器，但它获得的图像信息可以实时地传给计算机。数字摄像头可以与多种 Windows 操作系统下的

通信软件配合，实现网络实时视频通信、拍照，实现 Windows 操作系统下的静态图像采集、AVI 动态采集、存储及播放等功能。

② 摄像头的主要技术性能指标。

感光器件：感光器件是摄像头成像的核心部分，目前常用的感光器件是 CMOS 和 CCD。CCD 的分辨率高，色彩还原逼真，已经成为百万像素级数码摄像器材中的重要部件。与 CCD 相比，CMOS 具有节能及成本低等优点，中低端摄像头几乎全部采用 CMOS 作为感光器件。CMOS 的不足之处是对光线的要求比较高，生成的图像效果比 CCD 的粗糙。

分辨率：分辨率也是摄像头的一个重要技术性能指标。摄像头的分辨率分为捕捉静态画面的图像分辨率和捕捉动态图像的视频分辨率。

像素：像素是影响图像质量的重要因素之一，也是判断摄像头性能优劣的重要依据。

视频捕捉速度：视频捕捉速度是影响画面质量的一个重要因素，可以把它理解成摄像头每秒采样多少个画面，视频捕捉速度越大，影像就越流畅。在实际应用中，所有画面每秒刷新 24 帧以上，人的眼睛才不会察觉到明显的停顿。

2）音箱

音箱是可将音频信号转换为声音的一种设备，通俗地讲就是指音箱主机箱体或低音炮箱体内自带功率放大器，对音频信号进行放大处理后由音箱本身回放出声音，使声音变大。

音箱是整个音响系统的终端，其作用是把音频电能转换成相应的声能，并把它辐射到空间中。音箱是音响系统极其重要的组成部分，承担着把音频信号转换成声音的任务。

在选购音箱时，首先初步了解，然后可用“观、掂、敲、认”的步骤来鉴别，即一观工艺、二掂重量、三敲箱体、四认品牌。

音箱的一个重要技术性能指标是频率范围。例如，某音箱的频率范围是 60Hz～20kHz（±2.5dB），60Hz 表示该音箱可达到的低频延伸值，这个数字越低，表明音箱的低频响应特性越好；20kHz 表示该音箱可达到的高频延伸值，这个数字越高，表明音箱的高频响应特性越好。后缀的±2.5dB 则表示该频率范围内的失真度大小，失真度越小，频率响应曲线越平坦。

4.1.7 计算机接口转换器（△◇）

计算机接口转换器最常见的就是基于 USB 的各类通信、存储、显示等接口的转换器和各类视频接口转换器，这些接口转换器少数是无源的（如 DVI 接口转 HDMI 接口转换器），多数是有源的，下面分别进行介绍。

1. USB 接口转串口转换器

1）USB 接口转串口转换器概述

USB 即通用串行总线，是连接计算机系统与外部设备的一种串行总线标准，也是一种输入、输出接口的技术规范，被广泛地应用于 PC 和移动设备等信息通信产品。USB 接口是现在应用最广泛的接口，每台计算机必备 USB 接口。USB 接口转串口转换器如图 4-43 所示。

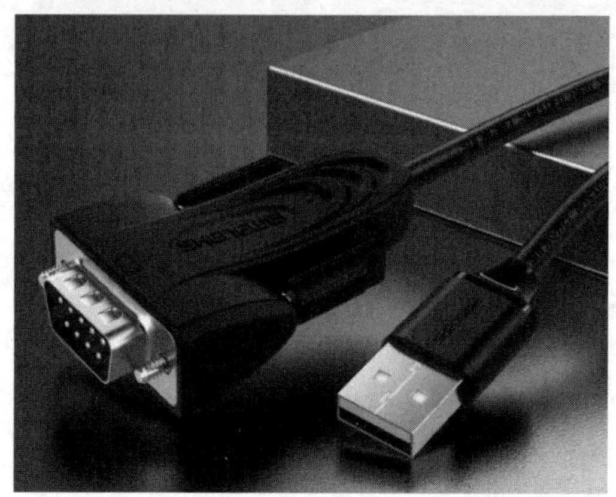

图 4-43　USB 接口转串口转换器

目前，很多设备（如笔记本）不带串口，而在实际应用中，像现代工控、智能仪表、门禁系统等许多领域都广泛使用 RS-232 接口、RS-485 接口等进行通信，为了将复杂的问题简单化，可使用 USB 接口转串口转换器。

USB 接口转串口是指 USB 接口到通用串口的转换，使用 USB 接口转串口转换器等于将传统的串口设备变成了即插即用的 USB 接口设备。USB 接口转串口转换器可以为没有串口的计算机提供快速的通道，其最大特点是支持热插拔，即插即用，传输速度快，实现了多设备使用、多系统兼容。通过 USB 接口转串口转换器，计算机可以连接工业终端设备并对设备进行高效地管理与维护。USB 接口转串口转换器广泛应用于收银机、PLC、门禁系统、条码打印机、扫描仪、工业控制机及工业仪表等。USB 接口转串口传输支持 RS-232 全双工协议，兼容性强，性能也更加稳定。USB 接口转串口转换器的应用如图 4-44 所示。

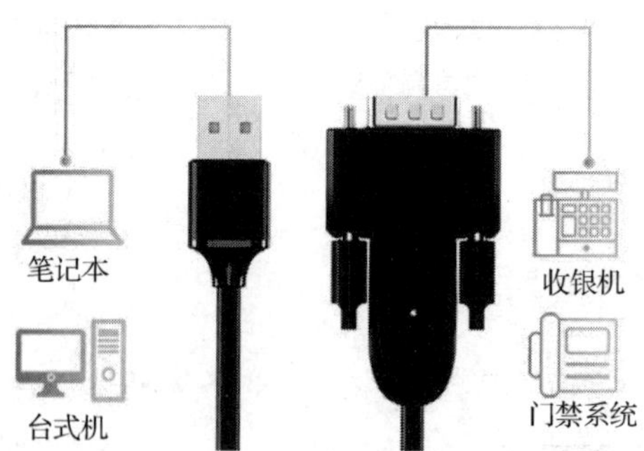

图 4-44　USB 接口转串口转换器的应用

USB 接口和串口的内部结构及内部连接示意图如图 4-45 所示。

2）安装 USB 接口转串口转换器驱动程序

USB 接口转串口转换器使用简单方便，即插即用，可以兼容多种计算机系统，支持热插拔。Windows 8 和 Windows 10 操作系统是免驱动的，只要将 USB 接口转串口转换器的 USB 接口插入计算机的 USB 接口，计算机就会自动安装好驱动程序，完成后即可插上串口设备。Windows 7 操作系统需要安装驱动程序。

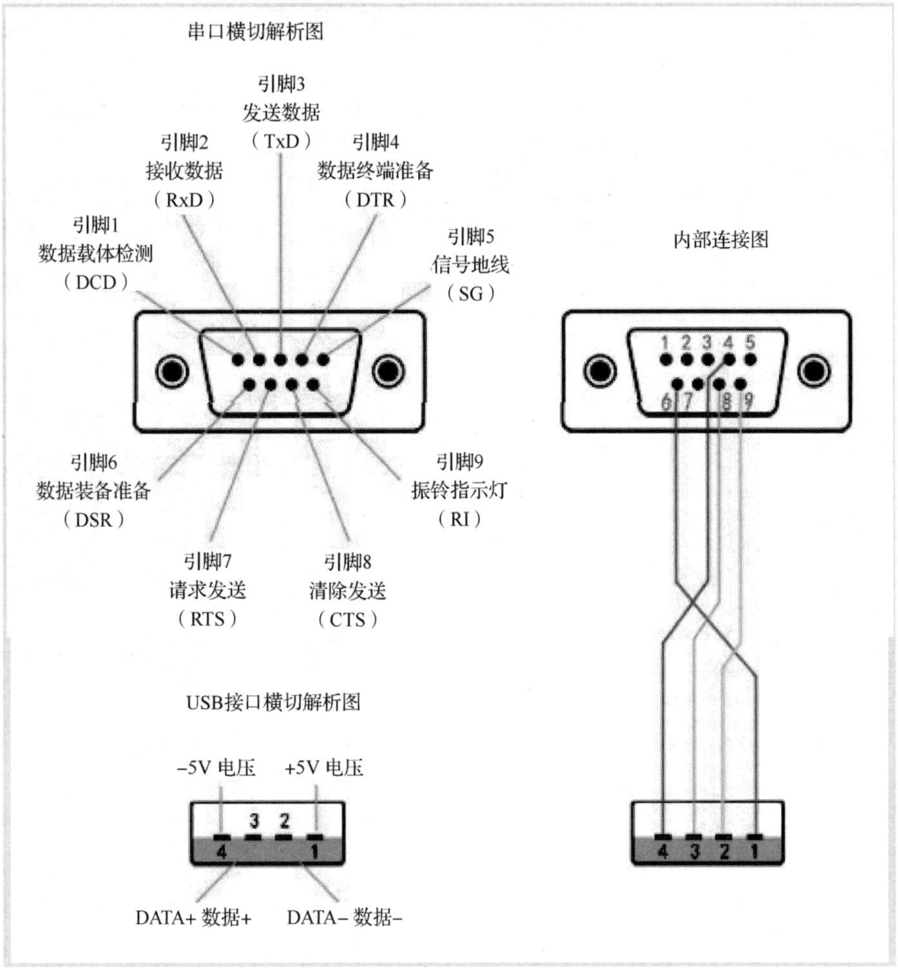

串口横切解析图

引脚3
发送数据
（TxD）

引脚2
接收数据
（RxD）

引脚4
数据终端准备
（DTR）

引脚1
数据载体检测
（DCD）

引脚5
信号地线
（SG）

引脚6
数据装备准备
（DSR）

引脚9
振铃指示灯
（RI）

引脚7
请求发送
（RTS）

引脚8
清除发送
（CTS）

内部连接图

USB接口横切解析图

-5V 电压　+5V 电压

DATA+ 数据+　DATA- 数据-

图 4-45　USB 接口和串口的内部结构及内部连接示意图

驱动程序的具体安装步骤如下。

步骤 1，下载 Windows 7 版本的 USB 接口转串口转换器驱动程序，在 Windows 7 操作系统下安装驱动程序。

步骤 2，首先通过 USB 将外部设备和计算机连接起来，此时计算机右下角会显示“查找硬件和安装驱动程序”，安装完成之后，如果提示“驱动程序已安装成功”则可以正常使用。

步骤 3：如果没有看到安装成功的提示，则待安装完成之后可以自行验证驱动程序安装是否正确。右击桌面上的“计算机”，依次选择“属性”→“设备管理器”命令，在弹出的“设备管理器”窗口中能看到“端口（COM 和 LPT）”，则说明驱动程序安装成功。

系统中能看到的 COM 号码就是串口的端口号，不同设备的端口号不同，这个端口号可以修改。修改端口号的具体方法如下。

步骤 1，右击桌面上的“计算机”，依次选择“属性”→“设备管理器”→“端口（COM 和 LPT）”命令，右击“USB Serial Port（COM4）”，如图 4-46 所示。

步骤 2，在弹出的快捷菜单中选择“属性”命令，如图 4-47 所示，依次选择“端口设置”→“高级”命令，将“COM 端口号”设置为需要使用的端口，并单击“确定”按钮，设置完成。

步骤 3，在“设备管理器”窗口中依次选择“端口”→“扫描检测硬件改动”命令，可以看到端口已经改为需要使用的端口。

如果产品无法正常使用，如何处理呢？首先重新插拔 USB 接口，让计算机重新查找设备；然后重新启动电源，重新自动查找，并检查主板接口是否正常；最后替换到别的计算机，试试能不能正常使用。

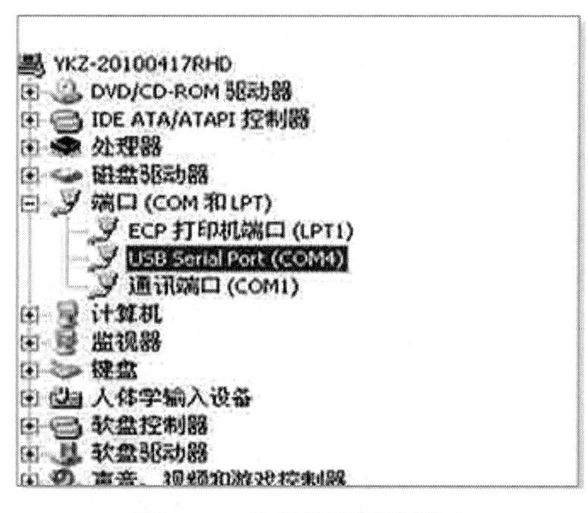

图 4-46　设备管理器的端口

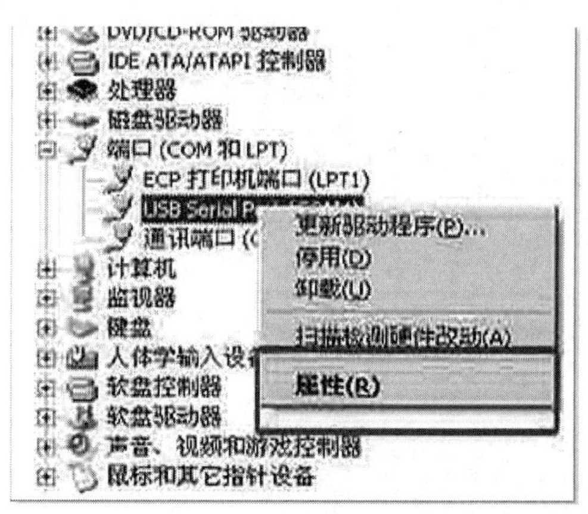

图 4-47　属性设置

2. USB 接口转 SATA 接口转换器

1）SATA 接口概述

SATA（Serial ATA）接口即串行 ATA 接口。ATA（Advanced Technology Attachment）是曾经广为使用的 IDE 和 EIDE 设备的相关标准，ATA 接口是计算机上的附加设备接口，现已经完全被 SATA 接口取代。SATA 接口如图 4-48 所示。

图 4-48　SATA 接口

SATA 接口是新型计算机硬盘接口，分为信号与电源两部分，采用串行方式传输数据。SATA 接口和 SATA 接口线分别如图 4-49 和图 4-50 所示。

与并行 ATA 接口相比，SATA 接口具有比较大的优势。SATA 接口的数据传输速度更快，而且结构简单、支持热插拔。从硬件上看，SATA 接口和以往技术相比最明显的区别是用了较细的排线，有利于机箱内部的空气流通，在某种程度上也增加了整个系统的稳定性。

图 4-49　SATA 接口

图 4-50　SATA 接口线

2）SATA 接口的物理特性

SATA 接口是新型计算机硬盘接口，从物理特性上看，是一种完全不同于并行 ATA 接口的新型硬盘接口，分为信号与电源两部分。SATA 接口示意图如图 4-51 所示。

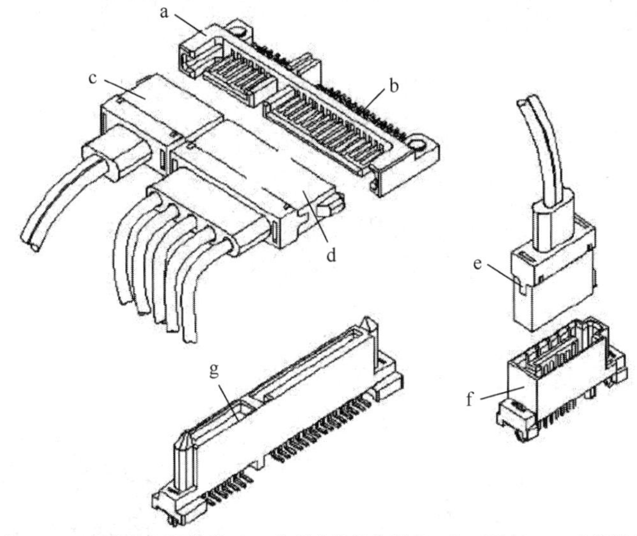

a—硬盘设备信号连接器；b—设备电源连接器；c—信号电缆连接插座，与 a 配套；d—电源连接插座，与 b 配套；e—信号电缆连接插座，与 f 配套；f—主机上的信号连接器；g—主机上的连接器插座，直接与 a 和 b 连接。

图 4-51　SATA 接口示意图

SATA 接口的信号部分由 7 根电缆线组成，其中 3 根为地线，起到削弱、消除串行电缆间干扰的作用，另外 4 根为两两差分的信号线，分别起到发送与接收的作用。数据接口（7 针）字义图如图 4-52 所示。SATA 接口的电源部分由 15 根电缆线组成，分别提供 3.3V、5V、12V 电压。

3）USB 接口转 SATA 接口的方法

2.5 寸的笔记本硬盘的电源一般要求为 5V、500mA 或 5V、750mA，笔记本 USB 接口的电源也要为 5V、750mA。如果要使用笔记本硬盘，则使用一个 USB 接口转 SATA 接口转换器，一头接笔记本硬盘，另一头接笔记本 USB 接口，将笔记本硬盘直接连到笔记本 USB 接口中即可。

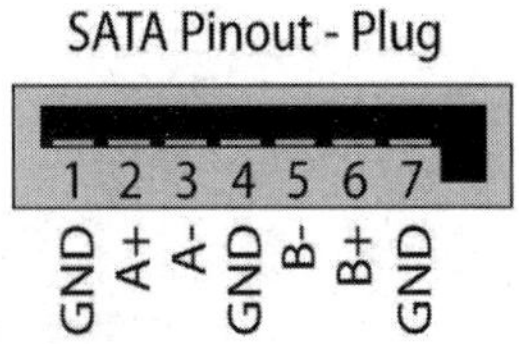

SATA Pinout - Plug

1 2 3 4 5 6 7

GND A+ A- GND B- B+ GND

图 4-52　数据接口（7 针）定义图

需要注意的是，有些笔记本 USB 接口的电流达不到 750mA，或者笔记本硬盘对电源要求较高，会出现无法识别问题。笔记本硬盘电源电压要求如图 4-53 所示。这时可以考虑采用双 USB 接口线，其中一个 USB 接口可以用于辅助供电，以达到电源电压要求。双 USB 接口线如图 4-54 所示。

图 4-53　笔记本硬盘电源电压要求

图 4-54　双 USB 接口线

如果要连接的是普通台式机的 3.5 寸硬盘，则需要使用拥有外接电源的外置硬盘盒将硬盘连到台式机 USB 接口使用，同时需要一个 12V、2A 的电源适配器以达到稳定供电的目的，可以参考如图 4-55 所示的硬盘电源电压要求，其中 5V 是硬盘传输数据时的消耗电压，12V 是硬盘正常工作时的电源电压，为保证硬盘电源稳定，一般采用 12V、2A 的电源适配器。外置硬盘盒如图 4-56 所示。

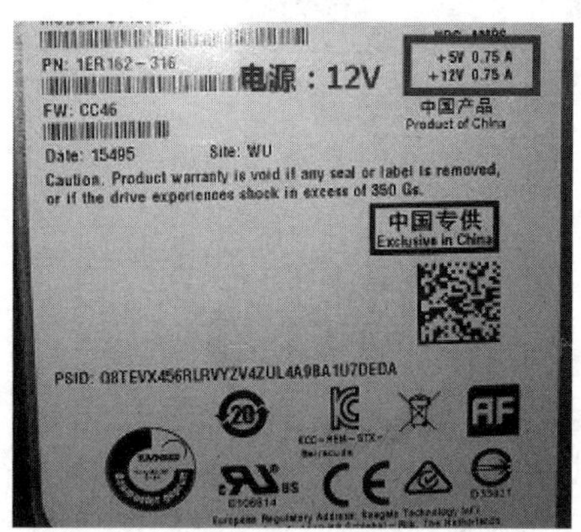

图 4-55　硬盘电源电压要求

图 4-56　外置硬盘盒

【注意】

由于移动硬盘是由 SATA 接口转 USB 接口方式改装的，因此在使用时需要尽量在安全弹出移动硬盘后再断开电源，同时不要频繁热插拔硬盘，特别是 3.5 寸硬盘。

3. USB 接口、VGA 接口、HDMI 接口转换器

VGA 接口是 IBM 公司在 1987 年推出的一种 PC 接口。VGA 接口是一种 D 形接口，属于模拟信号接口，上面共有 15 个针孔，分成 3 排，每排 5 个。VGA 接口是显卡上应用最为广泛的接口，多数显卡上都带有 VGA 接口。

常见的 VGA 接口设备有显卡、显示器、VGA 采集卡等。VGA 接口转 HDMI 接口转换器是将 PC 的 VGA 信号转换成高清格式的 HDMI 信号输出，可以使显卡的 VGA 输出通过本转换器转换后连接全高清（1080P）的大屏幕电视机。VGA 接口转 HDMI 接口转换器的需求越来越广，新款 VGA 接口转 HDMI 接口转换器可以将输入的 VGA 模拟视频信号转换成完整的 HDMI 信号。VGA 接口转 HDMI 接口转换器在处理 VGA 信号时，分辨率最高能达到 1920px×1080px。

HDMI 接口是一种全数位化影像和声音传送接口，属于数字信号接口，可用于机顶盒、DVD 播放机、PC、电视游乐器、综合扩大机、数位音响与电视机。HDMI 接口可以同时传送音频信号和音频信号，能高品质地传输未经压缩的高清视频和多声道音频数据，最高数据传输速度为 5Gbit/s。

常见的 HDMI 接口设备有高清摄像机、高清摄像头、游戏机、电视机、显示器、显卡、HDMI 采集卡、机顶盒、DVD 播放机等。USB 接口、VGA 接口、HDMI 接口转换器如图 4-57 所示。

图 4-57　USB 接口、VGA 接口、HDMI 接口转换器

HDMI+VGA 双接口转换器如图 4-58 所示。两种接口使用便捷，支持同时输出、开会、视频教学等功能，支持双屏同时输出、HDMI 音频输出。双屏同时输出如图 4-59 所示，HDMI 音频输出如图 4-60 所示。

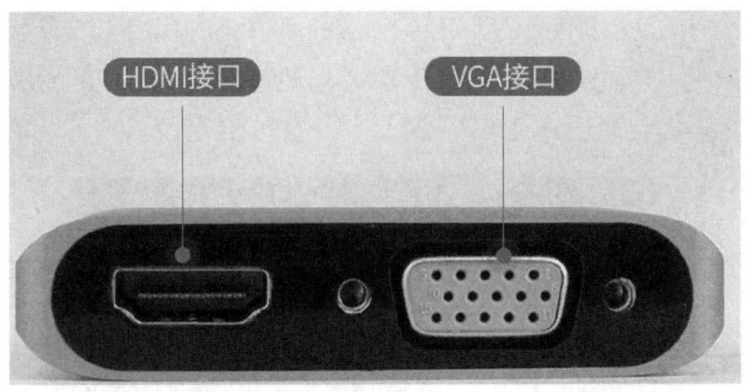

图 4-58　HDMI+VGA 双接口转换器

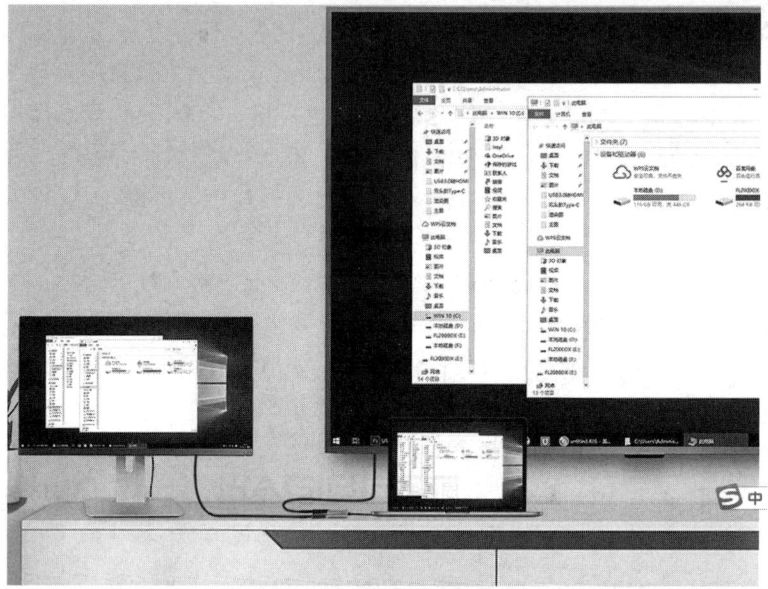

图 4-59　双屏同时输出

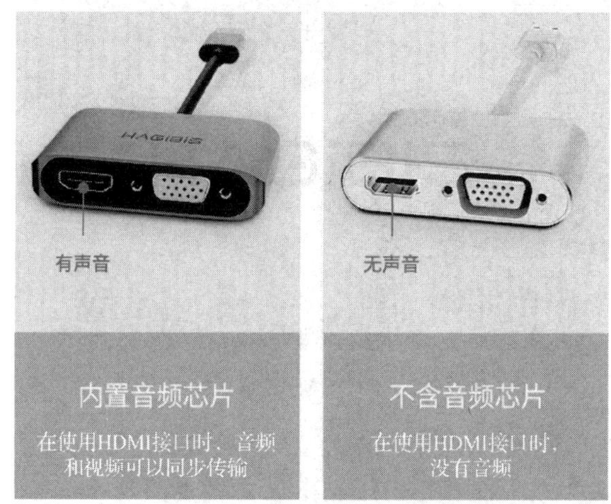

图 4-60　HDMI 音频输出

USB 接口、VGA 接口、HDMI 接口转换器的连接与驱动程序安装。

USB 接口、VGA 接口、HDMI 接口转换器自带驱动程序，安装步骤如下。

步骤 1，将设备连接至笔记本 USB 接口，如图 4-61 所示。

图 4-61　将设备连接至笔记本 USB 接口

步骤 2，打开“我的电脑”。

步骤 3，右击“FL2000DX”，在弹出的快捷菜单中选择“以管理员身份运行”命令，如图 4-62 所示。

步骤 4，安装完成，可进入设备管理器查看，如图 4-63 所示。

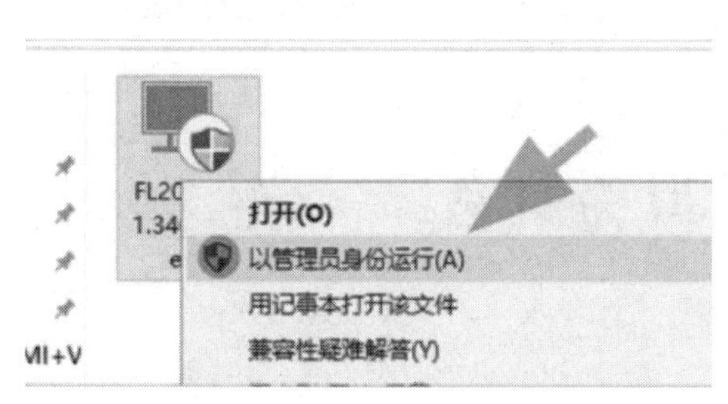

图 4-62　以管理员身份运行

图 4-63　进入设备管理器查看

步骤 5，正常使用。

4．USB 接口转网口转换器

USB 接口转网口转换器，通常也称 USB 网卡，它插在计算机的 USB 接口上，在安装驱动程序后可以上网。USB 网卡如图 4-64 所示。

USB 网卡比较简单小巧，但是需要无线路由器作为发射端，作用范围较小，一般为 100～500m，而且容易受到墙壁等物体的干扰。

另外，还有一种通过 USB 接口传输数据的无线上网卡，这类无线上网卡需要另交网费，主要运营商有移动、联通、电信。运营商不同收费不同，通常按流量计费。

5．USB HUB

USB HUB 是一种可以将一个 USB 接口扩展为多个 USB 接口，并可以使这些接口同时使用的装置，又称通用串行总线集线器。USB HUB 如图 4-65 所示。

USB HUB 根据所属 USB 协议不同可分为 USB 2.0 HUB、USB 3.0 HUB 与 USB 3.1 HUB。其中，USB 2.0 HUB 支持 USB 2.0 协议，理论带宽达 480Mbit/s；USB 3.0 HUB 支持 USB 3.0 协议，向下兼容 USB 2.0/1.1 协议，理论带宽达 5Gbit/s；USB 3.1 HUB 支持 USB 3.1 协议，向下兼容 USB 3.0/2.0/1.1 协议，理论带宽达 10Gbit/s。

图 4-64　USB 网卡

图 4-65　USB HUB

USB HUB 使用星形结构连接多个 USB 接口设备；采用第二代 USB HUB 控制器，直接与计算机相连，无需外接电源，简单好用；计算机自动识别安装，无需驱动程序，即插即用，插拔自如。

需要注意的是，在无外接电源的情况下，一个计算机的 USB 接口提供的电流为 500mA 左右，如果把移动硬盘接入 USB HUB，要考虑是否能满足移动硬盘的供电需求，建议将移动硬盘直接插在计算机的 USB 接口上。

4.2 计算机网络设备

4.2.1 调制解调器（△◇☆）

1．调制解调器概述

计算机的一个重要功能就是联网，通过调制解调器（Modem）连入 Internet，或者通过局域网实现资源共享是最常见的联网方式。

调制解调器是由调制器（Modulator）和解调器（Demodulator）组成的，通常也被称为“猫”，是一种能够实现通信所需的调制和解调功能的电子设备。调制解调器的主要功能是使数据在数字信号和模拟信号之间进行转换。它能将计算机的数字信号调制成通过电话线传输的模拟信号，又可在接收端将模拟信号转换成数字信号，并由接收端的计算机接收，实现计算机间的通信。

在通信系统中，利用电信号把数据从一个点传到另一个点。电信号分为模拟信号和数字信号两种。

（1）模拟信号是一种连续变化的电磁波，在时间和幅度数值上都是连续的。模拟信号的波形图如图 4-66 所示。这种电磁波可以按照不同频率在各种介质中传输。大多数用传感器收集的数据，如温度和压力等，都是连续变化的模拟信号。语音信号是最典型的模拟信号。

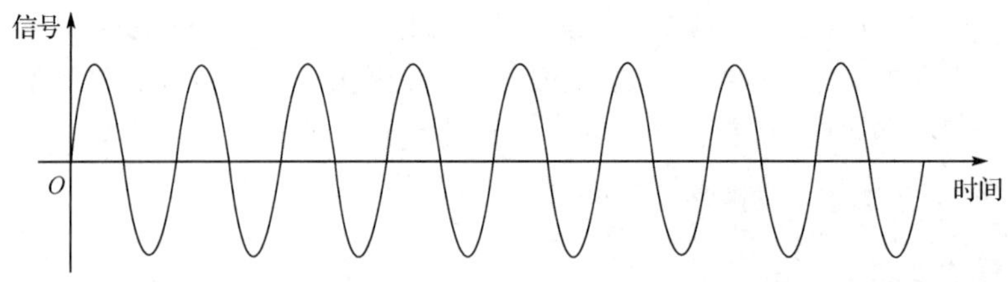

图 4-66　模拟信号的波形图

（2）数字信号是一种离散的脉冲序列，如计算机中所使用的二进制代码“0”和“1”。数字信号的波形图如图 4-67 所示。计算机中传输的信号就是典型的数字信号。

实现数字信号和模拟信号之间的转换需要使用调制解调器。调制器是把数字信号转换成模拟信号的装置；解调器是把模拟信号转换成数字信号的装置。调制器与解调器合称调制解调器。

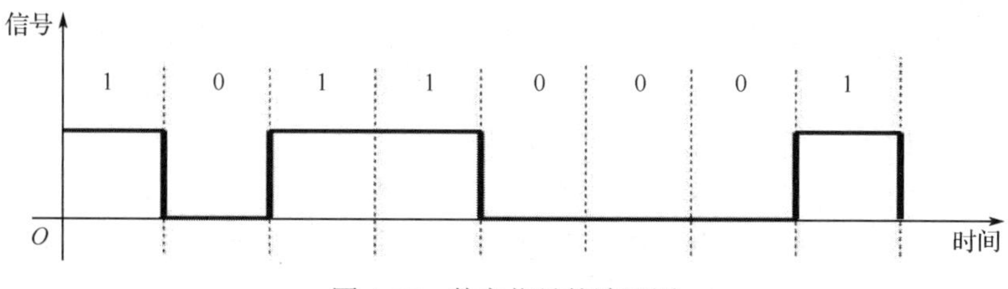

图 4-67 数字信号的波形图

2. 调制解调器的基本工作原理

调制解调器由发送、接收、控制、接口、操纵面板及电源等部分组成。数字终端设备以二进制的串行信号形式提供的数据，经接口部分转换为内部逻辑电平送入发送部分，再经调制电路调制成线路要求的信号向线路发送。通常人的语音信号频率范围是 300～3400Hz，为了使语音信号可以在普通的电话系统中传输，要在线路上给它一定的带宽，在国际标准中，4kHz 为一个标准话路所占用的带宽。因此，在传输过程中语音信号以 300～3400Hz 的频率输入。接收部分接收到来自线路的模拟信号后，通过滤波和解调电平转换将其还原成数字信号，并送入数字终端设备。

3. 调制解调器的分类及特点

（1）按安装位置划分，调制解调器主要分为外置式调制解调器和内置式调制解调器。

外置式调制解调器放置于机箱外，主要通过 RS-232 串口与计算机连接，另外还有一种 USB 接口的外置式调制解调器。外置式调制解调器的优点是方便灵巧、易于安装，前面板上有各种功能指示灯，便于监视外置式调制解调器的工作状况。由于放置于机箱外，因此外置式调制解调器抗干扰能力较强，不受超频影响，性能稳定，不会引起中断、地址冲突，速度也优于内置式调制解调器。外置式调制解调器的缺点是需要占用一个串口，且需要使用额外的电源与电缆。目前市场上基本上都是外置式调制解调器。外置式调制解调器如图 4-68 所示。

内置式调制解调器根据接口插槽的不同，又可以分为不同的形式，如内置式 ISA 调制解调器、内置式 PCI 调制解调器等。内置式调制解调器在安装时需要拆开机箱，并且要对终端和 COM 端口进行设置，安装较为烦琐。内置式调制解调器要占用主板上的扩展槽，但无须使用额外的电源与电缆，且价格比外置式调制解调器便宜。内置式 PCI 调制解调器如图 4-69 所示。

图 4-68 外置式调制解调器

图 4-69 内置式 PCI 调制解调器

（2）按功能划分，调制解调器可分为光调制解调器、电缆调制解调器、ADSL 调制解调器等。

电缆调制解调器（Cable Modem）利用有线电视的电缆进行信号传送，不仅具有调制解调功能，还集路由器、集线器、桥接器于一身，理论传输速度可达 10Mbit/s 甚至更高。通过电缆调制解调器上网，每个用户都有独立的 IP 地址，相当于拥有了一条个人专线。

ADSL 调制解调器是为 ADSL（非对称用户数字环路）提供调制数据和解调数据的机器，是一种宽带调制解调器。

光调制解调器（Optical Modem）又称光猫或单端口光端机，是针对特殊用户环境而研发的一种光纤传输设备，它是通过一对光纤进行点到点式传输的一种光传输终端设备。

光纤通信因频带宽、容量大等优点迅速发展成为当今信息传输的主要形式，要实现光纤通信就必须有光调制解调器，因此作为光纤通信系统的关键器件，光调制解调器正在走进千家万户。光调制解调器中采用了大规模集成电路，电路简单，功耗低，可靠性高，具有完整的报警状态指示和完善的网管功能。

光调制解调器的工作原理类似于基带数字调制解调器，不同的是光调制解调器接入的是光纤专线，传输的是光信号。光调制解调器在广域网中用于进行光电信号的转换和接口协议的转换，转换后接入路由器，接入方式属于广域网接入。光调制解调器可以对光信号进行调制与解调。不管是模拟系统还是数字系统，输入到光发射机的信号都是带有信息的电信号，这些电信号都可以通过调制转换为光信号。光波经过光纤线路传输到接收端，再由接收端通过解调把光信号转换为电信号。光电收发器就是利用局域网中光电信号的转换工作的，而且仅进行光电信号的转换，不进行接口协议的转换。

4．光调制解调器的主要技术性能指标及安装步骤

这里以华为的光调制解调器 HG8240 为例，介绍光调制解调器的主要技术性能指标及安装步骤。

1）HG8240 的特性

① 高速率，通过单根光纤提供高速数据传输通道，上行速率为 1.244Gbit/s，下行速率为 2.488Gbit/s。

② 可维护性强，提供多种指示灯状态，便于定位故障。

③ Web 配置管理界面友好，操作简便。

④ 传输距离远，可达 20km。

2）HG8240 的组网方式

HG8240 的典型组网方式是 FTTH（Fiber To The Home）组网，将光网络单元安装在用户处，将 OLT（Optical Line Terminal）设备放置在中心机房处，通过以太网接口向用户提供连接。

3）HG8240 的介绍

HG8240 的面板指示灯如图 4-70 所示。

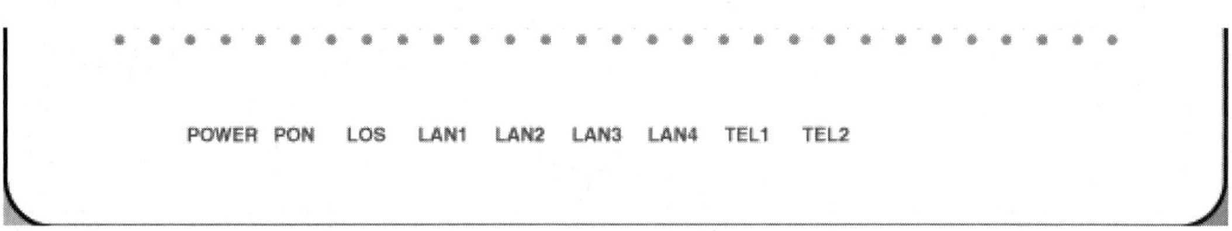

POWER　PON　LOS　LAN1　LAN2　LAN3　LAN4　TEL1　TEL2

图 4-70　HG8240 的面板指示灯

TEL1、TEL2 为电话接口指示灯，在正常使用时已连接的电话接口指示灯是亮的。

LAN1～LAN4 为以太网接口指示灯，在正常使用时已连接的以太网接口指示灯是亮的。

LOS 在线路异常时亮红色，PON 在线路正常时亮绿色，POWER 为电源指示灯。

指示灯说明如表 4-1 所示，PON 和 LOS 详细说明如表 4-2 所示。

表 4-1　指示灯说明

指　示　灯	说　　明	状　　态	说　　明
POWER	电源指示灯	绿灯常亮	电源接通
		橙灯常亮	备用电池供电状态
		熄灭	电源断开
PON	认证指示灯	参见表 4-2	
LOS	连接指示灯	参见表 4-2	
LAN1～LAN4	以太网接口指示灯	常亮	以太网连接正常
		闪烁	以太网接口有数据传输
		熄灭	以太网连接未建立

表 4-2　PON 和 LOS 详细说明

状 态 编 号	指示灯状态		说　　明
	PON	LOS	
1	熄灭	熄灭	ONT 被 OLT 禁用
2	快闪（2 次/s）	熄灭	ONT 试图与 OLT 建立连接
3	常亮	熄灭	ONT 与 OLT 已经建立连接
4	熄灭	慢闪（2s 1 次）	ONT 接收光功率低于光接收灵敏度

HG8240 的背面板如图 4-71 所示。

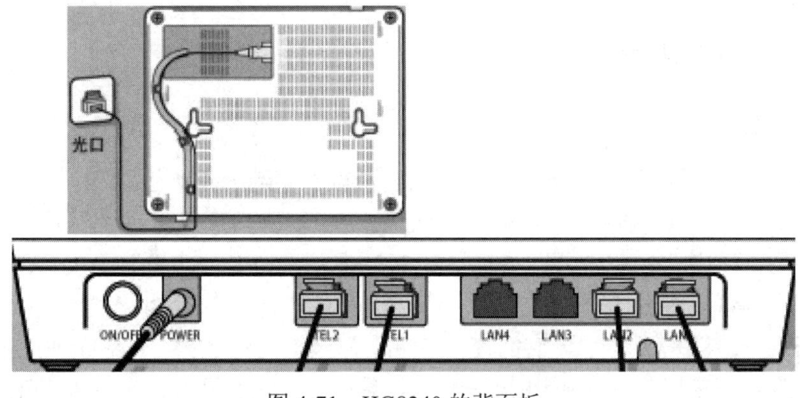

图 4-71　HG8240 的背面板

HG8240 背面板上共有 8 个接口和一个电源开关。HG8240 的背面板接口/开关说明如表 4-3 所示。

表 4-3　HG8240 的背面板接口/开关说明

接口/开关	功　能
OPTICAL	光口，带有橡胶塞。连接光纤，用于光纤上行接入，连接 OPTICAL 接口的光纤接头类型为 SC/UPC
LAN1～LAN4	自适应 10/100/1000Base-T 以太网接口（RJ-45），用于连接计算机或者 IP 机顶盒的以太网接口
TEL1、TEL2	VoIP 电话接口（RJ-11），用于连接电话接口
ON/OFF	电源开关，用于控制开启和关闭设备电源
POWER	电源接口，用于连接电源适配器或备用电池单元

在 HG8240 的侧面板上有一个按钮和一个接口，即是 RESET 与 BBU，分别是恢复出厂设置按钮和备用电池接口，如图 4-72 所示。

图 4-72　HG8240 的侧面板

BBU 是备用电池接口，用于连接备用电池单元，对备用电池单元进行监控。

RESET 是恢复出厂设置按钮，短按为重启设备，长按（大约 10s）为恢复出厂设置并重启设备。

4）HG8240 的安装步骤

步骤 1，用光纤连接 HG8240 的 OPTICAL 接口和墙上的光口（实验室中为桌面上的光口）。

步骤 2，用以太网线连接 HG8240 的 LAN 接口和 PC。

步骤 3，用电源适配器连接 POWER 接口和 AC 100V～240V 电源插座。

步骤 4，打开电源开关。

4.2.2　路由器（☆）

1．路由器概述

在互联网中，路由器（Router）是进行异构网络连接的关键设备，用于连接多个逻辑上分开的网络（逻辑网络是指一个单独的网络或子网）。数据通过路由器从一个子网传输到另一个子网。路由器具有判断网络地址和选择路径的功能。路由器不仅能像交换机一样隔离冲突域，还可以隔离广播域，这样减小了冲突的概率，有效地扩大了网络规模。路由器能在多网络互联环境中建立灵活的连接，可用完全不同的数据分组和介质访问方法连接各个子网。路由器是属于网络应用层的一种实现网络互联的设备，它只接收源站或其他路

由器的信息，不关心各子网所使用的硬件设备，但要求运行与网络层协议一致的软件。对每个网络连接，路由器都有一个单独的接口。

2．路由器的作用

路由器是一种主动的、智能型的网络节点设备，它可参与子网的管理及网络资源的动态管理。

对于不同规模的网络，路由器作用的侧重点有所不同。

在主干网中，路由器的主要作用是路由选择。主干网中的路由器必须知道所有有关下层网络的路径，因此需要维护庞大的路由表，并对连接状态的变化迅速做出反应。路由器故障将会导致严重的信息传输问题。

在地区网中，路由器的主要作用是网络连接和路由选择。

在园区网中，路由器的主要作用是分隔子网。早期互联网的基层单位是局域网，所有主机处在同一个逻辑网络中。随着网络规模的不断扩大，局域网演变成由高速主干网和路由器连接的多个子网所组成的园区网。路由器是唯一能够分隔子网的设备，它负责子网间的报文转发和广播隔离，边界上的路由器则负责与上层网络的连接。

3．路由器的功能

路由器是在网络层实现多个网络互联的设备。路由器利用网络层定义逻辑地址，即IP地址，来区别不同的网络，实现网络的互联和隔离，保持各个网络的独立性。路由器只转发 IP 数据报而不转发广播消息，把广播消息限制在各自的网络内部。路由器用于连接多个逻辑上分开的网络。逻辑网络代表一个单独的网络或一个子网。数据从一个子网传输到另一个子网，可通过路由器来完成。因此，路由器具有判断网络地址和选择路径的功能，它能在多网络互联环境中建立灵活的连接，可用完全不同的数据分组和介质访问方法连接各种子网。

路由器最基本的功能是包交换和路由选择。在实现包交换和路由选择的基础上，路由器又实现了许多增值功能，其增值功能如下。

支持多协议堆栈，每个路由器都须用它自己的路由选择协议，允许不同的环境并行运行；具备合并网桥功能，并可作为一定形式的网络集线器使用；基于优先级的业务排序和业务过滤。

路由器的根本功能是解决路由选择问题。路由选择是指在网络中选择一条把信息从源地址传送到目的地址的最佳路径，以便底层设备进行数据包投递。

4．路由器的特征

（1）路由器工作在 OSI 参考模型的网络层，应用路由协议与 IP 地址完成路由选择。

（2）路由器具有路由选择功能。路由器通过路由来决定数据包的转发地址，每个路由器根据网络的拓扑结构和对线路的了解来选择路由。

（3）路由器选择路由的方式分为静态路由方式和动态路由方式。

要完成路由选择，需要确定以下几点。

① 信息源地址。

② 信息所要到达的目的地址。

③ 信息到达目的地址的所有可能路径。

④ 路由选择，即选择一条到达目的地址的最佳路径。

（4）在完成路由选择的同时，路由器应能维护路由表，应用路由协议进行路由学习，以便进行最佳路径选择。通过路由选择大大提高通信速度，减轻网络系统通信负荷，节约网络系统资源。

路由器的优势如下。

第一，隔离广播。路由器用来连接不同的网段，各个子网间的广播消息不会被路由器转发到其他网段，这样可以隔离广播，避免广播风暴。

第二，网间互联。路由器只转发 IP 数据报，把其余的部分（包括广播消息）挡在网内，从而保持各个网络的相对独立性，这样可以组成具有许多网络（子网）互联的大型网络。由于是在网络层的互联，路由器可方便地连接不同类型的网络，只要网络层运行的是 IP 协议，通过路由器就可把不同类型的网络连接起来。

第三，其他功能，如 DHCP、数据加密、安全防范等。

5．路由器的工作原理

当 IP 子网中的一台主机发送 IP 分组给同一 IP 子网中的另一台主机时，直接把 IP 分组送到网络上，对方就能收到；当要送给不同 IP 子网中的主机时，要选择一个能到达目的子网的路由器（网关），把 IP 分组送给该路由器，由该路由器负责把 IP 分组送到目的地址。

路由器在转发 IP 分组时，根据 IP 分组目的 IP 地址的网络号部分，选择合适的端口，把 IP 分组送出去。同主机一样，路由器也要判定端口所接的是否是目的子网，如果是，就直接把 IP 分组通过端口送到网络上，否则要选择下一个路由器来传送 IP 分组。这样一级一级地传送，IP 分组最终被送到目的地址。

路由器选择下一跳路由器的依据是路由协议，路由协议的运行依赖于路由表。

6．路由选择技术

路由选择就是确定一条消息如何从一个位置传输到另一个位置。为了能够准确传输数据包，路由器需要知道目的地址、信息源、可能的路由、最佳的路径等。路由器还要负责维护路由信息，确认到达目的地址的有效性及是否是最佳路径。

路由选择过程包括两项基本内容。

（1）寻址：判定到达目的地址的最佳路径，由路由算法实现。

（2）转发：在确定好最佳路径后，将数据包从路由器的某个接口发送出去。

7．路由器的结构

路由器的前面板和后面板如图 4-73 所示。

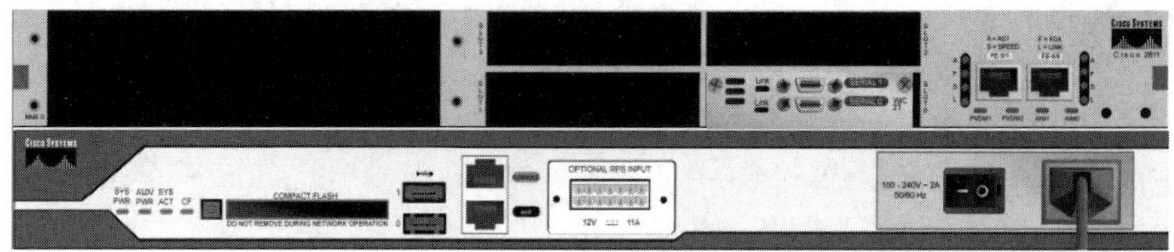

图 4-73　路由器的前面板和后面板

路由器的硬件组成部分如下。

- 中央处理单元（Central Processor Unit，CPU）。
- 只读存储器（Read-Only Memory，ROM）。
- 随机存储器（Random Access Memory，RAM）。
- 闪存（Flash）。
- 非易失性随机存储器（Non-Volatile RAM，NVRAM）。
- 控制台端口（Console Port，CON）。
- 辅助端口（Auxiliary Port，AUX）。
- 接口（Interface，INT）。
- 线缆（Cable，CAB）。

路由器的内存体系如图 4-74 所示。

- RAM：保存运行配置或活动配置文件，开机时解压这些文件。
- ROM：引导 IOS 映像。
- FLASH：存储功能完备的 IOS 映像文件。
- NVRAM：存储初始或启动配置文件。
- 除 RAM 以外，其他类型的存储器是永久性存储器。

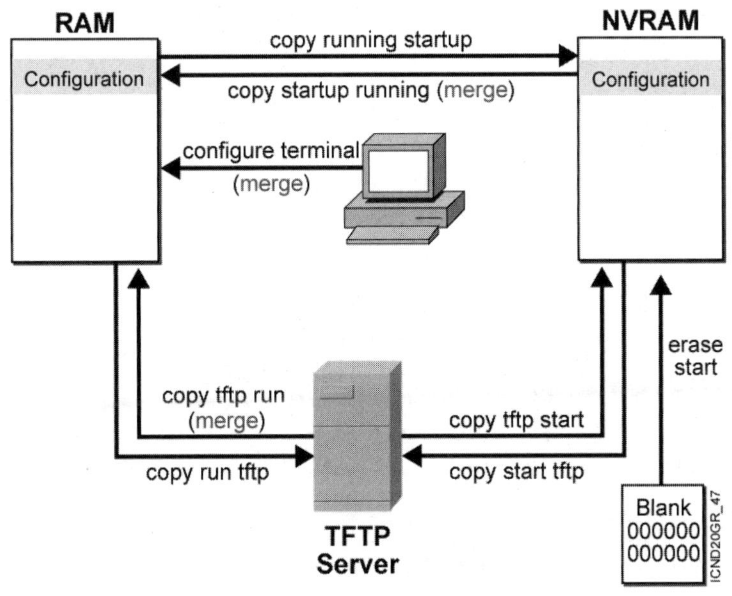

图 4-74 路由器的内存体系

4.2.3 集线器和交换机（☆）

1. 集线器

集线器（HUB）是双绞线以太网对网络进行集中管理的最小单元。集线器是一个共享设备，其实质是一个多端口的中继器。一般来说，当中继器用作星形结构的网络的中心部件时，我们就称其为集线器而非中继器。

集线器在 OSI 参考模型中处于物理层，是 LAN 的接入层设备。集线器主要用于共享式以太网的组建，是解决从服务器直接到桌面的最佳、最经济的方案。

1）集线器的类型

依据总线带宽的不同，集线器分为 10Mbit/s、100Mbit/s 和 10/100Mbit/s 自适应 3 种类型；根据配置形式的不同，集线器分为独立型集线器、模块型集线器和可堆叠型集线器；根据管理方式的不同，集线器分为智能型集线器（带有 CPU，支持简单网络管理协议）和非智能型集线器（不支持网络管理，容易形成数据堵塞）；根据安装场合的不同，集线器分为机架式集线器和桌面式集线器。目前使用的集线器基本上是以上 4 种分类的组合。根据端口数目的不同，集线器主要有 8 口、16 口和 24 口之分。

2）集线器的连接方式

10Base-T 集线器虽然可以借助层层级联的方式来扩充网络，但是每级联一层，带宽就会相对降低。为了解决这个问题，网络厂商设计了堆叠式的集线器，用 SCSI 电缆将集线器背部的堆叠模块连通，使各集线器均处在同一管理层次，即它们的带宽一致。堆叠式集线器除更适合进行网络的扩充以外，还相对降低了端口成本。另外，它放置的位置集中，非常方便管理。

3）集线器的主要特性

集线器是一种用作网络中心部件的设备，其中包含许多独立但又相互联系的网络设备模块。集线器的主要特性如下。

① 放大信号。

② 通过网络传播信号。

③ 无过滤功能。

④ 无路径检测或交换功能。

⑤ 被用作网络集中点。

集线器的缺点是它是一个共享的设备，不能过滤网络业务量，经过集线器的数据将发向网络上其他所有的局域网段。如果一个网络中的所有设备都仅由一根电缆连接，或者网络的网段由集线器之类无过滤能力的设备连接，那么当有不止一个用户同时向网络发送数据时就会发生冲突。当冲突发生时，从每个设备上发出的数据会发生碰撞而遭到破坏，从而导致数据发送失败。解决网络中出现过多业务量及冲突的办法是使用网桥或交换机。

4）集线器的工作原理

集线器是一个共享设备，其主要功能是可以作为中央节点，对接收到的电信号进行放大，以扩大网络的传输范围。

在选择集线器时除要考虑它的共享带宽以外，还要考虑它的广播方式。因为集线器属于纯硬件网络底层设备，基本上不具有智能记忆功能，更没有学习功能，同时也不具备交换机所具有的 MAC 地址表，所以它发送数据时是没有针对性的，而是采用广播方式进行发送。也就是说，当集线器要向某节点发送数据时，不是直接把数据发送到目的节点，而是把数据包发送到与集线器相连的所有节点。

采用这种广播方式发送数据有两方面不足：①用户数据包向所有节点发送，很可能带来数据通信的不安全因素，一些别有用心的人可以非法截获他人的数据包；②由于所有数

据包都是同时向所有节点发送的，加上前面所介绍的共享带宽方式，因此更容易造成网络堵塞现象，从而大大降低网络的运行效率。

2. 交换机

交换的含义是转接，即把一条电话线转接到另一条电话线上，使它们连起来。

1）交换机概述

从通信资源的分配角度来看，交换机就是按照某种方式动态地分配传输线路资源的一种设备。

作为网络硬件，交换机能连接一台或多台计算机并允许它们收发数据。以太网交换机的出现，解决了共享式以太网平均分配带宽的问题，大大提高了局域网的性能。交换机提供多个通道，允许多个用户同时进行数据传输。交换机的每一个端口所连接的网段都是一个独立的冲突域。进一步地，一个交换局域网（Switched LAN）包括单台电子设备，它能在多台计算机间传输帧。从物理上来看，交换机类似于集线器，由一个多端口的盒子组成，每个端口连接一台计算机。集线器和交换机的区别在于它们的工作方式不同，集线器类似于共享的介质，而交换机类似于由计算机组成的一个网段的桥接局域网。

交换机是数据链路层设备，与网桥相似，它可以使多个物理 LAN 网段互相连接，形成一个更大的网络。交换机是根据 MAC 地址对通信数据进行转发和接收的。

2）交换机的工作原理

交换机的工作原理是通过动态自学习的方法填写地址表。在交换机的地址表中，一条地址表项主要由一个主机 MAC 地址和该地址所对应的交换机端口号组成。整张地址表采用动态自学习的方法生成，即收到一个数据帧后，交换机将数据帧的源地址和输入端口记录在地址表中。

在存储一条地址表项之前，交换机首先应该查找地址表中是否已经存在该地址表项源地址的匹配表项，只有当匹配表项不存在时才能存储该地址表项。交换机将数据帧中的目的 MAC 地址同已经建立的 MAC 地址映射表进行比较，以便决定用哪个端口进行转发。

每一条地址表项都有一个时间标记，用来指示该地址表项存储的时间周期。地址表项每次被引用或被查找，其时间标记都会被更新。如果在一定的时间范围内地址表项仍然没有被引用，它就会被从地址表中移走。因此，地址表中所维护的一直是最有效和最精确的地址端口信息。

3）交换机的交换模式

交换机有很多种类型，如低端的交换式集线器、高端的可网管的多层交换机等。交换机的交换模式包括直通交换模式、存储转发交换模式、碎片隔离交换模式等。

直通交换模式。工作在直通交换模式下的交换机不对接收到的数据帧进行错误检验，而是根据数据帧中的目的地址直接将其转发到相应的端口。直通交换模式具有转发速度快、延迟固定、转发错误帧和不同速率端口不能交换等特点。

存储转发交换模式。工作在存储转发交换模式下的交换机对接收到的完整数据帧进行错误检验，对于没有错误的数据帧，转发到相应的端口；对于有错误的数据帧，不能转发而要丢弃。存储转发交换模式具有转发速度慢、延迟可变、转发前校验和不同速率端口不能交换等特点。

碎片隔离交换模式。工作在碎片隔离交换模式下的交换机结合了直通交换模式和存储转发交换模式的优点，既有一定的错误检验能力，又有较高的转发速率。在碎片隔离交换模式下，交换机在接收到数据帧时，先保存数据帧的前 64 字节，然后判断数据帧的长度，如果数据帧的长度少于 64 字节，就认为它是一个碎片，将其丢弃，因此这种模式被称为碎片隔离交换模式。

使用交换机代替集线器构成局域网类似于用交换网来代替单个网段，各个端口之间的通信是同时、并行进行的，因此大大提高了信息吞吐量。

4）交换机的类型

根据交换机工作的协议层，交换机可分为以下几类。

（1）二层交换机（也称基本交换机）。

二层交换机是对应于 OSI 参考模型的第二协议层来定义的，因为它只能工作在 OSI 参考模型的第二层——数据链路层。二层交换机如图 4-75 所示，它对网络层协议来说是透明的。二层交换机依赖数据链路层中的信息（如 MAC 地址）完成不同端口间的数据交换，根据 MAC 地址来传送分组数据。二层交换机的主要功能包括物理编址、错误校验、帧序列及数据流控制，是最原始的交换技术产品。

二层交换机可以将局域网分成更小的网段，也可以在工作站和交换机端口之间提供专用连接，这样便提高了性能。利用二层交换机，可将智能集中在核心网络中，工作组和部门局域网只是一种利用二层交换机的简单网络。这就避免了给工作组和部门局域网增加智能的成本，同时也不必牺牲这些层次上的灵活性。

利用二层交换机，用户可以建立广播域，并且可定义一个能控制访问的隔离器，这个隔离器所支持的虚拟局域网（VLAN）可以互相交叠，因此一个用户可以分别属于两个不同的组。

二层交换机的优点是价格低廉、传送速度快。

图 4-75　二层交换机

（2）三层交换机。

传统的交换技术在 OSI 参考模型的第二层（数据链路层）进行操作，而三层交换技术在网络模型中的第三层实现数据包的高速转发。简单地说，三层交换技术就是二层交换技术加三层转发技术，在第二层交换数据，在第三层进行路由选择，并支持某个协议。

利用三层交换机，智能可以从网络核心分布到台式设备上。三层交换机如图 4-76 所示。三层交换机虽然比二层交换机昂贵，但其提供了更强的配置灵活性，设计人员可以建造一种可适用于桥接包和在有必要时规定路由的网络。一般来讲，三层交换机使用专用集成电路并按 MAC 地址传送数据。

三层以太网核心交换机如图 4-77 所示。

图 4-76 三层交换机

图 4-77 三层以太网核心交换机

三层交换机因为工作于 OSI 参考模型的网络层，所以具有路由功能，它将 IP 地址信息提供给网络供选择路径，并实现不同网段间的数据交换。当网络规模较大时，可以根据特殊应用需求将其划分为小且独立的 VLAN 网段，以减小广播所造成的影响。通常三层交换机采用模块化结构，以满足灵活配置的需要。三层交换机的最重要目的是加快大型局域网内部的数据交换，所具有的路由功能也是为这个目的服务的，能够做到一次路由、多次转发。数据包转发等规律性功能由硬件高速实现，而路由信息更新、路由表维护、路由计算、路由确定等功能由软件实现。在大、中型网络中，三层交换机已经成为基本的配置设备。

（3）四层交换机。

OSI 参考模型的第四层（传输层）负责端对端通信，即在网络源和目标系统之间通信，其传输不仅仅依据 MAC 地址或 IP 地址，而且依据 TCP/UDP 应用端口号来区分数据包的应用类型，从而实现应用层的访问控制，保证服务质量。四层交换机是以软件技术为主、以硬件技术为辅的网络管理交换设备。

第 5 章　安全生产知识

安全生产是使生产过程在符合物质条件和工作秩序的要求下进行，防止发生人身伤亡和财产损失等生产事故，消除或控制危险、有害因素，保障人身安全与健康，保证设备和设施免受损坏、环境免遭破坏的总称。安全生产包括人身安全与健康、设备和设施安全、环境安全。

5.1　安全生产操作知识（△◇☆）

5.1.1　计算机安全操作规程

（1）计算机应由专人管理，这个人不得进行与工作无关的操作。

（2）启动和关闭计算机的过程要正确、规范。首先检查计算机有无异常情况，计算机电源连接应保持良好，插座不得松动，发现有漏电现象应立即切断电源。在启动计算机时先接通电源，然后打开外部设备（显示器、打印机等），最后打开主机；在关闭计算机时正好相反，依次是关闭主机、关闭外部设备和切断电源。

（3）在通电状态下严禁移动计算机及拔、插任何部件的插头。

（4）重要数据要随时备份，以防计算机发生故障时数据丢失。

（5）如果在计算机运行过程中突然停电，应及时将电源断开。

（6）如果发现计算机有不正常现象，应立即关机，请单位计算机负责人检查、修复后方可继续使用。

（7）计算机使用人要做好数据资料的保密工作，保证做到涉密计算机不上网，上网计算机不涉密。

（8）计算机要定期进行软件及硬件维护。

（9）未经主管部门许可，不得擅自拆卸计算机的主机和外部设备。

（10）所有计算机使用人须严格遵守上级单位下发的各项计算机规章制度。

5.1.2　计算机外部设备安全操作规程

本安全操作规程主要适用于打印机、投影机。

1．打印机的安装、使用

（1）在安装打印机时，要确保打印机和计算机的电源都已关闭。

（2）请勿在打印机、输出托盘或打印机的其他部件上放置任何重物。否则，可能会导致打印机损坏。

（3）如果在后导纸器伸出到多功能托盘之外时试图合上托盘，则可能会损坏打印机。

请务必进行检查，确保后导纸器已完全推回到多功能托盘中，再合上多功能托盘。

（4）只在需要时敞开打印机的顶盖。阳光直射或强光照射均会降低打印机的性能。

（5）请勿在打印机打印时摇动打印机。否则，可能会导致打印质量下降。

（6）在打印时请勿敞开打印机的顶盖。否则，可能会导致打印机损坏。

（7）在开、合打印机的输出托盘、多功能托盘和顶盖时不要用力过猛。否则，可能会损坏打印机。

（8）如果想在打印机上盖一块毯子来防止灰尘进入打印机，则应先关闭打印机待其冷却后再为其盖上毯子。

（9）如果打印机长期不用，则应断开电源。

（10）请勿在使用化学物品的房间内使用或存放打印机。

（11）打印期间及打印结束后不久，输出托盘周围区域会变得很热，所以从输出托盘中取出纸张或清除卡纸时不要触碰输出托盘周围的区域。

2．投影机的安装、使用

（1）将投影机放在平整的地方。

① 投影机与电源和计算机的距离不得超出 6ft（约 1.8m）。

② 如果要从半透明的屏幕背后投影，请将投影机放在屏幕后面。

（2）将投影机放在距离屏幕合适的位置处。

如果图像太大或太小，可使用缩放光圈调整尺寸，或者将投影机向前或向后移动，投影机与投影屏幕的距离必须大于 4.9ft（约 1.5m）。

（3）使用结束后确保投影机和计算机的电源都已关闭。

（4）投影机使用完毕后，切勿直接关闭电源，在确保投影机风扇自行不转后，方可关闭电源。

5.2 安全用电、防电磁辐射知识（△◇☆）

5.2.1 安全用电知识

1．关于人体触电的知识

1）触电的种类

① 电击：就是通常所说的触电，触电死亡绝大部分是由电击造成的。

② 电伤：由电流的热效应、化学效应、机械效应及电流本身作用所造成的人体外伤。

2）电流对人体伤害程度不同的因素

电流对人体的伤害程度一般与下面几个因素有关。

① 通过人体的电流强度：通过人体的电流强度取决于触电电压和人体电阻，一般人体电阻为 1000～2000Ω，通常女性的阻抗要比男性的低。

② 电流通过人体的时间长短：电流通过人体的时间越长，对人体的伤害程度越深。

③ 电流通过人体的部位：从内部来看，电流通过人体的脑部和心脏时最危险；从外

部来看，电流从左手至脚的触电最危险，电流从脚到脚的触电对心脏影响最小。

④ 通过人体的电流的频率：40～60Hz 的交流电对人体危害最大，我国使用的交流电频率为 50Hz。

⑤ 触电者的身体状况。

3）对人体作用的电流的划分

① 感知电流。

引起人的感觉的最小电流称为感知电流，人接触到这样的电流会有轻微麻感，一般成年男性平均感知电流有效值约为 1.1mA，成年女性平均感知电流有效值约为 0.7mA。

② 摆脱电流。

人触电后能自行摆脱的最大电流称为摆脱电流，一般成年男性平均摆脱电流有效值约为 16mA，成年女性平均摆脱电流有效值约为 10.5mA。

③ 致命电流。

在较短时间内危及生命的电流称为致命电流。

以工频电流为例，1mA 左右的电流通过人体，会使人产生麻刺等不舒服的感觉；10～30mA 的电流通过人体，使人产生麻痹、剧痛、痉挛、血压升高、呼吸困难等症状，但通常不会导致生命危险；50mA 以上的电流通过人体，会引起心室颤动从而导致生命危险；100mA 以上的电流通过人体，足以致人死亡。

4）触电的方式

① 单相触电。

在低压电力系统中，人站在地上接触到一根火线称为单相触电或单线触电，人体接触漏电的设备外壳，也属于单相触电。

② 两相触电。

人体不同部位同时接触两相电源带电体而引起的触电叫作两相触电。

③ 接触电压、跨步电压触电。

当外壳接地的设备的绝缘层被损坏而使外壳带电（或导线断落发生单相接地故障）时，电流由设备外壳经接地线、接地体（或由断落导线经接地点）流入大地，向四周扩散，在导线接地点及周围形成强电场。

接触电压：人站在地面上触及设备外壳所承受的电压。

跨步电压：人站在设备附近的地面上，两脚所承受的电压。

5）安全电压

在没有任何防护设备的条件下对人体各部分组织均不造成伤害的电压称为安全电压。世界各国对于安全电压的规定不同，有 50V、40V、36V、25V、24V 等，其中以 50V、25V 居多。国际电工委员会规定安全电压限定值为 50V，电压在 25V 以下时不必考虑防止电击的问题。我国规定 12V、24V、36V 这 3 个电压等级为安全电压级别。在湿度大、狭窄、行动不便、周围有大面积接地导体的场所使用的手提照明灯具，应采用 12V 安全电压。凡手提照明灯具，用于危险环境、特别危险环境的局部照明灯具，高度不足 2.5m 的一般照明灯具，携带式电动工具等，若无特殊的安全防护装置或安全措施，均应采用 24V 或 36V 安全电压。

6）触电原因

① 直接触电：人体直接接触或过分接近带电体而触电。

② 间接触电：人体触及正常时不带电而发生故障时才带电的金属导体。

③ 常见的触电原因：线路架设不合规格；电器操作制度不严格；用电设备不合要求；用电不规范。

2. 触电的预防

1）直接触电的预防

① 绝缘措施。

良好的绝缘是保证电气设备和线路正常运行的必要条件。例如，新装或大修后的低压设备和线路，绝缘电阻不应低于 0.5MΩ；高压线路和设备的绝缘电阻不低于 1000MΩ。

② 屏护措施。

凡是由金属材料制作的屏护装置都应妥善接地或接零线。

③ 间距措施。

在带电体与地面间、带电体与其他设备间应保持一定的安全间距。间距大小取决于电压高低、设备类型、安装方式等因素。

2）间接触电的预防

① 加强绝缘。

对电气设备或线路采取双重绝缘，使设备或线路的绝缘可靠。

② 电气隔离。

采用隔离变压器或具有同等隔离作用的发电机。

③ 自动断电保护。

采用漏电保护、过流保护、过压或欠压保护、短路保护、接地保护等措施。

5.2.3 防电磁辐射知识

人类一直生活在电磁辐射环境中，因为地球本身就是一个大磁场，它表面的热辐射和雷电都可产生电磁辐射，太阳及其他星球也从外层空间源源不断地产生电磁辐射。当电磁能被控制在一定限度内时，对人体及其他生物体是有益的，可以加速生物体的微循环、防止炎症的发生，还可以促进植物的生长和发育。但是当电磁能超过一定限度后，就会逐渐出现负面影响。

1. 电磁辐射的危害

1）干扰电子设备

大量的研究表明，电磁辐射会造成广播与电视不能收听、收看，自动控制信号失误，电子仪器仪表失灵，飞机指示信号失误或空中指挥信号受到干扰，医院的医疗器械或病人的心脏起搏器受到干扰等，从而带来大量的经济损失。

2）影响易燃、易爆物品

导线及其金属表面处空气中的电晕放电，绝缘子承受高电位梯度区域中放电，连接松动或接触不良导致的间隙火花放电等放电现象产生的电磁辐射会对诸如武器弹药、燃油等易燃、易爆物品产生潜在的威胁，或者使电爆管的效应提前或滞后，从而危及人身安全与财产安全。

3）危害人体

电磁辐射对人体的危害包括热效应、非热效应和累积效应。

高频电磁波会对生物肌体细胞起“加热”作用。人体在受到高频电磁辐射后，肌体升温，如果吸收的电磁能很多，靠体温的调节无法把热量散发出去，就会引起体温升高，进而引发各种症状，这被称为热效应。

人体在受到低频电磁辐射后，体温并未明显升高，但人体固有的微弱电磁场受到干扰，使血液、淋巴液和细胞原生质发生改变，对人体造成严重危害，这被称为非热效应。

热效应和非热效应作用于人体后使人体受到伤害，如果在这些伤害尚未来得及自我修复之前再次受到电磁辐射的话，伤害程度就会发生累积，久之会成为永久性病态，危及生命。长期受到电磁辐射，即使电磁波功率很小、频率很低，也可能会诱发想不到的病变，这被称为累积效应。

2. 电磁辐射防护

1）电磁屏蔽

电磁屏蔽是利用一些能抑制电磁辐射扩散的材料，将电磁辐射源与外界隔离，使电磁能被限制在某一范围内，从而达到防止电磁污染的目的。电磁屏蔽装置一般为由金属材料（或导电性好的非金属材料）制成的封闭壳体，并与地相接。电磁屏蔽主要是利用电磁屏蔽装置对电磁能进行反射与吸收，使得传递到屏蔽体上的电磁能一部分被屏蔽体反射，进入屏蔽体内的电磁能又有一部分被吸收，因此透过屏蔽体的电磁场强度会大幅度衰减，从而避免了对人与环境的危害。

2）吸收防护

吸收防护是利用电磁匹配、谐振的原理，采用对电磁能具有吸收作用的材料，对电磁能进行衰减，并将其吸收、转化为热能。吸收防护是减小微波辐射危害的一项积极有效的措施，可在电磁辐射源附近使电磁能大幅度降低，多用于近场区的防护。

石墨、铁氧体、活性炭等是较好的电磁能吸收材料，也可在塑料、橡胶、胶木、陶瓷等材料中加入铁粉末、木材和水等制成泡沫吸收材料、涂层吸收材料和塑料板吸收材料等作为电磁能吸收材料。

3）个人防护

我们在平时工作和日常生活中，应自觉采取措施，减小电磁辐射的危害。应尽量增大人体与电磁辐源的距离，因为电磁辐射对人体的危害与电磁波的发射功率及人与电磁辐射源的距离紧密相关，它的危害程度与电磁波的发射功率成正比，而与人与电磁辐射源的距离的平方成反比。当因工作需要操作人员必须进入微波辐射源的近场区作业时，或因某些原因不能对电磁辐射源采取有效的屏蔽、吸收等措施时，必须采取个人防护措施，以保护操作人员安全。个人防护措施主要有穿防护服、戴防护头盔和防护眼镜等。

4）区域控制与综合治理

对于工业集中城市，特别是电子工业集中城市或电气、电子设备密集使用地区，可以将电磁辐射源相对集中在某一区域，使其远离一般工作区或居民区，并对这样的区域设置安全隔离带，如利用绿色植物对电磁能具有较好的吸收作用，采用绿化隔离带在较大的区域范围内减少电磁辐射的危害。

5.3 防火、防爆知识（△◇☆）

5.3.1 防火知识

1．火灾产生的原因

几乎所有的电器故障都可能导致电器着火，如设备材料选择不当，过载、短路或漏电，照明及电热设备故障，熔断器烧断、接触不良，以及雷击、静电等，都可能引起高温、高热或者产生电弧、放电火花，从而引发火灾事故。

2．火灾的预防和紧急处理

1）火灾的预防

应按场所的危险等级正确地选择、安装、使用和维护电气设备及线路，按规定正确采用各种保护措施。在线路设计上，应充分考虑负载容量及合理的过载能力；在用电上，应禁止超载及乱接、乱搭电源线；对须在监护下使用的电气设备，应做到“人去停用”；对易引起火灾的场所，应注意加强防火，配备防火器材。

2）火灾的紧急处理

在发生火灾时，首先应切断电源，同时拨打火警电话报警。不能用水或普通灭火器（如泡沫灭火器）灭火，应使用干粉灭火器、二氧化碳灭火器或“1211”灭火器等灭火，也可用干燥的黄沙灭火。

5.3.2 防爆知识

1．由电引起的爆炸

由电引起的爆炸主要发生在含有易燃、易爆气体或粉尘的场所。

2．防爆措施

在有易燃、易爆气体或粉尘的场所，应合理配备防爆电气设备，正确铺设电气线路，保持场所通风良好；应保证电气设备的正常运行，防止短路、过载；应安装自动断电保护装置，危险性大的设备应避免安装在危险区域；有易爆物体的场所一定要配备防爆电机等防爆电气设备，使用便携式电气设备应特别注意安全；应采用三相五线制电源或单相三线制电源，线路接头采用熔焊或钎焊方式焊接。

5.4 防静电知识（△◇☆）

任何物质都是由原子组合而成的，原子的基本结构包括质子、中子和电子，质子带正电，中子不带电，电子带负电。在正常情况下，一个原子的质子数与电子数相同，正负电平衡，所以对外呈现出不带电的现象。但是电子绕原子核运动，受外力作用，就会造成电子分布不平衡的现象，因而形成静电。

5.4.1 静电产生的基本原因

（1）因不同材料的原子核对其最外围电子的吸引力不同，故当两种不同材料相互接触或摩擦时，其上的外围电子会转移到吸引力较强的材料上，导致一种材料带正电荷，而另一种材料带负电荷。

（2）电子能在导体表面自由移动。当带电导体和中性导体接触时，电子会从带电导体流向中性导体，导致二者电荷平衡。

（3）邻近电场极化中性物体内的电子分布。当中性物体接地时，与电场相同的电子会被排斥。若接地突然中断，然后使物体离开电场，则该物体会因之前的电场感应而带电。

5.4.2 静电对电子产品的危害

晶片制造：污染晶片，并隔断晶片上的细小线路。静电放电产生电磁干扰，影响自动机的操作。

集成电路的组装和测试：积聚的静电向未封装的晶片引脚放电，破坏集成电路的内部结构。

线路板组装：污染线路板，可造成假焊。静电放电会破坏线路板上的集成电路，从而破坏整块线路板的功能。

产品组装：污染外壳，影响产品外观。微尘吸附或掉在产品内部，会影响产品质量。由静电放电造成的软破坏，也会影响产品的质量，使产品无故失效。

硬盘磁头工业：静电放电破坏磁极，阻碍磁头运作。

薄膜电晶体液晶片工业：静电放电破坏细小的晶体，造成整体失效；污染细的电子线路，破坏线路的完整性。

微电机工业：静电放电污染部件，使部件之间的活动受阻；静电放电的电磁干扰会令微电机操作失效。

5.4.3 静电控制方案

1．接地

（1）接地是人体防静电的措施之一，它的目的是使物体与大地之间构成电气上的泄露电路，将人体产生的静电泄露于大地，同时可以防止位于人体附近某个物体或接触该物体的另一个物体受到人体的静电感应，还可以限制人体的电位上升，或限制由此产生

的静电放电。对于导体接地是解决导体静电问题的最佳方案，但对于绝缘体上的静电问题完全无用。由于人体为导体，因此我们可以使用接地的方法把人体上的静电放走，如戴防静电手腕带、穿防静电鞋和防静电工作服等。但由于人体在接地时又会与其他电气设备连接起来，为避免设备漏电时伤害人体，在手腕内藏有 1 000 000Ω的电阻，以确保漏电电流不伤害人体。

（2）接地是电子工业厂房静电防护系统的关键静电防护措施之一，其可靠程度直接影响着静电防护效果的可靠性和安全性。电子工业厂房的接地主要有以下几种：电磁屏蔽接地；防雷接地（接零线）；建筑构件接地；防静电接地。前 3 种接地主要在设计电子工业厂房时由建筑设计部门完成，而防静电接地则主要由工厂工艺技术管理部门设计或提出要求。

2．典型的防静电接地

为了保证防静电和电源供电的安全可靠，必须将防静电接地和电源零线接地严格分开，为了实现这一目标，一般采用“一点引出，电阻隔离”的接地方法，即在从电源主配电箱地线处（该点至地的电阻小于 4Ω）直接引出电源零线的同时，在同一点经过 1MΩ 电阻隔离后引出防静电接地的主干线。该主干线应采用截面积为 $5m^2$ 以上的铜芯橡皮软线。然后从主干线出发进行防静电接地的设计。防静电地线与电源零线在整个接地系统中必须严格分开，各走其道，中途不允许并接或混接，即须采用三线五线制供电系统，这是最典型的防静电接地线路之一。

3．工作环境

环境对静电的产生也有很大的影响。以电子装配车间为例，要有一套完整的防静电操作系统，如防静电的工作台、台垫、包装盒、元器件盒、电烙铁等。操作间地面应铺设防静电地坪，屋顶安装离子风静电消除器等。操作人员应统一穿防静电工作服和防静电鞋、戴防静电手腕带，并尽量减少人员走动。整个操作间湿度应大于 65%，并适当提高室内温度。

4．建立相应的防静电操作规程

静电防护是一项综合性的工程，它涉及生产领域中的设计审查、订货、入库检验、筛选、库房储存、装联、调试、维修、包装、发货等方面。在电子产品制造过程中，应制定出一套完整的静电防护安全操作规程，同时可参考中国电子行业标准 SJ/T 10533—94《电子设备制造防静电技术要求》，并严格执行，采取有效的防护措施。

5.5 有毒气体预防知识（△◇☆）

有毒气体主要分为刺激性气体和窒息性气体两种，是生产中经常使用的原料或产品。发生气体中毒事故往往是由于生产中漏气或事故而致气体外逸，有毒气体会使人的呼吸道黏膜、眼及皮肤受到直接刺激作用，甚至引起肺水肿及全身中毒。常见的有毒气体有氯气、氨气、氯化氢、氮氧化物、光气、氟化氢、二氧化硫、三氧化硫和一氧化碳等。

刺激性气体是指对人的呼吸道黏膜、眼及皮肤有刺激作用的气体，它是化学工业中常遇到的有毒气体。刺激性气体的种类甚多，常见的有氯气、氨气、氮氧化物、光气、氟化氢、二氧化硫、三氧化硫等。

窒息性气体是指能造成机体缺氧的气体。窒息性气体可分为单纯窒息性气体、血液窒息性气体和细胞窒息性气体，包括氮气、甲烷、乙烷、乙烯、一氧化碳、硝基苯的蒸汽、氰化物、硫化氢等。

5.5.1 刺激性气体的危害与预防

许多生产过程都会产生刺激性气体，这些气体多具有腐蚀性，经呼吸道进入人体可造成急性中毒。刺激性气体对机体的毒害作用的共同特点是对呼吸道黏膜、眼及皮肤具有不同程度的刺激性，一般以局部损害为主，但也可引起全身反应。例如，“三酸”（硝酸、硫酸和盐酸）蒸汽既可刺激呼吸道黏膜，也可烧伤皮肤，长期接触低浓度酸雾，还可刺激牙齿，引起牙齿酸蚀症。氯气、氨气、二氧化硫、三氧化硫等水溶性大，遇到湿润部位即会引起损害，如这些气体被吸入后，在上呼吸道黏膜溶解，直接刺激黏膜，引起上呼吸道黏膜充血、水肿和分泌物增加，产生化学性炎症反应，出现流涕、喉痒、咳嗽等症状。氮氧化物、光气等水溶性小，它们在通过上呼吸道黏膜时，很少发生水解，故黏膜刺激作用轻微，但可继续深入支气管和肺泡，逐渐与黏膜上的水分起作用，对肺组织产生较强的刺激和腐蚀作用，严重时会出现肺水肿症状。

刺激性气体的预防重点：杜绝意外事故发生，防止漏气，并做好废气回收及综合利用工作。生产过程中采用自动化控制技术，自动调节设备以维持正常操作条件，防止事故发生。提高设备的密闭性，防止金属设备腐蚀破裂。根据生产工艺特点选用合适的通风方法。加强个人防护，在接触腐蚀性液体时，应穿戴耐腐蚀的防护用具，如橡皮手套、防护眼镜、防护胶鞋等，还应戴防毒口罩或防护面具，涂皮肤防护油膏。加强健康监护，做好岗前及定期体检，有过敏性哮喘、过敏性皮肤病或皮肤暴露部位有湿疹等疾病的人，有眼、鼻、咽喉、气管等呼吸道慢性疾病的人，肺结核（包括稳定期）患者，以及心脏病患者，不应做接触刺激性气体的工作。

1. 二氧化硫

二氧化硫主要源于含硫矿物燃料（煤和石油）的燃烧，在金属矿物的焙烧、毛和丝的漂白、化学纸浆漂白和制酸等生产过程中亦有含二氧化硫的废气产生。二氧化硫是无色、有硫酸味的强刺激性气体，易溶于水，与水反应生成硫酸，对眼睛、呼吸道有强烈的刺激和腐蚀作用，可引起鼻、咽喉和支气管发炎，呼吸麻痹，严重时引起肺水肿。它是一种活性气体，在空气中可以氧化成三氧化硫，形成硫酸烟雾，其毒性比二氧化硫大 10 倍。当空气中二氧化碳浓度达 0.0005%时，嗅觉器官就能闻到刺激味；达 0.002%时，有强烈的刺激味，可引起头痛和咽喉痛；达 0.05%时，可引起支气管炎和肺水肿，短时间内即可造成死亡。我国二氧化硫安全卫生标准为 15mg/m^3。

2. 氮氧化物

氨氧化物主要来源于燃料的燃烧及化工、电镀等生产过程。二氧化氮是棕红色气体，对呼吸器官有强烈刺激性，能引起急性哮喘病。实验证明，二氧化氮会迅速破坏肺细胞，这可能是肺气肿和肺瘤的病因之一。

3. 光气

职业性急性光气中毒是在生产环境中吸入光气引起的以急性呼吸系统损害为主的全身性疾病。在光气生产过程中，氯代烃高温燃烧，光气进行有机合成，在染料、农药、医药等的生产过程中均可接触到光气。当生产环境中的光气浓度为20～30mg/m^{3}时，可发生急性中毒；接触浓度为100～300mg/m^{3}的光气10～15min可致严重中毒或死亡。

光气在临床上主要引起呼吸道黏膜刺激症状，重者引起支气管痉挛、化学性炎症、肺水肿、窒息等。急性中毒治愈后，一般无后遗症，重度病例可能留有明显的呼吸系统症状或体征。

5.5.2 窒息性气体的危害与预防

常见的窒息性气体有一氧化碳、硫化氢和氰化物等，它们进入人体后，会使血液的运氧能力或组织利用氧的能力发生障碍，造成组织缺氧而对人体产生危害。

1. 一氧化碳

一氧化碳是无色、无味的气体，能均匀散布于空气中，微溶于水，一般化学性不活泼，但浓度在13%～75%时能引起爆炸。一氧化碳多数产生于工业炉、内燃机等设备的不完全燃烧，也可产生于煤气设备的渗漏。一氧化碳毒性大，它与人体血红蛋白的亲和力是氧气与人体血红蛋白的亲和力的250～300倍。人体吸入一氧化碳后，一氧化碳很快与血红蛋白结合从而大大降低血红蛋白吸收氧气的能力，使人体各部分组织和细胞缺氧，引起窒息和血液中毒，严重时造成死亡。当空气中一氧化碳浓度达0.4%时，人在很短时间内就会失去知觉，若抢救不及时就会中毒死亡。人体中毒程度和快慢与一氧化碳浓度的关系如表5-1所示。

表5-1 人体中毒程度和快慢与一氧化碳浓度的关系

中毒程度	中毒时间	一氧化碳浓度/（mg/L）	二氧化碳体积浓度	中毒症状
无征兆或轻微征兆	数小时	0.2	0.016%	
轻微中毒	1h内	0.6	0.048%	耳鸣、心跳、头晕、头痛
严重中毒	0.5～1h	1.6	0.128%	耳鸣、心跳、头痛、四肢无力、呕吐
致命中毒	短时间	5.0	0.400%	丧失知觉、呼吸停顿

由于一氧化碳是无色、无味气体，且能均匀地和空气混合，不易被人发觉，因此必须注意防护。我国一氧化碳安全卫生标准为30mg/m^3。

2. 硫化氢

硫化氢是无色、有明显的臭鸡蛋气味的可燃气体，可溶于水、乙醇、汽油、煤油、原油，自燃点为246℃，爆炸极限浓度为4.3%～46%。硫化氢在燃烧时火焰呈蓝色并产生二氧化硫，当硫化氢与空气混合达到爆炸浓度时可引起强烈爆炸。

硫化氢由硫化铁与稀硫酸或盐酸反应制得，或通过氢与硫蒸汽反应制取。硫化氢很少用于生产，一般是化学反应（如含硫石油开采和提炼、粘胶人造纤维制造、合成橡胶、制染料、鞣革及制糖）过程中产生的副产品，可作为分析试剂，在农业上可作为消毒剂，它也可在含硫的有机物发酵腐败期间释放出来，急性中毒事故多发生在后一种情况下。在矿井、气井和下水道中也常遇到硫化氢。

硫化氢是强烈的刺激神经的气体，可引起窒息，即使是低浓度硫化氢对眼和呼吸道也有明显的刺激作用。低浓度硫化氢可因其明显的臭鸡蛋气味而被察觉，然而持续接触会使嗅觉变得迟钝，高浓度硫化氢能使嗅觉迅速麻木。我国硫化氢的安全卫生标准为 $10mg/m^3$。

人在轻度硫化氢中毒时，眼睛出现畏光、流泪、刺痛的感觉，还可能有眼睑痉挛、视力模糊症状，鼻及咽喉部灼热感、咳嗽、胸闷、恶心、呕吐、头晕、头痛可持续几小时，乏力，腿部有疼痛感。人在中度硫化氢中毒时，意识模糊，可有几分钟失去知觉，但无呼吸困难。人在重度硫化氢中毒时，会不知不觉陷入深度昏迷，伴有呼吸困难、气促、脸呈灰色或发绀直至呼吸困难、心动过速和阵发性强直性痉挛。大量吸入硫化氢会立即感到缺氧，可发生“电击样”中毒，引起肺部损伤，导致窒息死亡。

应加强生产过程中的密闭、通风和排毒。生产过程应密闭化，在可能逸出硫化氢的场所设置排风、通风设备，企业应纳入经常性卫生监督，应监测生产环境空气中硫化氢浓度。在不得已进入含有硫化氢的局部空间操作设备或处理下水道时，应事先进行局部通风换气，净化空气，并测定硫化氢浓度，在工作过程中要经常测定硫化氢浓度，决不可凭嗅觉检测有无硫化氢存在。

对已测得有硫化氢的场所，应加强人身防护，工人在进入该场所时应戴氧气呼吸器或有灰色色标滤毒罐的防毒面具，必须有责任心强的工人在外监护。在清理下水道或污水池时工人应戴化学防护镜。

在贮存或使用硫化氢的场所，应禁止吸烟和产生明火，电气设备应是防爆型的。在运输过程中钢瓶应固定，并贴“有毒压缩气体”标志，应在防风雨和日晒的密闭室内储藏。含硫化氢的废气处理、排放应遵守《中华人民共和国环境保护法》。为了降低硫化氢对人体的危害，建议配备相关的检测仪器（如硫化氢报警器），以提醒人们及时采取措施，把危害及损失降到最低。

5.5.3 有毒气体泄漏应急要点

（1）发生事故后，所有人员要立即撤离至上风处，隔离至有毒气体散净。

（2）合理通风，切断气源。若发生燃烧或爆炸事故，则要根据泄露的有毒气体的性质，使用泡沫灭火器或沙土灭火。对有毒气体使用泡沫或喷雾状水稀释、溶解，并收集和处理废水。还要进行抽排（室内）或强力通风（室外）。

（3）在处理工作现场时严禁吸烟、进食、喝水；工作后立即淋浴更衣；进入有毒气体高浓度区域工作必须有人监护。

（4）处置中毒人员。中毒人员迅速撤离至空气新鲜处，保持安静和保暖。用清水清洗受污染的皮肤，脱去受污染的衣服。注意观察早期病情变化，必要时吸氧。中毒人员应避免活动，严重者速送医院抢救。

5.5.4 有毒气体泄漏应急措施

（1）发生事故后，事故区域内的所有人员要注意观察风向，并立即撤离至上风处。

（2）事故处置人员进入事故现场必须戴好防护工具，必须使用正压自给式呼吸器，戴化学安全防护眼镜，穿化学防护服，戴耐酸碱橡胶手套。

5.6 安全保密知识（◇☆）

5.6.1 存储介质安全

（1）存储介质是指存储了涉密信息的硬盘、光盘、软盘、移动硬盘及U盘等。

（2）存有涉密信息的存储介质不得接入或安装在非涉密计算机或低密级的计算机上，不得转借他人，应存放在本单位指定的密码柜中。

（3）须归档的涉密存储介质，应及时归档。

（4）管理各类涉密存储介质，应当根据规定确定密级及保密期限，并视同纸制文件，按相应密级对文件进行分密级管理，严格遵守借阅、使用、保管及销毁制度。借阅、复制、传递和清退等必须严格履行手续，不能降低密级使用。

5.6.2 软件安全

（1）计算机终端应确保安装正版操作系统，并安装相应的系统补丁。

（2）严禁在运行在DCN中的服务器和计算机终端上使用未经授权或来历不明的应用软件；严禁使用可能携带病毒的软件，对于网络上的系统软件，应及时查阅有关资料，找出其存在的BUG，并及时打补丁。

（3）任何单位和个人不得在系统网络及其联网计算机上传送危害国家安全、通信公司安全的信息及个人隐私（包括多媒体信息），不得录阅传送淫秽、色情资料。

（4）网络的IP地址是网络中的重要资源。IP地址配置不当将会引起地址冲突，给网络安全带来隐患。IP地址应由网络管理员按计划分配和回收。维护人员在给节点分配IP地址时，应在规定的地址段内按地址由低至高依次分配，并将配置资料交给网络管理员。任何IP地址的使用人员不得随意更改IP地址信息。

5.6.3 计算机病毒防治

计算机病毒一般通过数据交换的途径传播，盗版软件与网络是病毒传播的重要途径。因此，计算机病毒防治应做到以下几点。

（1）经常使用杀毒软件进行查杀。

（2）安装正版杀毒软件并定期对其进行更新。

（3）不使用来历不明的软件。

（4）避免与可能携带病毒的计算机交换数据。

（5）外单位送来的移动存储设备，必须经病毒检测后方可接入使用。

（6）不打开未知邮件，当计算机出现提示时应看清内容、弄清原因再确认。

（7）发现计算机病毒应当及时清除，对于无法清除的病毒，应当及时通知信息维护部门，并采取隔离方式，防止再次对有毒数据进行访问。

5.6.4 用户密码安全保密管理规定

（1）用户密码管理的范围包括办公室所有涉密计算机所使用的密码。

（2）机密级涉密计算机的密码管理由涉密科室负责人负责，秘密级涉密计算机的密码管理由使用人负责。

（3）密码必须由数字、字母和特殊字符组成，秘密级计算机设置的密码长度不能少于 8 个字符，机密级计算机设置的密码长度不得少于 10 个字符，密码更换周期不得超过 60 天。

（4）秘密级计算机设置的用户密码由使用人自行保存，严禁将自用密码转告他人，工作需要必须转告的情况除外。

5.6.5 计算机网络信息安全

（1）为防止病毒造成严重后果，要对外来光盘、软件等进行严格管理。

（2）对于接入专网的计算机，严禁将其设为网络共享计算机，严禁将计算机内的文件设为网络共享文件。

（3）为防止黑客攻击和网络病毒的侵袭，接入专网的计算机一律安装杀毒软件，并要定时对杀毒软件进行升级。

（4）禁止将保密文件存放在网络硬盘上。

（5）禁止将涉密办公计算机擅自连接国际互联网。

（6）涉密计算机严禁直接或间接连接国际互联网和其他公共信息网络。

（7）必须对国际互联网与涉密计算机系统实行物理隔离。

（8）不得在与国际互联网相连的信息设备上存储、处理和传输任何涉密信息。

（9）应加强对上网人员进行保密意识教育，使上网人员树立保密观念，增强防范意识，自觉执行保密规定。

（10）涉密人员在其他场所连接国际互联网时，要提高保密意识，不得在聊天室、电子公告系统、网络新闻上发布、谈论和传播国家秘密信息。使用电子函件进行网上信息交流，应当遵守国家保密规定，不得利用电子函件传递、转发或抄送国家秘密信息。

5.6.6 涉密电子文件安全

（1）涉密电子文件必须定期、完整、真实、准确地存储到不可更改的介质上，并集中保存，然后从计算机上彻底删除。

（2）涉密自用信息资料由本部门管理员定期做好备份，备份介质必须标明备份日期、备份内容及相应密级，严格控制知悉此备份的人数，做好登记后放进保密柜保存。

（3）要对备份的涉密电子文件进行规范的登记管理，备份可采用磁盘、光盘、移动硬盘、U盘等存储介质。

（4）涉密电子文件和资料的备份应严加控制。未经许可严禁私自复制、转储和借阅。对存储涉密信息的存储介质应当根据有关规定确定密级及保密期限，并视同纸制文件，分密级管理，严格遵守借阅、使用、保管及销毁制度。

（5）备份文件和资料保管地点应有防火、防热、防潮、防尘、防磁、防盗设施，并进行异地备份。

第 6 章　相关法律法规及标准规范

6.1　相关法律法规

法律法规，是指中华人民共和国现行有效的法律、行政法规、司法解释、地方法规、地方规章、部门规章及其他规范性文件，以及对于该等法律法规的不时修改和补充。其中，法律有广义、狭义两种理解。从广义上讲，法律泛指一切规范性文件；从狭义上讲，法律仅指全国人民代表大会及其常务委员会制定的规范性文件。在与法规等一起谈时，法律是指狭义上的法律。法规主要指行政法规、地方性法规、民族自治法规及经济特区法规等。

6.1.1　劳动法（△◇☆）

劳动法是指调整劳动关系及与劳动关系有密切联系的其他社会关系的法律规范总称。

《中华人民共和国劳动法》于 1994 年 7 月 5 日在中华人民共和国第八届全国人民代表大会常务委员会第八次会议上通过，并于 1995 年 1 月 1 日起施行，2018 年修订。这是中华人民共和国成立后第一部综合调整劳动纠纷的法律，是我国劳动立法的里程碑。

1．总则

为了保护劳动者的合法权益，调整劳动关系，建立和维护适应社会主义市场经济的劳动制度，促进经济发展和社会进步，根据宪法，制定本法。

2．促进就业

（1）国家通过促进经济和社会发展，创造就业条件，扩大就业机会。一方面国家鼓励企业、事业组织、社会团体在法律、行政法规规定的范围内兴办产业或者拓展经营，增加就业。另一方面国家支持劳动者自愿组织起来就业和从事个体经营实现就业。

（2）地方各级人民政府应当采取措施，发展多种类型的职业介绍机构，提供就业服务。

（3）国家保障劳动者平等就业的权利。劳动者就业，不因民族、种族、性别、宗教信仰不同而受歧视。妇女享有与男子平等的就业权利。在录用职工时，除国家规定的不适合妇女的工种或者岗位外，不得以性别为由拒绝录用妇女或者提高对妇女的录用标准。

（4）残疾人、少数民族人员、退出现役的军人的就业，法律、法规有特别规定的，从其规定。

（5）禁止用人单位招用未满十六周岁的未成年人。文艺、体育和特种工艺单位招用未满十六周岁的未成年人，必须遵守国家有关规定，并保障其接受义务教育的权利。

3．劳动合同

劳动合同是劳动者与用人单位确立劳动关系、明确双方权利和义务的协议。建立劳动

关系应当订立劳动合同。

（1）劳动合同的订立。

劳动合同订立，是指劳动者和用人单位之间依法就劳动合同条款进行平等协商，达成协议，确立劳动关系和明确相互权利义务的法律行为。订立劳动合同是建立劳动法律关系的前提和基础。订立和变更劳动合同，应当遵循平等自愿、协商一致的原则，不得违反法律、行政法规的规定。违反法律、行政法规的劳动合同或者采取欺诈、威胁等手段订立的劳动合同是无效的。

劳动合同应当以书面形式订立，并具备以下条款：（一）劳动合同期限；（二）工作内容；（三）劳动保护和劳动条件；（四）劳动报酬；（五）劳动纪律；（六）劳动合同终止的条件；（七）违反劳动合同的责任。

劳动合同可以约定试用期。试用期最长不得超过六个月。

（2）劳动合同的履行、变更、终止。

劳动合同履行及履行原则。劳动合同的履行，是指劳动合同的双方当事人按照合同约定履行各自的义务，并享有各自的权利的行为。劳动合同依法生效以后，合同的双方当事人就必须履行合同。当事人在履行劳动合同过程中必须坚持以下三项原则：亲自履行原则；全面履行原则；合作履行原则。

劳动合同的变更。劳动合同内容的变更，是指劳动合同双方当事人就已经产生的合同条款达成的修改或补充的法律行为。劳动合同的变更发生于劳动合同已经依法生效但是还没有完全履行完毕期间。与劳动合同的订立一样，劳动合同的变更同样应当遵循平等自愿、协商一致的原则，不得违反法律、行政法规的规定。劳动合同的变更是双方当事人的法律行为，提出变更要求的一方应当提前通知对方，并须取得对方当事人的同意。只有在双方当事人就合同变更协商一致，达成协议之后，劳动合同的变更才成立。

劳动合同的终止和解除。劳动合同的终止，是指劳动合同的法律效力终止。劳动合同的终止可以分为正常的终止和非正常的终止两种。正常的终止，是指劳动合同期满或者当事人约定的劳动合同终止条件出现，劳动合同即行终止；非正常的终止，是指劳动合同的提前终止，即劳动合同的解除。经劳动合同当事人协商一致，劳动合同可以解除。

劳动者有下列情形之一的，用人单位可以解除劳动合同：（一）在试用期间被证明不符合录用条件的；（二）严重违反劳动纪律或者用人单位规章制度的；（三）严重失职、营私舞弊，对用人单位利益造成重大损害的；（四）被依法追究刑事责任的。

劳动者解除劳动合同，应当提前三十日以书面形式通知用人单位。

4. 工作时间和休息休假

工作时间，是指劳动者根据国家法律的规定，在一个昼夜或一周之内从事本职工作的时间。

《中华人民共和国劳动法》明确规定，国家实行劳动者每日工作时间不超过八小时、平均每周工作时间不超过四十四小时的工时制度。

国家实行带薪年休假制度。劳动者连续工作一年以上的，享受带薪年休假。具体办法由国务院规定。

5. 工资

工资，是指用人单位按照法律法规的规定和集体合同与劳动合同的约定，依据劳动者提供的劳动数量和质量以货币形式直接支付给本单位劳动者的劳动报酬，一般包括计时工资、计件工资、奖金、津贴和补贴、延长工作时间的工资报酬及特殊情况下支付的工资等。

工资分配应当遵循按劳分配原则，实行同工同酬。用人单位支付劳动者的工资不得低于当地最低工资标准。

工资应当以货币形式按月支付给劳动者本人。不得克扣或者无故拖欠劳动者的工资。

下列情形用人单位应当支付高于劳动者正常工作时间工资的工资报酬：安排劳动者延长时间的；休息日安排劳动者工作又不能安排补休的；法定休假日安排劳动者工作的。

6. 劳动安全卫生

劳动者在劳动过程中必须严格遵守安全操作规程。劳动者对用人单位管理人员违章指挥、强令冒险作业，有权拒绝执行；对危害生命安全和身体健康的行为，有权提出批评、检举和控告。

7. 职业培训

国家通过各种途径，采取各种措施，发展职业培训事业，开发劳动者的职业技能，提高劳动者素质，增强劳动者的就业能力和工作能力。

用人单位应当建立职业培训制度，按照国家规定提取和使用职业培训经费，根据本单位实际，有计划地对劳动者进行职业培训。

国家确定职业分类，对规定的职业制定职业技能标准，实行职业资格证书制度，由经备案的考核鉴定机构负责对劳动者实施职业技能考核鉴定。

8. 社会保险和福利

国家发展社会保险事业，建立社会保险制度，设立社会保险基金，使劳动者在年老、患病、工伤、失业、生育等情况下获得帮助和补偿。

国家发展社会福利事业，兴建公共福利设施，为劳动者休息、修养和疗养提供条件。用人单位应当创造条件，改善集体福利，提高劳动者的福利待遇。

9. 劳动争议

用人单位与劳动者发生劳动争议，当事人可以依法申请调解、仲裁、提起诉讼，也可以协商解决。

调解原则适用于仲裁和诉讼程序。

10. 法律责任

用人单位的法律责任。用人单位制定的劳动规章制度违反法律、法规规定的，由劳动行政部门给予警告，责令改正；对劳动者造成损害的，应当承担赔偿责任。用人单位违反本法规定的条件解除劳动合同或者故意拖延不订立劳动合同的，由劳动行政部门责令改正；对劳动者造成损害的，应当承担赔偿责任。用人单位有下列侵害劳动者合法权益情形

之一的，由劳动行政部门责令支付劳动者的工资报酬、经济补偿，并可以责令支付赔偿金：（一）克扣或者无故拖欠劳动者工资的；（二）拒不支付劳动者延长工作时间工资报酬的；（三）低于当地最低工资标准支付劳动者工资的；（四）解除劳动合同后，未依照本法规定给予劳动者经济补偿的。

劳动者的法律责任。劳动者违反本法规定的条件解除劳动合同或者违反劳动合同中约定的保密事项，对用人单位造成经济损失的，应当依法承担赔偿责任。劳动行政部门或者有关部门的工作人员滥用职权、玩忽职守、徇私舞弊，构成犯罪的，依法追究刑事责任；不构成犯罪的，给予行政处分。

6.1.2 劳动合同法（△◇☆）

劳动合同法是为了完善劳动合同制度，明确劳动合同双方当事人的权利和义务，保护劳动者的合法权益，构建和发展和谐稳定的劳动关系而制定的。订立劳动合同，应当遵循合法、公平、平等自愿、协商一致、诚实信用的原则。依法制定的劳动合同具有约束力，用人单位与劳动者应当履行劳动合同约定的义务。

《中华人民共和国劳动合同法》于 2007 年 6 月 29 日在中华人民共和国第十届全国人民代表大会常务委员会第二十八次会议上通过，自 2008 年 1 月 1 日起施行，2012 年修订。

1. 总则

为了完善劳动合同制度，明确劳动合同双方当事人的权利和义务，保护劳动者的合法权益，构建和发展和谐稳定的劳动关系，制定本法。

2. 劳动合同的订立

建立劳动关系，应当订立书面劳动合同。已建立劳动关系，未同时订立书面劳动合同的，应当自用工之日起一个月内订立书面劳动合同。

劳动合同由用人单位与劳动者协商一致，并经用人单位与劳动者在劳动合同文本上签字或者盖章生效。劳动合同文本由用人单位和劳动者各执一份。

用人单位招用劳动者，不得扣押劳动者的居民身份证和其他证件，不得要求劳动者提供担保或者以其他名义向劳动者收取财物。

3. 劳动者薪资

用人单位应当按照劳动合同约定和国家规定，向劳动者及时足额支付劳动报酬。用人单位应当严格执行劳动定额标准，不得强迫或者变相强迫劳动者加班。用人单位安排加班的，应当按照国家有关规定向劳动者支付加班费。

劳动者在试用期的工资不得低于本单位相同岗位最低档工资或者劳动合同约定工资的百分之八十，并不得低于用人单位所在地的最低工资标准。

4. 劳动者培训

用人单位为劳动者提供专项培训费用，对其进行专业技术培训的，可以与该劳动者订立协议，约定服务期。

劳动者违反服务期约定的，应当按照约定向用人单位支付违约金。违约金的数额不得超过用人单位提供的培训费用。

5．劳动合同的变更

用人单位与劳动者协商一致，可以变更劳动合同约定的内容。变更劳动合同，应当采用书面形式。变更后的劳动合同文本由用人单位和劳动者各执一份。

6．劳动合同的解除和终止

用人单位与劳动者协商一致，可以解除劳动合同。

劳动者提前三十日以书面形式通知用人单位，可以解除劳动合同。劳动者在试用期内提前三日通知用人单位，可以解除劳动合同。

劳动者有下列情形之一的，用人单位可以解除劳动合同：（一）在试用期间被证明不符合录用条件的；（二）严重违反用人单位的规章制度的；（三）严重失职，营私舞弊，给用人单位造成重大损害的；（四）劳动者同时与其他用人单位建立劳动关系，对完成本单位的工作任务造成严重影响，或者经用人单位提出，拒不改正的。

6.1.3 产品质量法（△◇☆）

《中华人民共和国产品质量法》于 1993 年 2 月 22 日在中华人民共和国第七届全国人民代表大会常务委员会第三十次会议上通过，自 1993 年 9 月 1 日起施行，2000 年、2009 年、2018 年三次修正。

1．总则

为了加强对产品质量的监督管理，提高产品质量水平，明确产品质量责任，保护消费者的合法权益，维护社会经济秩序，制定本法。

在中华人民共和国境内从事产品生产、销售活动，必须遵守本法。本法所称产品是指经过加工、制作，用于销售的产品。

2．产品质量的监督

国家根据国际通用的质量管理标准，推行企业质量体系认证制度。产品质量应当检验合格，不得以不合格产品冒充合格产品。禁止生产、销售不符合保障人体健康和人身、财产安全的标准和要求的工业产品。

国家对产品质量实行以抽查为主要方式的监督检查制度。监督抽查工作由国务院产品质量监督部门规划和组织。县级以上地方产品质量监督部门在本行政区域内也可以组织监督抽查。对依法进行的产品质量监督检查，生产者、销售者不得拒绝。

3．生产者的责任和义务

生产者应当对其生产的产品质量负责，产品质量应当符合要求，不得生产不合格产品。不得以不合格产品冒充合格产品。

不合格产品主要是指：（一）国家明令淘汰并停止销售的产品和失效、变质的产品；（二）伪造产地，伪造或者冒用他人的厂名、厂址的产品；（三）伪造或者冒用认证标志等质量标志的产品；（四）掺杂、掺假，以假充真、以次充好的产品。

4．销售者的责任和义务

销售者应当采取措施，保持销售产品的质量。

销售者应该销售高品质产品，不得销售不合格产品。

5．损害赔偿

对不合格产品或与消费者购买意愿不相符合的产品，实行销售者先付制度。销售者有权向生产者、供货者追偿。

生产者之间，销售者之间，生产者与销售者之间订立的买卖合同、承揽合同有不同约定的，合同当事人按照合同约定执行。

因产品存在缺陷造成人身、缺陷产品以外的其他财产损害的，生产者应当承担赔偿责任。受害人可以向产品的生产者要求赔偿，也可以向产品的销售者要求赔偿。

因产品质量发生民事纠纷时，当事人可以通过协商或者调解解决。当事人不愿通过协商、调解解决或者协商、调解不成的，可以根据当事人各方的协议向仲裁机构申请仲裁；当事人各方没有达成仲裁协议或者仲裁协议无效的，可以直接向人民法院起诉。

6．罚则

生产、销售不符合保障人体健康和人身、财产安全的国家标准、行业标准的产品的或者其他不合格产品的，责令停止生产、销售，没收违法生产、销售的产品，并处以相应的罚款；有违法所得的，并处没收违法所得；情节严重的，吊销营业执照；构成犯罪的，依法追究刑事责任。

6.1.4　消费者权益保护法（△◇）

《中华人民共和国消费者权益保护法》于 1993 年 10 月 31 日在中华人民共和国第八届全国人民代表大会常务委员会第四次会议上通过，自 1994 年 1 月 1 日起施行，2009 年、2013 年两次修正。

1．总则

为保护消费者的合法权益，维护社会经济秩序，促进社会主义市场经济健康发展，制定本法。

消费者为生活消费需要购买、使用商品或者接受服务，其权益受本法保护；本法未作规定的，受其他有关法律、法规保护。

经营者为消费者提供其生产、销售的商品或者提供服务，应当遵守本法；本法未作规定的，应当遵守其他有关法律、法规。

经营者与消费者进行交易，应当遵循自愿、平等、公平、诚实信用的原则。

国家保护消费者的合法权益不受侵害。国家采取措施，保障消费者依法行使权利，维护消费者的合法权益。国家倡导文明、健康、节约资源和保护环境的消费方式，反对浪费。

2．消费者的权利

（1）消费者在购买、使用商品和接受服务时享有人身、财产安全不受损害的权利。消费者有权要求经营者提供的商品和服务，符合保障人身、财产安全的要求。

（2）消费者享有知悉其购买、使用的商品或者接受的服务的真实情况的权利。

（3）消费者享有自主选择商品或者服务的权利。消费者有权自主选择提供商品或者服务的经营者，自主选择商品品种或者服务方式，自主决定购买或者不购买任何一种商品、接受或者不接受任何一项服务。消费者在自主选择商品或者服务时，有权进行比较、鉴别和挑选。

（4）消费者享有公平交易的权利。消费者在购买商品或者接受服务时，有权获得质量保障、价格合理、计量正确等公平交易条件，有权拒绝经营者的强制交易行为。

3．经营者的义务

（1）经营者向消费者提供商品或者服务，应当依照本法和其他有关法律、法规的规定履行义务。

经营者和消费者有约定的，应当按照约定履行义务，但双方的约定不得违背法律、法规的规定。

经营者向消费者提供商品或者服务，应当恪守社会公德，诚信经营，保障消费者的合法权益；不得设定不公平、不合理的交易条件，不得强制交易。

（2）经营者应当听取消费者对其提供的商品或者服务的意见，接受消费者的监督。

（3）经营者应当保证其提供的商品或者服务符合保障人身、财产安全的要求。

（4）经营者发现其提供的商品或者服务存在缺陷，有危及人身、财产安全危险的，应当立即停止销售。

（5）经营者向消费者提供有关商品或者服务的质量、性能、用途、有效期限等信息，应当真实、全面，不得作虚假或者引人误解的宣传。

（6）经营者提供的商品或者服务应当向消费者出具发票等购货凭证或者服务单据。

（7）经营者提供的商品或者服务不符合质量要求的，消费者可以依照国家规定、当事人约定退货，或者要求经营者履行更换、修理等义务。

4．争议的解决

消费者和经营者发生消费者权益争议的，可以通过下列途径解决：（一）与经营者协商和解；（二）请求消费者协会或者依法成立的其他调解组织调解；（三）向有关行政部门投诉；（四）根据与经营者达成的仲裁协议提请仲裁机构仲裁；（五）向人民法院提起诉讼。

消费者在购买、使用商品时，其合法权益受到损害的，可以向销售者要求赔偿。销售者赔偿后，属于生产者的责任或者属于向销售者提供商品的其他销售者的责任的，销售者有权向生产者或者其他销售者追偿。

消费者或者其他受害人因商品缺陷造成人身、财产损害的，可以向销售者要求赔偿，也可以向生产者要求赔偿。属于生产者责任的，销售者赔偿后，有权向生产者追偿。属于销售者责任的，生产者赔偿后，有权向销售者追偿。

6.1.5　知识产权法（◇☆）

知识产权法，是指因调整知识产权的归属、行使、管理和保护等活动中产生的社会关系的法律规范的总称。知识产权法的综合性和技术性特征十分明显，在知识产权法中，既有私法规范，又有公法规范；既有实体法规范，又有程序法规范。

我国的知识产权法是由《著作权法》、《商标法》和《专利法》三部法律来构成的。

《中华人民共和国知识产权法》于 1990 年 9 月 7 日在中华人民共和国第七届全国人民代表大会常务委员会第十五次会议上通过，自 1991 年 6 月 1 日起施行，2001 年、2010 年两次修正。

1. 总则

为保护文学、艺术和科学作品作者的著作权，以及与著作权有关的权益，鼓励有益于社会主义精神文明、物质文明建设的作品的创作和传播，促进社会主义文化和科学事业的发展与繁荣，根据宪法制定本法。

2. 著作权

著作权属于作者，创作作品的公民是作者。由法人或者非法人单位主持，代表法人或者非法人单位意志创作，并由法人或者非法人单位承担责任的作品，法人或者非法人单位视为作者。如无相反证明，在作品上署名的公民、法人或者非法人单位为作者。

3. 著作权许可使用合同

使用他人作品应当同著作权人订立合同或者取得许可。合同中著作权人未明确许可的权利，未经著作权人许可，另一方当事人不得行使。

4. 出版、表演、录音录像、播放

图书出版者出版图书应当和著作权人订立出版合同，并支付报酬。图书出版者对著作权人交付出版的作品，在合同约定期间享有专有出版权。

表演者（演员、演出单位）使用他人未发表的作品演出，应当取得著作权人许可，并支付报酬。

录音制作者使用他人未发表的作品制作录音制品，应当取得著作权人的许可，并支付报酬。录音录像制作者制作录音录像制品，应当同表演者订立合同，并支付报酬。

广播电台、电视台使用他人未发表的作品制作广播、电视节目，应当取得著作权人的许可，并支付报酬。广播电台、电视台使用他人已发表的作品制作广播、电视节目，可以不经著作权人许可，但著作权人声明不许使用的不得使用。广播电台、电视台制作广播、电视节目，应当同表演者订立合同，并支付报酬。

5. 法律责任

有下列侵权行为的，应当根据情况，承担停止侵害、消除影响、公开赔礼道歉、赔偿损失等民事责任：（一）未经著作权人许可，发表其作品的；（二）未经合作作者许可，将与他人合作创作的作品当作自己单独创作的作品发表的；（三）没有参加创作，为谋取个

人名利，在他人作品上署名的；（四）歪曲、篡改他人作品的；（五）未经著作权人许可，以表演、播放、展览、发行、摄制电影、电视、录像或者改编、翻译、注释、编辑等方式使用作品的；（六）使用他人作品，未按照规定支付报酬的；（七）未经表演者许可，从现场直播其表演的；（八）其他侵犯著作权以及与著作权有关的权益的行为。

有下列侵权行为的，应当根据情况，承担停止侵害、消除影响、公开赔礼道歉、赔偿损失等民事责任，并可以由著作权行政管理部门给予没收非法所得、罚款等行政处罚：（一）剽窃、抄袭他人作品的；（二）未经著作权人许可，以营利为目的，复制发行其作品的；（三）出版他人享有专有出版权的图书的；（四）未经表演者许可，对其表演制作录音录像出版的；（五）未经录音录像制作者许可，复制发行其制作的录音录像的；（六）未经广播电台、电视台许可，复制发行其制作的广播、电视节目的；（七）制作、出售假冒他人署名的美术作品的。

当事人不履行合同义务或者履行合同义务不符合约定条件的，应当依照民法通则有关规定承担民事责任。著作权侵权纠纷可以调解，调解不成或者调解达成协议后一方反悔的，可以向人民法院起诉。当事人不愿调解的，也可以直接向人民法院起诉。

著作权合同纠纷可以调解，也可以依据合同中的仲裁条款或者事后达成的书面仲裁协议，向著作权仲裁机构申请仲裁。

6．附则

计算机软件的保护办法由国务院另行规定。

6.1.6 安全生产法（△◇）

《中华人民共和国安全生产法》于 2002 年 6 月 29 日在中华人民共和国第九届全国人民代表大会常务委员会第二十八次会议上通过，自 2002 年 11 月 1 日起施行，2009 年、2014 年两次修订。

1．总则

为了加强安全生产工作，防止和减少生产安全事故，保障人民群众生命和财产安全，促进经济社会持续健康发展，制定本法。

安全生产工作应当以人为本，坚持安全发展，坚持安全第一、预防为主、综合治理的方针，强化和落实生产经营单位的主体责任，建立生产经营单位负责、职工参与、政府监管、行业自律和社会监督的机制。

生产经营单位必须遵守本法和其他有关安全生产的法律、法规，加强安全生产管理，建立、健全安全生产责任制和安全生产规章制度，改善安全生产条件，推进安全生产标准化建设，提高安全生产水平，确保安全生产。

生产经营单位的主要负责人对本单位的安全生产工作全面负责。工会依法对安全生产工作进行监督。

2．生产经营单位的安全生产保障

生产经营单位应当具备本法和有关法律、行政法规和国家标准或者行业标准规定的安全生产条件；不具备安全生产条件的，不得从事生产经营活动。

生产经营单位的安全生产责任制应当明确各岗位的责任人员、责任范围和考核标准等内容。

生产经营单位应当具备的安全生产条件所必需的资金投入，由生产经营单位的决策机构、主要负责人或者个人经营的投资人予以保证，并对由于安全生产所必需的资金投入不足导致的后果承担责任。

生产经营单位的安全生产管理机构以及安全生产管理人员应当恪尽职守，依法履行职责。

生产经营单位应当对从业人员进行安全生产教育和培训，保证从业人员具备必要的安全生产知识，熟悉有关的安全生产规章制度和安全操作规程，了解事故应急处理措施，知悉自身在安全生产方面的权利和义务。未经安全生产教育和培训合格的从业人员，不得上岗作业。

3. 从业人员的安全生产权利义务

生产经营单位与从业人员订立的劳动合同，应当载明有关保障从业人员劳动安全、防止职业危害的事项，以及依法为从业人员办理工伤保险的事项。

生产经营单位的从业人员有权了解其作业场所和工作岗位存在的危险因素、防范措施及事故应急措施，有权对本单位的安全生产工作提出建议。

从业人员有权对本单位安全生产工作中存在的问题提出批评、检举、控告；有权拒绝违章指挥和强令冒险作业。

从业人员发现直接危及人身安全的紧急情况时，有权停止作业或者在采取可能的应急措施后撤离作业场所。

从业人员在作业过程中，应当严格遵守本单位的安全生产规章制度和操作规程，服从管理，正确佩戴和使用劳动防护用品。从业人员应当接受安全生产教育和培训，掌握本职工作所需的安全生产知识，提高安全生产技能，增强事故预防和应急处理能力。

从业人员发现事故隐患或者其他不安全因素，应当立即向现场安全生产管理人员或者本单位负责人报告；接到报告的人员应当及时予以处理。

4. 安全生产的监督管理

安全生产监督管理部门应当按照分类分级监督管理的要求，制定安全生产年度监督检查计划，并按照年度监督检查计划进行监督检查，发现事故隐患，应当及时处理。

监督检查不得影响被检查单位的正常生产经营活动。

安全生产监督检查人员应当忠于职守，坚持原则，秉公执法。

任何单位或者个人对事故隐患或者安全生产违法行为，均有权向负有安全生产监督管理职责的部门报告或者举报。

5. 生产安全事故的应急救援与调查处理

国务院安全生产监督管理部门建立全国统一的生产安全事故应急救援信息系统，国务院有关部门建立健全相关行业、领域的生产安全事故应急救援信息系统。

生产经营单位应当制定本单位生产安全事故应急救援预案，与所在地县级以上地方人民政府组织制定的生产安全事故应急救援预案相衔接，并定期组织演练。

生产经营单位发生生产安全事故后，事故现场有关人员应当立即报告本单位负责人。单位负责人接到事故报告后，应当迅速采取有效措施，组织抢救，防止事故扩大，减少人员伤亡和财产损失，并按照国家有关规定立即如实报告当地负有安全生产监督管理职责的部门，不得隐瞒不报、谎报或者迟报，不得故意破坏事故现场、毁灭有关证据。

6．法律责任

负有安全生产监督管理职责的部门的工作人员，有下列行为之一的，给予降级或者撤职的处分，构成犯罪的，依照刑法有关规定追究刑事责任：（一）对不符合法定安全生产条件的涉及安全生产的事项予以批准或者验收通过的；（二）发现未依法取得批准、验收的单位擅自从事有关活动或者接到举报后不予取缔或者不依法予以处理的；（三）对已经依法取得批准的单位不履行监督管理职责，发现其不再具备安全生产条件而不撤销原批准或者发现安全生产违法行为不予查处的；（四）在监督检查中发现重大事故隐患，不依法及时处理的。

负有安全生产监督管理职责的部门的工作人员有前款规定以外的滥用职权、玩忽职守、徇私舞弊行为的，依法给予处分；构成犯罪的，依照刑法有关规定追究刑事责任。

7．附则

本法规定的生产安全一般事故、较大事故、重大事故、特别重大事故的划分标准由国务院规定。

6.1.7　环境保护法（△◇）

《中华人民共和国环境保护法》于 1989 年 12 月 26 日在中华人民共和国第七届全国人民代表大会常务委员会第十一次会议上通过并开始执行，2014 年修订。

1．总则

为保护和改善环境，防治污染和其他公害，保障公众健康，推进生态文明建设，促进经济社会可持续发展，制定本法。

本法所称环境，是指影响人类生存和发展的各种天然的和经过人工改造的自然因素的总体。

环境保护坚持保护优先、预防为主、综合治理、公众参与、损害担责的原则。

每年 6 月 5 日为世界环境日。

2．监督管理

国务院环境保护主管部门会同有关部门，根据国民经济和社会发展规划编制国家环境保护规划，报国务院批准并公布实施。环境保护规划的内容应当包括生态保护和污染防治的目标、任务、保障措施等，并与主体功能区规划、土地利用总体规划和城乡规划等相衔接。

企业事业单位和其他生产经营者，为改善环境，依照有关规定转产、搬迁、关闭的，人民政府应当予以支持。

3．保护和改善环境

地方各级人民政府应当根据环境保护目标和治理任务，采取有效措施，改善环境质量。

国家加大对生态保护地区的财政转移支付力度。有关地方人民政府应当落实生态保护补偿资金，确保其用于生态保护补偿。

公民应当遵守环境保护法律法规，配合实施环境保护措施，按照规定对生活废弃物进行分类放置，减少日常生活对环境造成的损害。

4．防治污染和其他公害

国家促进清洁生产和资源循环利用。

国家依照法律规定实行排污许可管理制度。

国家鼓励投保环境污染责任保险。

5．信息公开和公众参与

公民、法人和其他组织依法享有获取环境信息、参与和监督环境保护的权利。

公民、法人和其他组织发现地方各级人民政府、县级以上人民政府环境保护主管部门和其他负有环境保护监督管理职责的部门不依法履行职责的，有权向其上级机关或者监察机关举报。接受举报的机关应当对举报人的相关信息予以保密，保护举报人的合法权益。

6．法律责任

企业事业单位和其他生产经营者违法排放污染物，进行罚款处罚，并责令改正。

企业事业单位和其他生产经营者超过污染物排放标准或者超过重点污染物排放总量控制指标排放污染物的，县级以上人民政府环境保护主管部门可以责令其采取限制生产、停产整治等措施；情节严重的，报经有批准权的人民政府批准，责令停业、关闭。

因污染环境和破坏生态造成损害的，应当依照《中华人民共和国侵权责任法》的有关规定承担侵权责任。违反本法规定，构成犯罪的，依法追究刑事责任。

6.2 相关标准规范

标准是为了在一定范围内获得最佳秩序，经协商一致制定并由公认机构批准，共同使用和重复使用的一种规范性文件。规范是指明文规定或约定俗成的标准，具有明晰性和合理性。

本节主要提供用电规范，供参考使用。主要包括电力法、电力供应与使用条例、电力设施保护条例、国家安全用电管理制度等。

6.2.1 电力法（△◇）

《中华人民共和国电力法》于1995年12月28日在中华人民共和国第八届全国人民代表大会常务委员会第十七次会议上通过，自1996年4月1日起施行。

1．总则

（1）为了保障和促进电力事业的发展，维护电力投资者、经营者和使用者的合法权益，保障电力安全运行，制定本法。

（2）电力设施受国家保护。禁止任何单位和个人危害电力设施安全或者非法侵占、使用电能。

（3）国家鼓励和支持利用可再生能源和清洁能源发电。

（4）国务院电力管理部门负责全国电力事业的监督管理。

2．电力建设

（1）城市电网的建设与改造规划，应当纳入城市总体规划。城市人民政府应当按照规划，安排变电设施用地、输电线路走廊和电缆通道。

（2）任何单位和个人不得非法占用变电设施用地、输电线路走廊和电缆通道。

3．电力生产与电网管理

（1）电力生产与电网运行应当遵循安全、优质、经济的原则。电网运行应当连续、稳定，保证供电可靠性。

（2）电力企业应当加强安全生产管理，坚持安全第一、预防为主的方针，建立、健全安全生产责任制度。电力企业应当对电力设施定期进行检修和维护，保证其正常运行。

4．电力供应与使用

用户用电不得危害供电、用电安全和扰乱供电、用电秩序。

5．电力设施保护

任何单位和个人不得危害发电设施、变电设施和电力线路设施及其有关辅助设施。

电力管理部门应当按照国务院有关电力设施保护的规定，对电力设施保护区设立标志。任何单位和个人不得在依法划定的电力设施保护区内修建可能危及电力设施安全的建筑物、构筑物。

6.2.2　电力供应与使用条例（△◇）

《中华人民共和国电力供应与使用条例》是 1996 年 4 月 17 日发布的，自 1996 年 9 月 1 日起实施。

1．总则

（1）为了加强电力供应与使用的管理，保障供电、用电双方的合法权益，维护供电、用电秩序，安全、经济、合理地供电和用电，根据《中华人民共和国电力法》制定本条例。

（2）国务院电力管理部门负责全国电力供应与使用的监督管理工作。县级以上地方人民政府电力管理部门负责本行政区域内电力供应与使用的监督管理工作。

（3）电力管理部门应当加强对供用电的监督管理，协调供用电各方关系，禁止危害供用电安全和非法侵占电能的行为。

2．供电方式

（1）供电企业供电的额定频率为交流 50 赫兹。

（2）供电企业供电的额定电压。低压供电：单相为 220 伏，三相为 380 伏。高压供电：为 10 千伏、35（63）千伏、110 千伏、220 千伏。

（3）用户不得自行转供电。

3．新装、增容与容更用电

用户需变更用电时，应事先提出申请，并携带有关证明文件，到供电企业用电营业场所办理手续，变更供用电合同。

4．电力供应与使用

（1）国家对电力供应和使用，实行安全用电、节约用电、计划用电的管理原则。电力供应与使用办法由国务院依照本法的规定制定。

（2）电力供应与使用双方应当根据平等自愿、协商一致的原则，按照国务院制定的电力供应与使用办法签订借用电合同，确定双方的权利和义务。

（3）用户用电不得危害供电、用电安全和扰乱供电、用电秩序。对危害供电、用电安全和扰乱供电、用电秩序的，供电企业有权制止。

5．监督与管理

电力管理部门应当加强对供用电的监督和管理。

6．法律责任

（1）违章用电的，供电企业可以根据违章事实和造成的后果追缴电费，并按照国务院电力管理部门的规定加收电费和国家规定的其他费用；情节严重的，可以按照国家规定的程序停止供电。

（2）盗窃电能的，由电力管理部门责令停止违法行为，追缴电费并处应交电费 5 倍以下的罚款；构成犯罪的，依法追究刑事责任。

（3）供电企业或者用户违反供用电合同，给对方造成损失的，应当依法承担赔偿责任。

（4）因电力运行事故给用户或者第三人造成损害的，供电企业应当依法承担赔偿责任。

6.2.3 电力设施保护条例（△◇）

《中华人民共和国电力设施保护条例》是 1987 年 9 月 15 日发布的，自发布之日起施行。

1．总则

（1）为保障电力生产和建设的顺利进行，维护公共安全，特制定本条例。

（2）电力设施受国家法律保护，禁止任何单位或个人从事危害电力设施的行为。任何单位和个人都有保护电力设施的义务。对危害电力设施的行为，有权制止并向电力管理部门、公安部门报告。

（3）国务院电力管理部门对电力设施的保护负责监督、检查、指导和协调。

2．电力线路保护区

（1）架空电力线路保护区：导线边线向外侧水平延伸并垂直于地面所形成的两平行面内的区域，在一般地区各级电压导线的边线延伸距离如下。

1～10千伏（5米）；35～110千伏（10米）；154～330千伏（15米）；500千伏（20米）。

（2）电力电缆线路保护区：地下电缆通道两侧各0.75米所形成的两平行线内的区域；海底电缆一般为线路两侧各2海里（港内为两侧各100米），江河电缆一般不小于线路两侧各100米（中、小河流一般不小于各50米）所形成的两平行线内的水域。

3．电力设施的保护

（1）任何单位或个人不得从事下列危害发电设施、变电设施的行为：（一）闯入发电厂、变电站内扰乱生产和工作秩序，移动、损害标志物；（二）危及输水、输油、供热、排灰等管道（沟）的安全运行；（三）影响专用铁路、公路、桥梁、码头的使用；（四）在用于水力发电的水库内，进入距水工建筑物300米区域内炸鱼、捕鱼、游泳、划船及其他可能危及水工建筑物安全的行为；（五）其他危害发电、变电设施的行为。

（2）任何单位或个人，不得从事下列危害电力线路设施的行为：（一）向电力线路设施射击；（二）向导线抛掷物体；（三）在架空电力线路导线两侧各300米的区域内放风筝；（四）擅自在导线上接用电气设备；（五）擅自攀登杆塔或在杆塔上架设电力线、通信线、广播线，安装广播喇叭；（六）利用杆塔、拉线作起重牵引地锚；（七）在杆塔、拉线上拴牲畜、悬挂物体、攀附农作物；（八）在杆塔、拉线基础的规定范围内取土、打桩、钻探、开挖或倾倒酸、碱、盐及其他有害化学物品；（九）在杆塔内（不含杆塔与杆塔之间）或杆塔与拉线之间修筑道路；（十）拆卸杆塔或拉线上的器材，移动、损坏永久性标志或标志牌；（十一）其他危害电力线路设施的行为。

（3）任何单位或个人在架空电力线路保护区内，必须遵守下列规定：（一）不得堆放谷物、草料、垃圾、矿渣、易燃物、易爆物及其他影响安全供电的物品；（二）不得烧窑、烧荒；（三）不得兴建建筑物、构筑物；（四）不得种植可能危及电力设施安全的植物。

（4）任何单位或个人在电力电缆线路保护区内，必须遵守下列规定：（一）不得在地下电缆保护区内堆放垃圾、矿渣、易燃物、易爆物，倾倒酸、碱、盐及其他有害化学物品，兴建建筑物、构筑物或种植树木、竹子；（二）不得在海底电缆保护区内抛锚、拖锚；（三）不得在江河电缆保护区内抛锚、拖锚、炸鱼、挖沙。

（5）任何单位或个人必须经县级以上地方电力管理部门批准，并采取安全措施后，方可进行下列作业或活动：（一）在架空电力线路保护区内进行农田水利基本建设工程及打桩、钻探等作业；（二）起重机械的任何部位进入架空电力线路保护区进行施工；（三）小于导线距穿越物体之间的安全距离，通过架空电力线路保护区；（四）在电力电缆线路保护区内进行作业。

（6）任何单位或个人不得从事下列危害电力设施建设的行为：（一）非法侵占电力设施建设项目依法征收的土地；（二）涂改、移动、损害、拔除电力设施建设的测量标桩和标记；（三）破坏、封堵施工道路，截断施工水源或电源。

4．惩罚

（1）违反本条例规定，未经批准或未采取安全措施，在电力设施周围或在依法划定的电力设施保护区内进行爆破或其他作业，危及电力设施安全的，由电力管理部门责令停止作业、恢复原状并赔偿损失。

（2）违反本条例规定，危害发电设施、变电设施和电力线路设施的，由电力管理部门责令改正；拒不改正的，处 1 万元以下的罚款。

（3）违反本条例规定，在依法划定的电力设施保护区内进行烧窑、烧荒、抛锚、拖锚、炸鱼、挖沙作业，危及电力设施安全的，由电力管理部门责令停止作业、恢复原状并赔偿损失。

（4）违反本条例规定，危害电力设施建设的，由电力管理部门责令改正、恢复原状并赔偿损失。

6.2.4　国家安全用电管理制度（△◇）

第一条　所有电路安装、电器操作的人员，都必须经过专业培训，考试合格后，才能上岗。

第二条　电工要按规定穿戴劳保用品，工作应认真负责，具有专业的安全生产及技术知识。

第三条　设备动力科要建立健全电气方面的技术档案资料，如高压分布图，低压分布图，全厂架空线和电缆设置图，接地网络，避雷装置图，以及电气设备的技术状况登记等资料。

第四条　一切电气设备必须接地可靠，使用手提移动电动器（如电钻、电枪等），要戴绝缘手套或配备电器保护装置，保护装置由设备处每季检查一次，并做好检查记录。

第五条　变电所、各控制室等应符合用电安全规定，非工作人员不准随便进入。

第六条　操作电气设备应熟悉其性能和使用方法，不得任意动电源装置，严禁在电源装置上放置物件。

第七条　自己经常接触和使用的配电箱、配电板、按钮开关、插座及导线等，必须保持完好、安全，不得有破损或带电部分裸露的情况。

第八条　电气操作人员要保证电气设备的整洁、完好，防止受潮，禁止用脚踢开关或用湿手触碰开关，更不能用金属物触及带电的电器。

第九条　在打扫卫生、擦拭设备时，严禁用水冲洗或用湿布擦拭电气设施，以防发生短路和触电事故。

第十条　电器在使用过程中，如果发生打火、异味、高热、怪声等异常情况，则必须立即停止操作，关闭电源，并及时找电工检查、修理，在确认能安全运行后，才能继续使用。

第十一条　接触电源必须有可靠的绝缘措施，并按规定严格进行检查，防止触电事故的发生。有高电压的场所及有电线裸露的地方，应设立醒目的危险警示标志，并采取有效的隔离措施，防止电击事故发生。室外的电气设施，必须定期清理周围的杂草树林，防止引发事故。

第十二条　发生触电事故，应立即切断电源，采取有效措施，及时报告设备动力科、安全环保科等相关科室，以便进行事故调查、分析和处理。

第十三条　一般禁止使用临时线。当必须使用时，应经相关安全和技术部门批准。临时线路应按有关安全规定安装好，不得随便乱拉、乱拽，还应在规定时间内拆除。

下篇 技术实训

项目 1　组装计算机

本项目通过组装台式计算机主机，连接计算机外部设备，了解计算机的基本结构，掌握计算机各种硬件的功能、特点和计算机的组装过程。

任务 1　组装前准备工作（△◇☆）

1．工具准备

1）螺丝刀

在组装计算机的过程中，一般需要用到两种螺丝刀：一种是十字螺丝刀，另一种是一字螺丝刀（又称平口螺丝刀）。在选购螺丝刀时，应选择顶部带有磁性的螺丝刀。这样即使螺钉在比较隐蔽的地方使用者也可以方便地单手操作，含磁螺丝刀还可以吸出掉进机箱的螺钉。十字螺丝刀和一字螺丝刀如项目图 1-1 所示。

2）尖嘴钳

尖嘴钳可以用来拧一些比较紧的螺钉，也可以用来修整 I/O 后置面板接口挡片，当机箱某部位不平整时可以用尖嘴钳将不平整处夹平，在机箱内固定主板时也可能用到尖嘴钳。尖嘴钳如项目图 1-2 所示。

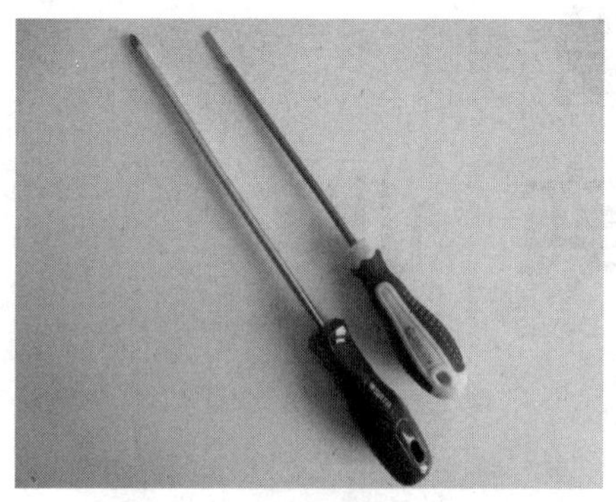

项目图 1-1　十字螺丝刀和一字螺丝刀

项目图 1-2　尖嘴钳

3）镊子

镊子主要在插拔主板上某些狭小地方的跳线时用到。由于这些跳线体积小、排列密集且操作空间狭小，有时用手操作很不方便，因此可以用镊子来完成。另外，如果有螺钉或细小杂物不慎掉入机箱内部，也可以用镊子将其取出来。镊子如项目图 1-3 所示。

4）导热硅脂

导热硅脂是高端的导热化合物，具有耐高温、耐低温、耐水、耐气候变化、不会固体化、不会导电等特性。导热硅脂具有超强的导热效果，使用导热硅脂是目前 CPU、GPU 和散热器接触时最佳的导热方案。导热硅脂如项目图 1-4 所示。

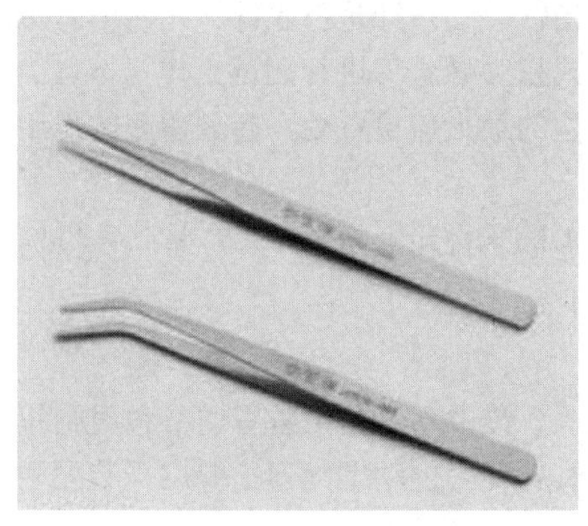
项目图 1-3　镊子

项目图 1-4　导热硅脂

5）扭力螺丝刀

扭力螺丝刀也叫扭力起子，简单来讲就是有扭矩值的螺丝刀。常使用的扭力螺丝刀主要有两种，即预置式扭力螺丝刀和指针式（表盘）扭力螺丝刀，分别如项目图 1-5 和项目图 1-6 所示。

项目图 1-5　预置式扭力螺丝刀

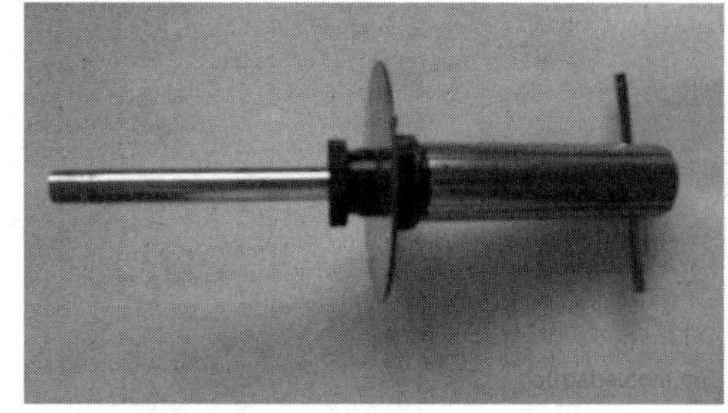
项目图 1-6　指针式扭力螺丝刀

预置式扭力螺丝刀可预先设定扭力值，当被拧动的紧固件达到预设的扭力值时，螺丝刀内部的离合器会自动脱开，发出“嗒，嗒……”的声音，并可通过手感觉到这一变化。这时即使再继续加力操作，也不会超过预先设定的限度，操作方法如下。

（1）预设扭力值：所要求的扭力可通过轴筒上的刻度进行设定，将副标圈的零刻度线对准圆筒上的中心线，然后顺时针转动轴筒，以便增加读数，到所要求的扭力值处停下即可。

（2）拧动紧固件：预置式扭力螺丝刀经设定后可通过转接器与各种紧固件相连接，顺时针拧动，进行紧固扭力的测量。当达到设定值时会发出“嗒，嗒……”的声音。预置式扭力螺丝刀一经设置便可在同一设定值下反复使用，直到需要设定另一个扭力值为止。

指针式扭力螺丝刀由刻度盘指示扭矩值，扭矩值直接在刻度盘上显示出来，方便直观。备有留底针（从动指针），保留最大值，操作方法如下。

（1）调整指针零位：先按使用的方法试用几次，然后松开定位长螺栓，让黑指针指向零位，并拧紧定位长螺栓。指针式扭力螺丝刀可以双向使用，但是每换一次方向，须重新调整零位。

（2）红、黑指针的配合使用：黑指针是主动指针，红指针是留底针。在使用时可以让红指针跟随黑指针同时指向零位，然后旋动指针式扭力螺丝刀进行测试工作。一旦旋动停止，黑指针自动回零，而红指针将停留在刚才到达的最大值位置处，起到留底的作用。在再次使用时，须重新置红指针到零位。

刀头的更换：刀头须自备，指针式扭力螺丝刀的头部是通用的 6.3 六角孔，可以方便地调换十字或一字或其他形状的刀头。

6）电动螺丝刀

电动螺丝刀是用于拧紧和拧松螺钉的电动工具，该电动工具中装有调节和限制扭矩的机构，电批电源为电动螺丝刀提供能量及相关控制功能。电动螺丝刀主要用于装配线，可提高工作效率。电动螺丝刀如项目图 1-7 所示。

项目图 1-7　电动螺丝刀

2．了解计算机硬件

在组装计算机之前需要先了解计算机硬件，如主板、CPU、内存、硬盘、显卡、光驱、电源、机箱、数据线、键盘、鼠标及显示器等，下面对主要硬件进行简单的介绍。

1）主板

主板也称母板，是一块安装在机箱中的矩形 PCB，上面包含了大量的电子线路，分布着构成计算机主系统电路的各种元器件、插槽和接口，如 BIOS 芯片、I/O 控制芯片、CPU 插槽和电源接口等。技嘉 GA-B85M-D3V 型主板如项目图 1-8 所示。

2）CPU

CPU 是计算机的核心部件，主要由运算器和控制器组成，其主要功能是对数据进行算术运算和逻辑运算，以及解释并执行控制计算机的指令。目前 PC 一般采用 Intel 和 AMD 的 CPU。Intel Core i5-4570 型号的 CPU 如项目图 1-9 所示。

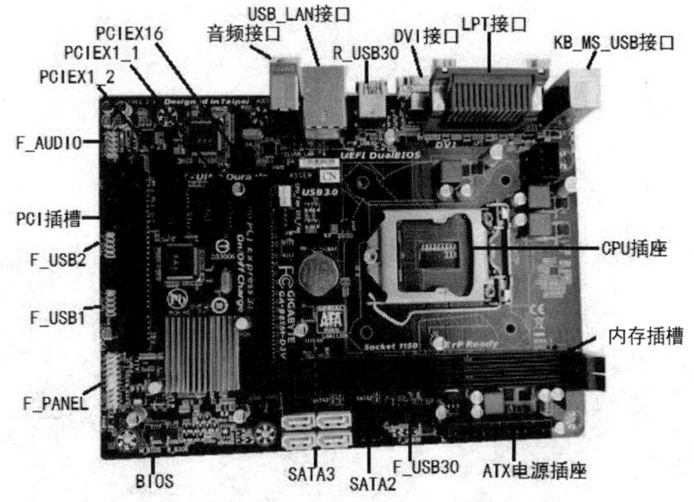

项目图 1-8　技嘉 GA-B85M-D3V 型主板

项目图 1-9　Intel Core i5-4570 型号的 CPU

3）内存

内存用于临时存储 CPU 的运算数据，以及与硬盘等外部存储器交换的数据。计算机在运行时，CPU 会把需要的数据调到内存中进行运算，完成运算后 CPU 再将结果传送出来，内存相当于在数据和 CPU 之间架起了一座桥梁。内存如项目图 1-10 所示。

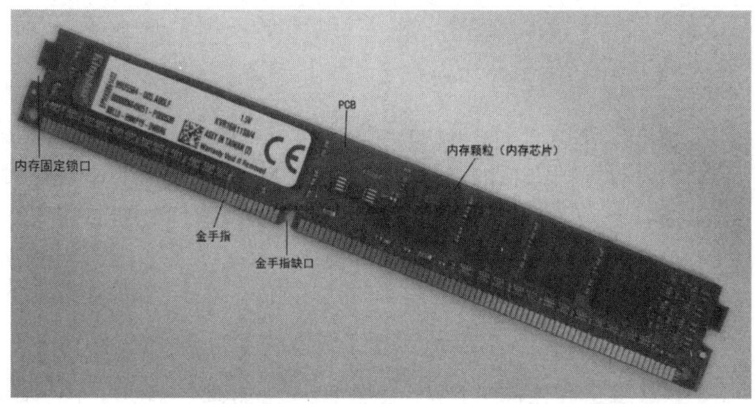

项目图 1-10　内存

4）硬盘

硬盘是计算机重要的大容量外部存储器之一，从结构上分类目前常用的硬盘有机械硬盘（HDD）、固态硬盘（SSD）、混合硬盘（HHD，一种基于传统机械硬盘衍生出来的新硬盘）。希捷酷鱼 BarraCuda 系列机械硬盘如项目图 1-11 所示，三星固态硬盘如项目图 1-12 所示。目前硬盘常用的接口为 SATA 接口，采用 IDE 接口的硬盘已经逐渐淡出市场。

项目图 1-11　希捷酷鱼 BarraCuda 系列机械硬盘

项目图 1-12　三星固态硬盘

5）显卡

显卡用于将计算机系统需要显示的信息转换成图像从显示器上输出。目前的主板上一般都包含集成显卡，如果对图像的处理和显示有很高的要求，可以另外配置独立显卡。显卡按总线接口类型可分为多种，目前常用的是 PCI-Express 显卡，其性能远高于之前的 AGP 显卡，所以 AGP 显卡正逐步被淘汰。独立 PCI-E 接口类型的华硕显卡如项目图 1-13 所示。

6）光驱

光驱即光盘驱动器，是计算机用来读/写光盘内容的机器，如项目图 1-14 所示。光存储设备的数据存放介质为光盘，其特点是容量大、成本低，而且保存时间长，不易损坏。

项目图 1-13　独立 PCI-E 接口类型的华硕显卡

7）电源

电源是为计算机中的部件供电的设备，一台计算机的正常运行离不开一个稳定的电源。电源有多个接口，分别接到主板、硬盘和光驱等部件上为其提供电能，如项目图 1-15 所示。

项目图 1-14　光驱

项目图 1-15　电源

8）机箱

机箱的主要作用是放置和固定各种计算机配件，起到承托和保护的作用。此外，机箱还可以屏蔽电磁辐射。机箱一般包括外壳、支架、面板上的各种开关和指示灯等，如项目图 1-16 所示。

项目图 1-16　机箱

3. 制定组装流程

为了科学合理地组装计算机，首先制定关于组装计算机的操作流程。组装一台计算机的流程不是唯一的，这里给出组装计算机的一般流程供大家参考，读者也可以根据自己的实践经验加以调整。

（1）安装电源。

（2）安装 CPU 和 CPU 风扇。

（3）安装内存。

（4）安装主板。

（5）安装驱动器（光驱、硬盘）。

（6）安装显卡及其他接口卡。

（7）连接机箱内供电线及机箱前面板连接线。

（8）安装机箱侧面板，连接键盘、鼠标和显示器等外部设备。

（9）通电测试。

组装流程制定好以后，我们应严格按照流程来操作，做到操作过程规范、合理、有序，防止出现问题。

4. 注意事项

（1）在组装计算机时要先切断电源，以免带电操作发生触电事故。

（2）防止人体所带静电对电子元器件造成损伤，在组装计算机前要先消除身上的静电，如用手摸一摸身边的金属制品等接地设备；如果有条件，可配备防静电设备。

（3）在插拔机箱内部连线时一定要参照主板说明书进行操作，对不懂的地方要仔细查阅资料或请教专业人士，以免因接错线造成意外故障。

（4）计算机配件要轻拿轻放，不要碰撞。

（5）在安装主板、内存等硬件时要找准连接处的位置，对准角度，并将其固定牢。

（6）在插拔各种板卡时要用力均匀，不能用蛮力，以免损坏板卡。

（7）在拧螺钉时，不论是拧紧还是拧松，一般都遵循对角线原则，即在某一部件上先拧一个螺钉，再拧紧它的对角线位置的螺钉，这样可以使部件受力平衡、均匀。对角线原则一般适用于某部件同一平面 4 个角都需要拧螺钉的情况。如果是安装部件，则螺钉不要拧得太紧，拧紧后应往反方向拧半圈。

任务 2　组装主机和外部设备（△◇☆）

1. 观察机箱

在组装计算机前，应先清除机箱中的杂物，可用毛刷、湿巾或手持式吸尘器将机箱内堆积的灰尘清理干净，然后观察机箱的内部结构，如项目图 1-17 所示。

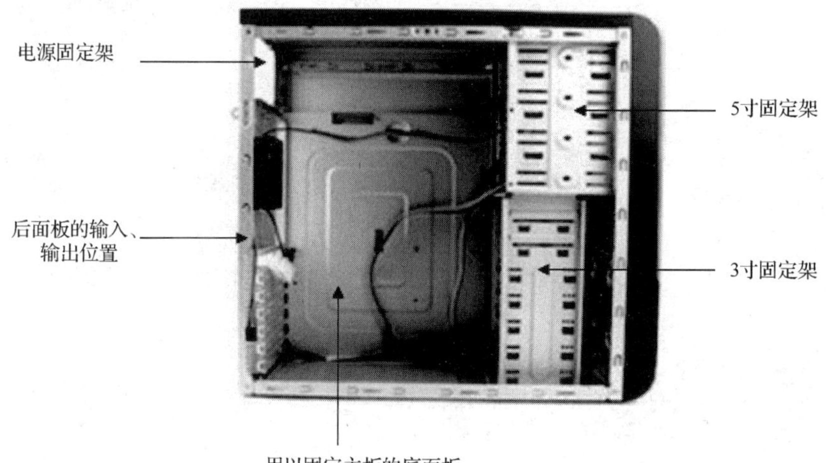

项目图 1-17　机箱的内部结构

2. 安装电源

将电源放到机箱内左上方的电源固定架上，如项目图 1-18 所示。

将电源上的固定孔与机箱上的固定孔对准，先拧上一颗螺钉（固定住电源即可），然后按照对角线原则将余下 3 颗螺钉拧好，如项目图 1-19 所示。

项目图 1-18　放入电源

项目图 1-19　拧上电源螺钉

3. 安装 CPU

在安装 CPU 之前，先将 CPU 插座四周的固定护片打开，用手指向下微压固定护片旁边的拉杆，同时用力向外侧拨动拉杆，使其脱离固定卡扣，如项目图 1-20 所示。

在安装 CPU 时，仔细观察 CPU 上印有三角标识的一角，使之与 CPU 插座上印有三角标识的一角对齐，CPU 两侧边缘的缺口也是校正 CPU 安装方向的重要参考，如项目图 1-21 所示。

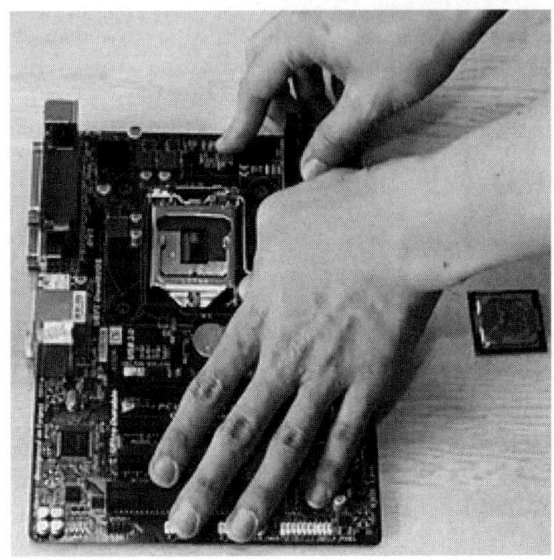

项目图 1-20　拨动 CPU 插座拉杆

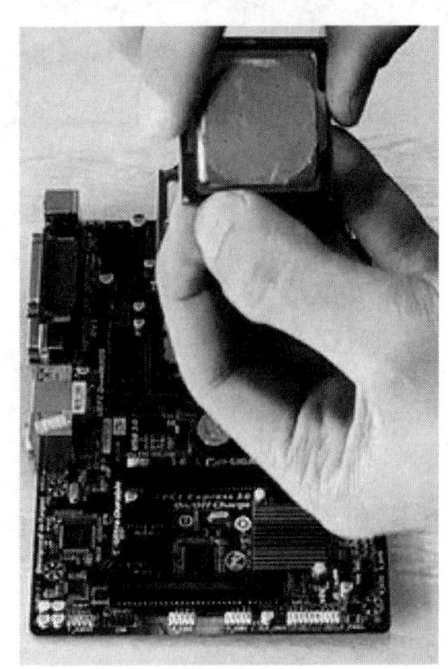

项目图 1-21　找到三角标识

调整好方向后将 CPU 触点一面朝下，小心地插到 CPU 插座中，如项目图 1-22 所示。盖上固定护片，将护片旁边的拉杆压入卡扣，CPU 安装完成。

项目图 1-22　放入 CPU

【提示】

在安装 CPU 时，要轻按 CPU 并使每个触点顺利地插到 CPU 插座中，但不要用力过大，以免损伤 CPU 的触点。

4．安装 CPU 风扇

在安装 CPU 风扇之前，先在 CPU 表面均匀、适量地涂上一层导热硅脂。在安装 CPU 风扇时，将 CPU 风扇的 4 个插脚对准主板上相应的插孔，如项目图 1-23 所示，然后依次用力按下 CPU 风扇的 4 个插脚，使 CPU 风扇固定在主板上。

CPU 风扇固定后，将 CPU 风扇的供电线接到主板的供电接口上。找到主板上 CPU 风

扇的供电接口（CPU_FAN 为 CPU 风扇供电接口在主板上的标识），将 CPU 风扇的供电线插头插入供电接口即可，如项目图 1-24 所示。

项目图 1-23　将 CPU 风扇的插脚对准插孔

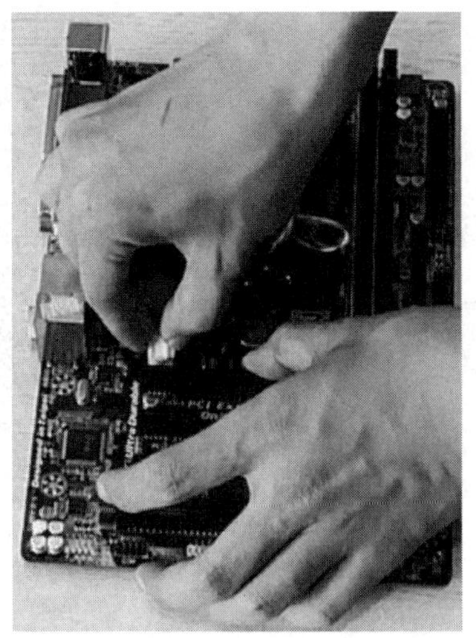

项目图 1-24　将 CPU 风扇的供电插头插入供电接口

5．安装内存

现在的主板逐渐淘汰了单数据速率内存插槽，一般采用双倍数据速率内存插槽。在主板上找到内存插槽（本任务中内存插槽旁边印有 DDR3 标识，代表双倍数据速率），并用拇指轻轻地掰开内存插槽两端的固定卡子，如项目图 1-25 所示。

观察内存的缺口部位，如项目图 1-26 所示，找到内存插槽上与内存缺口对应的隔断位置，如项目图 1-27 所示，确定内存插入的方向。双手捏住内存的两端，对准内存插槽插入内存，如项目图 1-28 所示。双手大拇指用力均匀地将内存压入内存插槽，在向下压内存时，内存插槽两头的固定卡子会受力收缩卡住内存两端的缺口。卡住以后可用手捏住内存两端向上拔一拔，检查内存是否松动，若不松动表明内存已安装到位。

项目图 1-25　掰开固定卡子

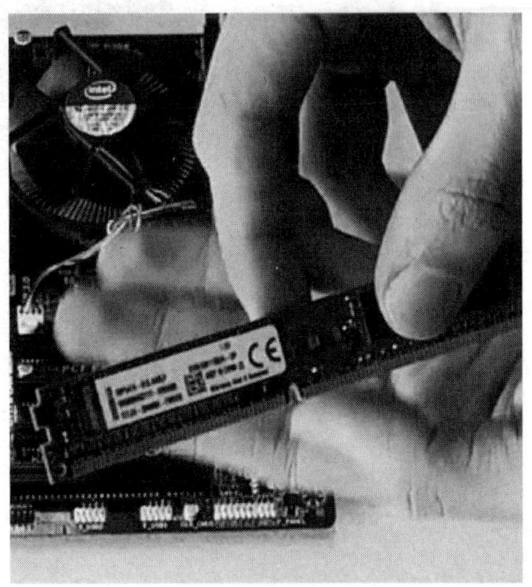

项目图 1-26　内存的缺口部位

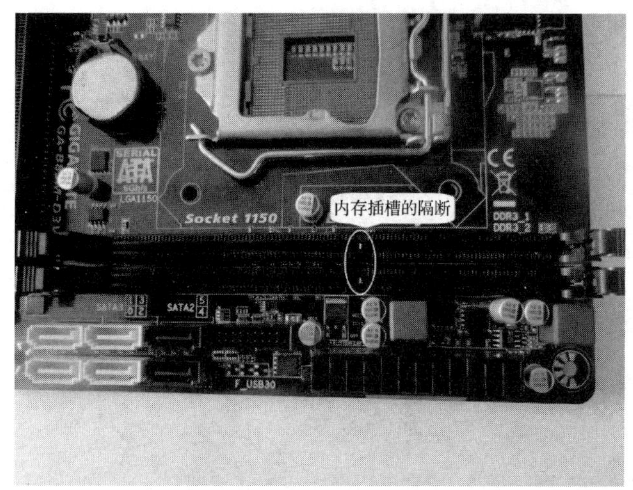

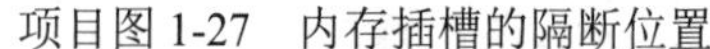
项目图 1-27 内存插槽的隔断位置

项目图 1-28 插入内存

6. 安装主板

双手平稳地拿住主板（注意要轻拿轻放，避免碰撞机箱内其他部件），将主板放入机箱，如项目图 1-29 所示，主板的 I/O 接口一侧与机箱后面板 I/O 接口挡片要对准，主板上的螺钉孔与机箱底板上的孔位要对准。确定主板安放到位后，拧上主板螺钉，如项目图 1-30 所示。

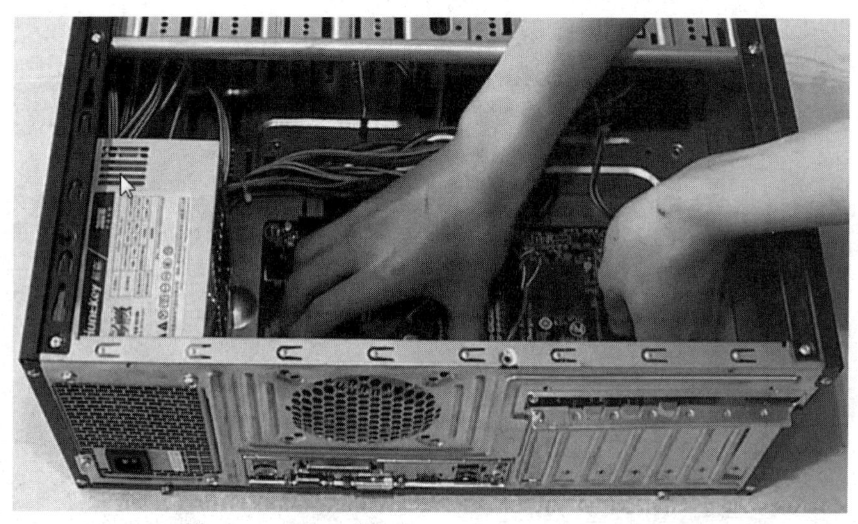

项目图 1-29 放入主板

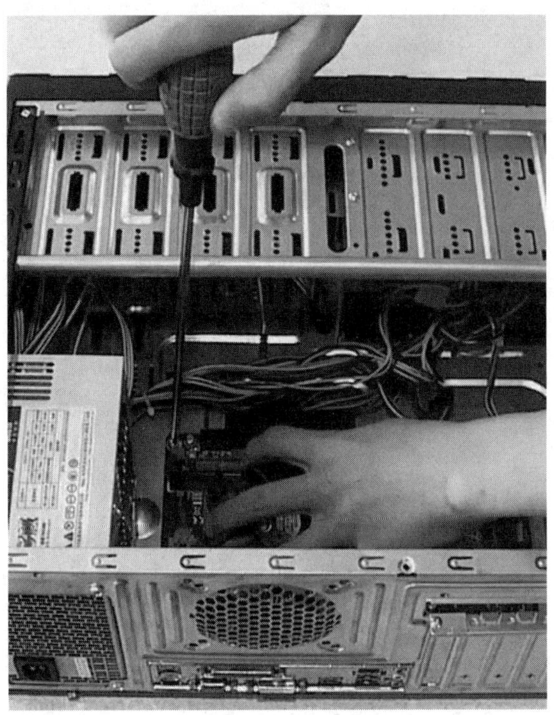

项目图 1-30　拧上主板螺钉

【提示】

主板与主板上所安装的 CPU、CPU 风扇、内存的各项技术性能指标必须匹配。

7．安装硬盘

在机箱内找到硬盘托架，将硬盘插入硬盘托架，如项目图 1-31 所示。使硬盘侧面的螺钉孔与硬盘托架上的螺钉孔对齐，用螺钉将硬盘固定在硬盘托架上，如项目图 1-32 所示。

项目图 1-31　将硬盘插入硬盘托架

项目图 1-32　拧上硬盘固定螺钉

现在的硬盘一般采用 SATA 接口取代了原来的 IDE 接口，SATA 数据线接头插槽呈“L”形，接头上还带有金属卡扣，如项目图 1-33 所示。

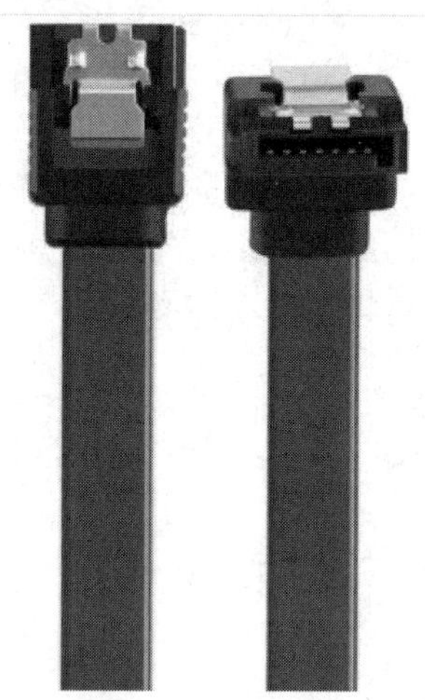

项目图 1-33　SATA 数据线

在连接时按住 SATA 数据线接头上的金属卡扣，分别对准主板与硬盘的 SATA 接口慢慢插进去，如项目图 1-34 所示。然后连接硬盘电源线，如项目图 1-35 所示。。

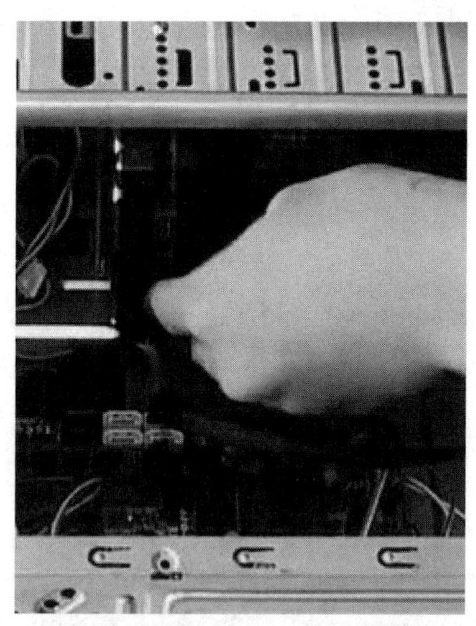

项目图 1-34　插入 SATA 数据线

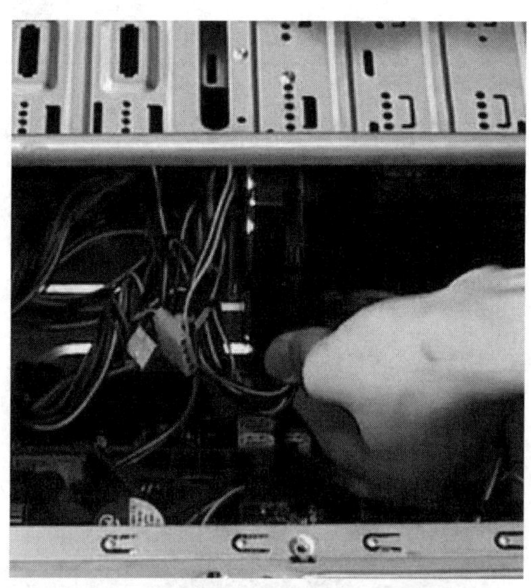

项目图 1-35　连接硬盘电源线

8．安装光驱

首先从机箱的前置面板上取下安装光驱位置的挡板，为了利于散热一般将光驱安装在靠上的位置。拆下挡板后，把光驱从前面放进去，如项目图 1-36 所示。

光驱侧面的螺钉孔与机箱固定架对齐，并用螺钉固定，如项目图 1-37 所示。然后连接光驱电源线和数据线，如项目图 1-38 所示。光驱数据线的另一头连到主板上。

项目图 1-36　安装光驱

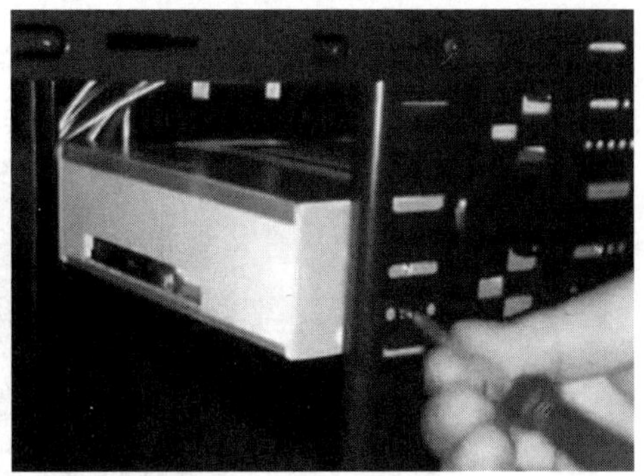

项目图 1-37　用螺钉固定光驱

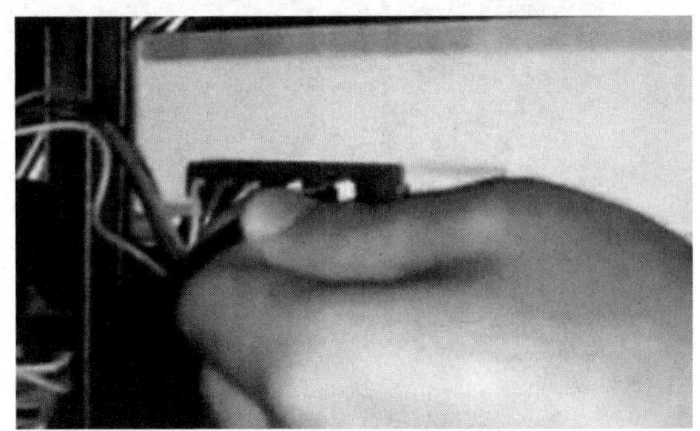

项目图 1-38　连接光驱电源线和数据线

9．安装显卡

在机箱后面板与 PCI-E 插槽对应的位置处，一般会有一块挡板，挡住了显卡输出端口一侧用来固定的螺钉孔的位置，先将挡板上的固定螺钉拧下来，取下挡板，如项目图 1-39 所示。

用手轻握显卡上端，将显卡下面的接口对准主板上的 PCI-E 插槽，显卡左边输出端口一侧与之前机箱后面板拆下挡板所露出的缺口相对应，放入显卡，如项目图 1-40 所示。

项目图 1-39　取下挡板

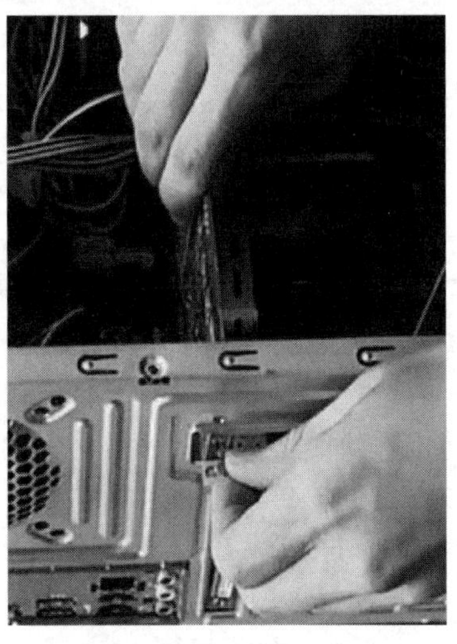

项目图 1-40　放入显卡

然后双手按住显卡上端垂直向下用力，将显卡插入主板的 PCI-E 插槽，用螺钉固定好，如项目图 1-41 所示。

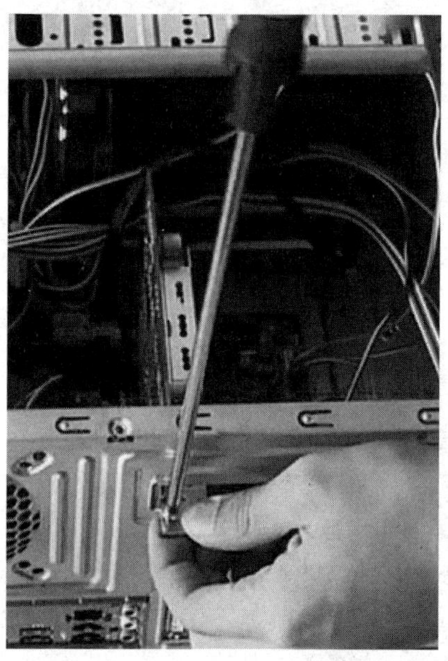

项目图 1-41　拧上显卡螺钉

【提示】

现在的主板上一般都集成了显卡、声卡和网卡，能够满足大多数用户的需要，若对图像和声音的处理有更高的要求，则可以安装独立的显卡和声卡，安装方法参考上述安装显卡的内容，若不需要这些扩展卡则此步可省略。

10. 连接机箱内供电线

1）连接 CPU 的供电线

在主板上找到 CPU 供电插槽，如项目图 1-42 所示。CPU 供电线插头一般有 3 种，分别是 4 针插头、6 针插头、8 针插头。如果是单核或双核的小功率 CPU，一般用 4 针插头就够了；如果是四核或大功率 CPU，则多采用 8 针插头。

【提示】

一般的单核或双核 CPU，功率在 80W 以下，采用 4 针插头（双路 12V），每针最大电流不超过 3.5A，不会因为接触不良而发热烧蚀。如果是四核或大功率 CPU，尤其是超频主板，大幅超频的 CPU 功耗能达到 150 ~ 200W，多采用 8 针插头（4 路 12V），因为采用 4 针插头很容易出现发热烧蚀问题。无论是 4 针插头还是 8 针插头都和电源兼容，都是从电源里同一路引出来的。目的就是分流，防止单一插针过流发热烧蚀。

本任务中的 CPU 在电源上选择一个 4 针插头，注意观察 CPU 供电线插头与主板上的 CPU 供电插槽都采取了防呆式设计，二者的形状都有正方形和六边形，插头与插槽的形状对应才能插进去，如项目图 1-43 所示。

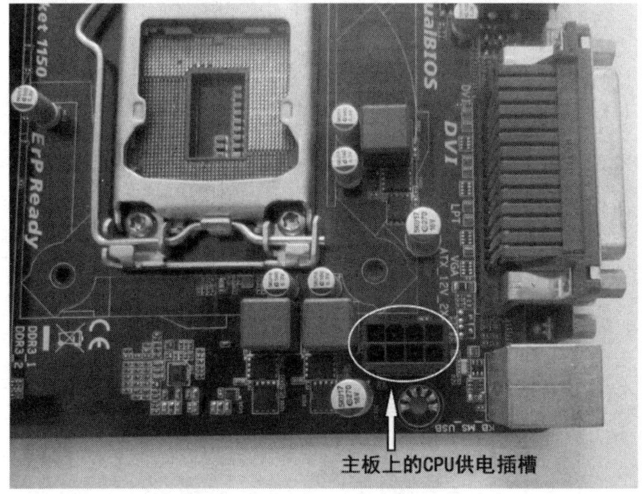

项目图 1-42　主板上的 CPU 供电插槽

项目图 1-43　插入 4 针插头的 CPU 供电线

2）连接主板和电源

本任务中在主板上可以看到一个有 24 个孔位的长方形插槽，这个插槽就是电源为主板供电的插槽，如项目图 1-44 所示。

目前主板供电接口主要有 24 针主板供电接口和 20 针主板供电接口 2 种。本任务中的主板供电接口分为 20 针主板供电接口和 4 针主板供电接口一大一小两部分，上面分别印有一个白色箭头，如项目图 1-45 所示。如果主板供电需要 24 针主板供电接口，则 20 针主板供电接口和 4 针主板供电接口都插上；如果主板供电只需要 20 针主板供电接口，则将 20 针主板供电接口插上即可。

以 24 针主板供电接口为例，主板供电插槽与主板供电接口都采用了防呆式设计，在主板供电插槽的一个侧面上有一道凸起的棱，如项目图 1-46 所示。在电源的 20 针主板供电接口上有一个卡扣，如项目图 1-45 所示，二者是相对应的。

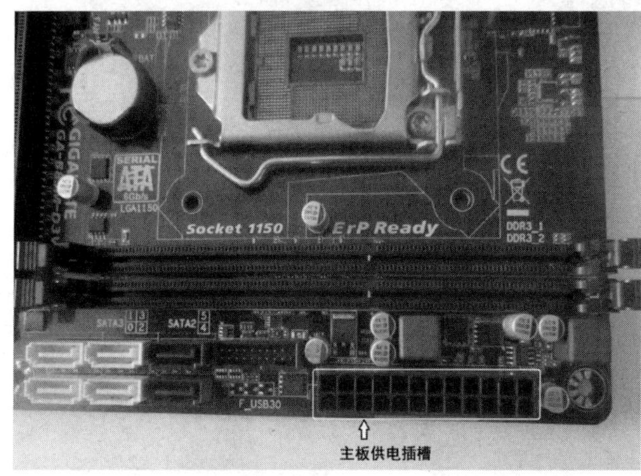

项目图 1-44　主板供电插槽

项目图 1-45　主板供电接口

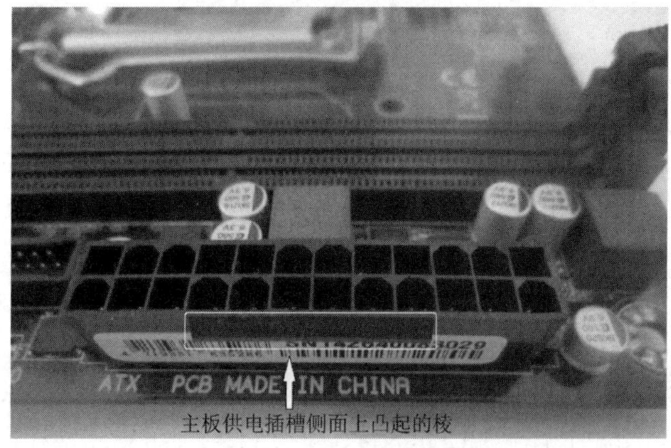

项目图 1-46　主板供电插槽侧面上凸起的棱

【注意】

本任务中 20 针主板供电接口上与 4 针主板供电接口相邻的一端凸出一块，插入前可先将二者箭头相向并在一起，20 针主板供电接口的突出部分应压在 4 针主板供电接口的上面，然后将它们插入主板供电插槽，或者先插入 4 针主板供电接口，再插入相邻的 20 针主板供电接口，如项目图 1-47 所示。

项目图 1-47　插入主板供电接口

11．连接机箱前面板连接线

（1）电源开关连接线。

电源开关的英文全称为 Power Switch，标注形式有 POWER SW、POWER、PWR、ON/OFF 等。POWER SW 如项目图 1-48 所示。电源开关连接线的功能是连接机箱前面板上的电源开关，一般为白、棕两种颜色的线。

项目图 1-48　POWER SW

（2）重启开关连接线。

重启开关的英文全称为 Reset Switch，标注形式有 RESET SW、RESET、RST 等。RESET SW 如项目图 1-49 所示。重启开关连接线的功能是连接机箱前面板上的重启开关。

项目图 1-49　RESET SW

（3）电源指示灯连接线。

电源指示灯的英文全称为 Power Light Emitting Diode，标注形式有 POWER LED、PLED、PWRLED 等，功能是显示电源工作状态。当系统正常运行时，电源指示灯亮；当系统休眠或关机时，电源指示灯灭。POWER LED 如项目图 1-50 所示。电源指示灯连接线的功能是连接机箱前面板上的电源指示灯。

项目图 1-50　POWER LED

（4）硬盘指示灯连接线。

硬盘指示灯的英文全称为 Hard Disk Drive Light Emitting Diode，标注形式有 H.D.D LED、HDLED 等，功能是显示硬盘工作状态。当硬盘存取数据时，硬盘指示灯亮。H.D.D LED 如项目图 1-51 所示。硬盘指示灯连接线的功能是连接机箱前面板上的硬盘指示灯。

项目图 1-51　H.D.D LED

（5）扬声器连接线。

扬声器的英文全称为 Speaker，标注形式有 SPEAKER、SPEAK 等，功能是通过发出不同的“嘀”声反映目前的开机状态。SPEAKER 如项目图 1-52 所示。扬声器连接线的作用是连接机箱前面板上的扬声器。

项目图 1-52 SPEAKER

（6）USB 接口连接线。

USB 的英文全称为 Universal Serial Bus，标注形式有 USB 等。USB 如项目图 1-53 所示。USB 接口连接线是通用串行总线，其功能是连接机箱前面板上的 USB 接口。

（7）音频接口连接线。

音频的英文全称为 Audio，标注形式有 AUDIO 等。AUDIO 如项目图 1-54 所示。音频接口连接线的功能是连接机箱前面板上的音频接口。

项目图 1-53 USB

项目图 1-54 AUDIO

下面介绍一下这些连接线的基本连接方法，以技嘉 GA-B85M-D3V 主板为例，在主板上找到 F_PANEL 标识，即前端控制面板接脚，如项目图 1-55 所示。用来连接机箱前面板的连接线，因形似跳线也被称为主板跳线。前端控制面板接脚示意图如项目图 1-56 所示。

项目图 1-55　前端控制面板接脚

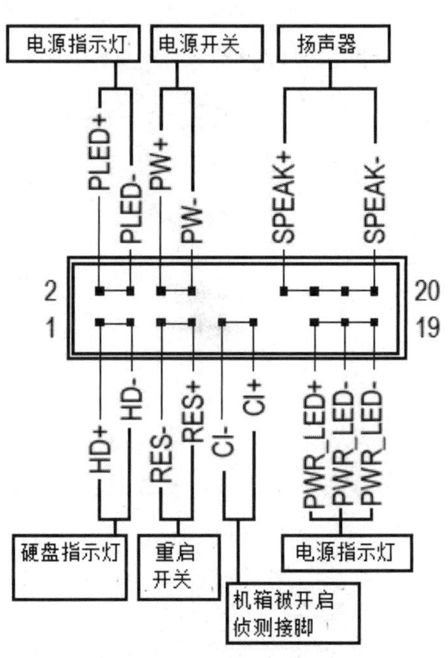

项目图 1-56　前端控制面板接脚示意图

（1）连接电源开关。

电源开关连接线一般为白、棕两种颜色，在本任务中的主板上找到“+PW-”标识对应的插针，不用区分正负极，对准插入，用力要均匀，避免损坏插针，如项目图 1-57 所示。

项目图 1-57　插入电源开关连接线

（2）连接重启开关。

重启开关连接线一般为白、蓝两种颜色，在本任务中的主板上找到“-RES+”标识对应的插针，不用区分正负极，对准插入即可，如项目图 1-58 所示。

项目图 1-58　插入重启开关连接线

（3）连接电源指示灯。

电源指示灯连接线一般为白、绿两种颜色，在本任务中的主板上找到“+PLED-”标识对应的插针，由于电源指示灯用 LED 来显示信息，所以连接时要区分正负极。在主板中将绿线一端连接在“+”插针上，将白线一端连接在“-”插针上，如项目图 1-59 所示。

项目图 1-59　插入电源指示灯连接线

（4）连接硬盘指示灯。

硬盘指示灯连接线一般为白、红两种颜色，在本任务中的主板上找到“+HD-”标识对应的插针，硬盘指示灯区分正负极，在主板中将红线一端连接在“+”插针上，将白线一端连接在“-”插针上，如项目图 1-60 所示。

（5）连接扬声器。

扬声器连接线一般为红、黑两种颜色，在本任务中的主板上找到“+SPEAK-”标识对应的插针，将红线一端连接在“+”插针上，将黑线一端连接在“-”插针上，如项目图 1-61 所示。

项目图 1-60　插入硬盘指示灯连接线

项目图 1-61　插入扬声器连接线

【提示】

上述主要功能的连接线连好以后，F_PANEL 插座上的其他接脚若无对应的连接线可空着不连。

（6）连接 USB 接口。

在本任务中的主板上可以看到“F_USB1”标识和“F_USB2”标识对应的插座，如项目图 1-62 所示。

项目图 1-62　“F_USB1”标识和“F_USB2”标识对应的插座

每个插座可以接出两个 USB 接口，F_USB 的引脚定义如项目图 1-63 所示。

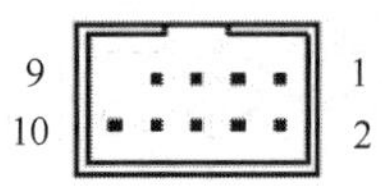

引脚	定义	引脚	定义
1	VCC	2	VCC
3	Data 0–	4	Data 1–
5	Data 0+	6	Data 1+
7	接地引脚	8	接地引脚
9	无引脚	10	无作用

项目图 1-63　F_USB 的引脚定义

USB 接口连接线一般为红、白、绿、黑 4 种颜色，红线对应 VCC 引脚，黑线对应接地引脚。USB 接口连接线有的是单排 4 个插孔的，有的是双排 9 个插孔（与项目图 1-63 中的 9 个引脚对应）的，连接时请注意方向。

有的 USB 接口连接线标识后面会带有数字，如 F_USB1、F_USB2，这些数字只是为了区分主板上前置 USB 插座的序号，实际上前置 USB 插座连接 F_USB1 或者 F_USB2 都是可以的，如项目图 1-64 所示。

项目图 1-64　插入 USB 接口连接线

（7）连接音频接口。

在本项目中的主板上可以看到“F_AUDIO”标识对应的插座，如项目图 1-65 所示。此前置音频插座可以支持 HD（High Definition，高保真）及 AC’97 音效模组，在连接前先确认音效模组的接脚定义是否与插座吻合。前置音频插座采用防呆式设计，共 9 针，其中有一处空出无针脚，在插接时按连接线插孔与插座针脚的对应位置插入即可，如项目图 1-66 所示。

项目图 1-65　“F_AUDIO”标识对应的插座

项目图 1-66　插入音频接口连接线

12．整理机箱内部线缆

先将机箱内部线缆理顺，用塑料绳将它们捆好，为避免线缆下垂碰到主板上的部件，可将捆好的线缆绑缚在相邻的机箱框架横梁上，如项目图 1-67 所示。

整理好机箱内部线缆既有利于散热，又便于日后各配件的添加或拆卸工作，还可以提高系统的稳定性。完成前面的操作后要仔细检查各部件的连接情况，以及是否有多余的螺钉等杂物遗留在机箱内，在确保没有问题后盖上机箱侧面板，上好螺钉，主机安装完成。

项目图 1-67　固定线缆

13．连接计算机外部设备

安装完主机后还要把鼠标、键盘、显示器等外部设备同主机连接起来，具体操作方法如下。

（1）以前鼠标、键盘多采用 PS/2 接口，通常鼠标的 PS/2 接口为绿色的，键盘的 PS/2 接口为紫色的。将鼠标、键盘的 PS/2 接口连接到主机的 PS/2 接口上，如项目图 1-68 所示。有的主机仅提供一组键盘及鼠标可以共享的或是仅可供键盘使用的 PS/2 接口。

项目图 1-68　连接鼠标和键盘的 PS/2 接口

（2）现在鼠标、键盘的 PS/2 接口已经逐渐被 USB 接口取代，如项目图 1-69 所示。将鼠标、键盘的 USB 接口连接到主机的 USB 接口上，如项目图 1-70 所示。

项目图 1-69　采用 USB 接口的鼠标和键盘

项目图 1-70　连接鼠标和键盘的 USB 接口

（3）连接显示器的数据线，显示器的数据线接口一般是梯形的，采用防呆式设计，连接时要和插孔的方向保持一致，如项目图 1-71 所示。

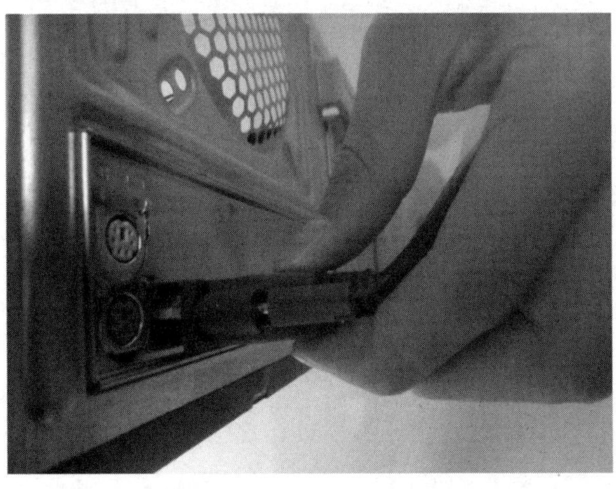

项目图 1-71　连接显示器的数据线

（4）连接主机的电源线，如项目图 1-72 所示。

项目图 1-72　连接主机的电源线

（5）开机测试。将显示器和主机的电源插头插到电源插座中，接通电源并按下主机上的电源开关按钮。可以听到计算机发出“嘀”的一声，还会听到 CPU 风扇和电源风扇转动的声音。正常启动计算机后，显示器的屏幕上出现计算机开机自检画面，表示计算机主机已组装成功。

（6）如果计算机未正常运行，可按照组装计算机的流程重新进行检查。

组装好的计算机如果是未安装操作系统的裸机，则还须进行硬盘的分区和格式化，然后安装操作系统和各种所需的驱动程序。

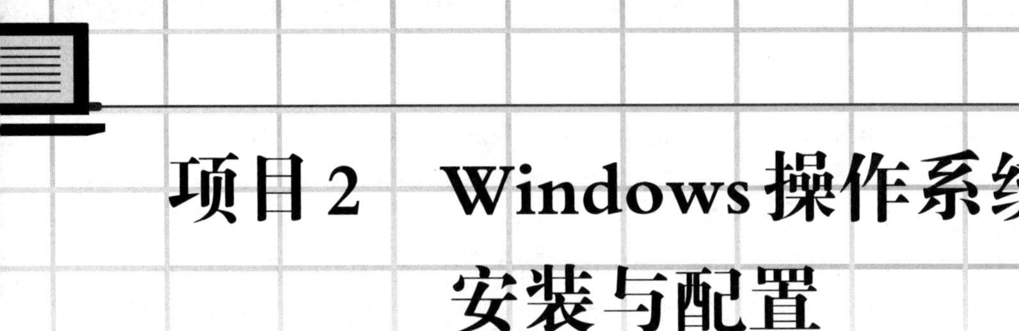

项目2 Windows操作系统安装与配置

知识目标：

（1）掌握 BIOS 的配置方法。

（2）了解常用 U 盘启动盘的制作方法及过程。

（3）掌握 Windows 操作系统的安装步骤。

（4）了解计算机常见硬件驱动程序的安装方法。

（5）了解计算机常见个性化设置的方法。

能力目标：

（1）能够修改 BIOS 的常规配置。

（2）能够制作 U 盘启动盘。

（3）能够安装 Windows 操作系统。

（4）能够安装硬件驱动程序。

（5）能够进行计算机个性化设置。

任务1 修改 BIOS 并设置 U 盘启动（△◇☆）

1. 任务描述

很多品牌的计算机，如联想，无论是台式机还是笔记本，选择启动项的键都是 F12，在开机的时候按 F12 键会出现启动项选择界面，从中我们可以选择计算机由什么介质启动，一般可供选择的选项有光驱、硬盘、网络、可移动磁盘（U 盘）。但是有些品牌的计算机没有类似的快捷键，需要我们进入 BIOS 进行设置，选择合适的启动项，以满足不同的要求。

2. 任务分析

BIOS 的英文全称是 Basic Input Output System，即基本输入输出系统，其主要功能是为计算机提供最底层、最直接的硬件设置和控制功能。在安装 Windows 操作系统之前我们需要在 BIOS 里设置计算机的启动项，以保证可以利用其他介质来安装计算机的操作系统。

3. 任务实施

步骤一：在开机时，按快捷键进入 BIOS 界面。大多数计算机是按 F2 键，部分计算机是按 F1 键或其他键。

步骤二：设置 U 盘启动。

以 Phoenix-AwardBIOS（2010 年之后的计算机）为例说明一下设置过程。

（1）在开机时按 Del 键进入 BIOS 设置界面，选择高级 BIOS 设置（Advanced BIOS Features）。

（2）在高级 BIOS 设置界面中，首先选择硬盘启动优先级：HardDiskBootPriority。

（3）硬盘启动优先级选择：使用小键盘上的加减号来选择移动设备，将 U 盘移动到最上面。然后，按 Esc 键退出。

（4）选择第一启动设备（First Boot Device）：如果有 U 盘的“USB-HDD”“USB-ZIP”之类的选项，就选择此类选项。

任务 2　U 盘启动盘制作（△◇☆）

1. 任务描述

利用软件工具制作 U 盘启动盘，用来在操作系统崩溃时进行修复或者重装系统。

2. 任务分析

随着 U 盘的普及，现在光盘已经不常用了，有的计算机已经不再设置光驱，所以在安装操作系统时使用 U 盘来安装是最佳选择。不过，想要使用 U 盘安装操作系统，首先要有一个 U 盘启动盘，它是写入了操作系统镜像文件的具有特殊功能的移动存储介质。

3. 任务实施

步骤一：准备 U 盘启动盘制作所需的软件、硬件。需要 Windows 操作系统镜像包一个、U 盘一个（最好是 8GB 或者 8GB 以上的）。

步骤二：选择 U 盘启动盘制作软件。可以利用网络上常见的 UltraISO、USBoot、大白菜、老毛桃、雨林木风等 U 盘启动盘制作软件进行启动盘制作。

步骤三：进行 U 盘启动盘制作。

以某 U 盘启动盘制作工具为例说明一下制作过程。

（1）下载最新的 U 盘启动盘制作软件包并安装，然后打开主程序。

（2）插入 U 盘（注意，在制作 U 盘启动盘前先将 U 盘中的资料保存到其他地方，因为在制作过程中需要格式化 U 盘）。

（3）插入正确的 U 盘后程序会自动检测到 U 盘，从“请选择 U 盘”选项中选择要制作启动盘的 U 盘。

（4）启动模式用默认的 USB-HDD 即可，然后单击“一键制成 USB 启动盘”按钮，即可开始制作。

（5）在弹出的“警告”对话框中单击“是”按钮，继续制作。

（6）随后主界面上显示“正在写入启动文件”，此时不能拔掉 U 盘。

（7）稍等一会即可看到提示成功的对话框，然后按提示拔掉 U 盘即可。

任务 3 按安装向导提示逐步安装（△◇☆）

1. 任务描述

利用 U 盘启动盘来安装 Windows 操作系统。

2. 任务分析

计算机在使用过程中会出现各种问题，当一些问题无法解决时，进行操作系统的重新安装是最直接的方法。这就需要计算机使用者经常重装系统，掌握正确的安装操作系统的方法是计算机使用者必备的一项技能。

3. 任务实施

步骤一：利用已安装好 Windows 操作系统的计算机将 Windows 操作系统镜像复制到 U 盘启动盘中。

步骤二：打开待安装 Windows 操作系统的计算机，通过快捷键进入 U 盘启动盘。

步骤三：根据 U 盘启动盘提示进行 Windows 操作系统的安装。

利用虚拟光驱或 Windows 安装器进行安装，如项目图 2-1 所示。

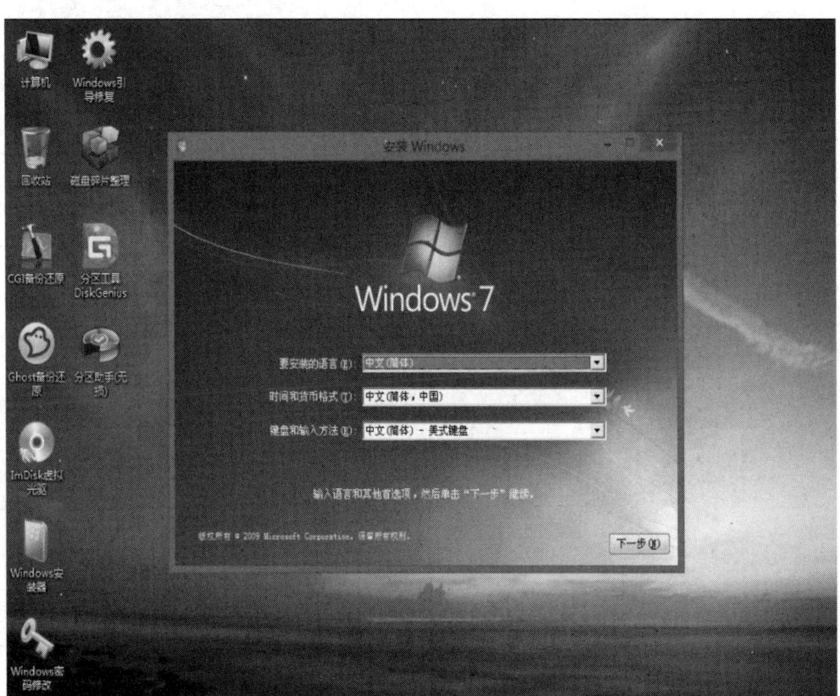

项目图 2-1 进行安装

出现安装界面后单击“下一步”按钮，根据提示进行 Windows 操作系统的安装。

任务4　安装硬件驱动程序（△◇☆）

1．任务描述

新安装的操作系统，很多硬件的驱动程序已经默认安装好了，但是有些特殊硬件的驱动程序没有安装，没有安装完整驱动程序的硬件是无法使用的，而且很多默认的硬件驱动程序不是最新的版本，这样便不能发挥计算机的全部性能，所以安装驱动程序是很重要的。

2．任务分析

驱动程序一般指的是设备驱动程序（Device Driver），是一种可以使计算机和外部设备进行相互通信的特殊程序。驱动程序相当于设备的接口，操作系统只有通过这个接口，才能控制设备正常工作，如果某设备的驱动程序未能正确安装，那么它便不能正常工作。

3．任务实施

步骤一：打开设备管理器。以 Windows 7 操作系统为例说明打开设备管理器常用的三种方法。

（1）单击“开始”，选择“控制面板”命令，在右上角“查看方式”为“大图标”或“小图标”的情况下，找到“设备管理器”。

（2）右击桌面上的计算机图标，在弹出的快捷菜单中选择“管理”命令，进入“计算机管理”窗口，找到“设备管理器”。

（3）按 Win + R 快捷键打开“运行”对话框，在“打开”文本框中输入“devmgmt.msc”并单击“确定”按钮可以直接打开“设备管理器”窗口，如项目图 2-2 所示。

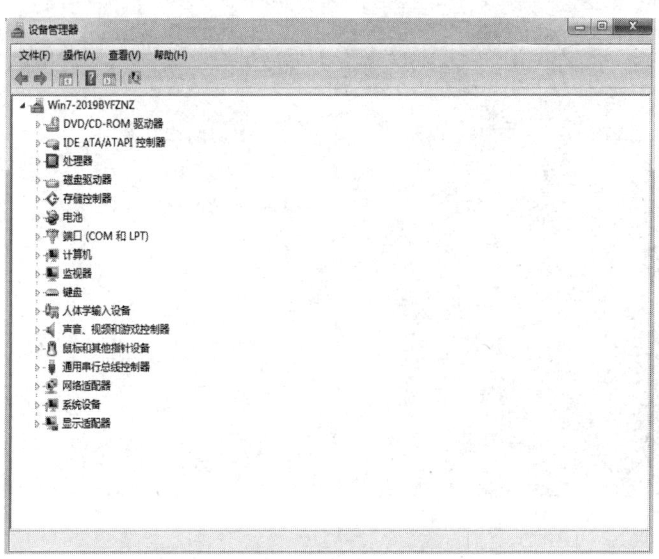

项目图 2-2　“设备管理器”窗口

步骤二：安装硬件驱动程序。

如果没有硬件驱动程序，或者硬件驱动程序安装不正确，那么设备名前会显示问号或

者有所不同。硬件驱动程序未正确安装的状态如项目图 2-3 所示。

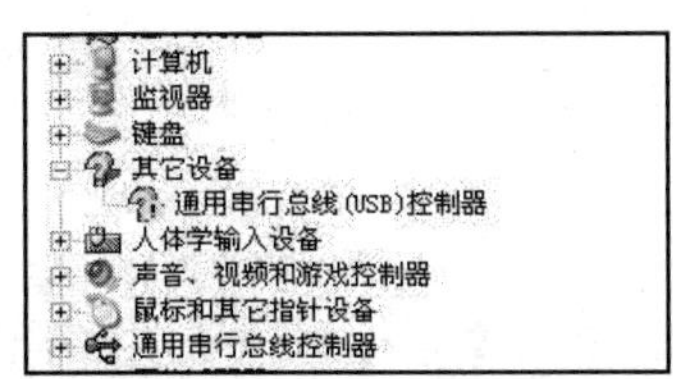

项目图 2-3　硬件驱动程序未正确安装的状态

这时下载相应硬件的驱动程序，或者找到硬件驱动光盘，然后在“设备管理器”窗口中右击相应硬件，选择“驱动程序”命令，进行正确的安装，硬件就能正常使用了。

任务 5　完成个性化设置（◇☆）

1．任务描述

安装 Windows 操作系统后，桌面上除了“回收站”的图标，什么也没有，“计算机”等图标都没有显示，显示的分辨率、字体大小等可能也不太合适，这时就需要对计算机进行个性化设置。

2．任务分析

不同用户的计算机有很多相同点，也有很多独特的地方，如主题、分辨率、屏保等，可以对这些选项进行自由设置，从而体现出自己的特点，给自己有一个更好的使用体验。

3．任务实施

步骤一：进入个性化设置界面。最简单的方法是在桌面的空白处右击，在弹出的快捷菜单中选择“个性化”命令，进入个性化设置界面。个性化设置界面如项目图 2-4 所示。

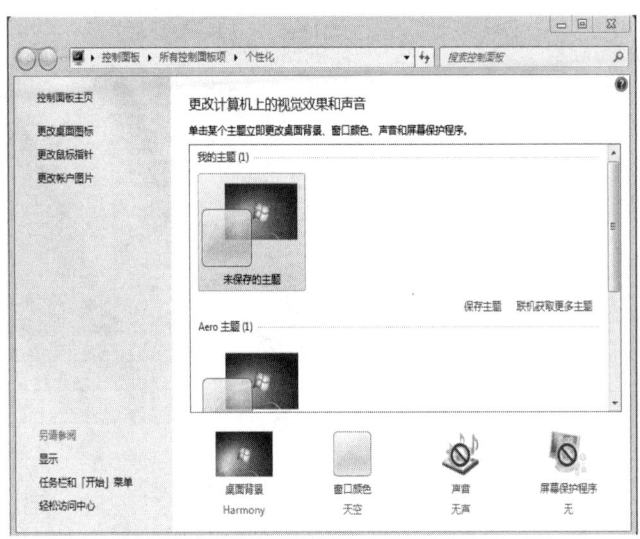

项目图 2-4　个性化设置界面

步骤二：选择相应的选项进行个性化设置。

如果需要修改桌面背景，可以单击“桌面背景”，进入“桌面背景”窗口，选择自己喜欢的图片，然后单击“保存修改”按钮，如项目图 2-5 所示。

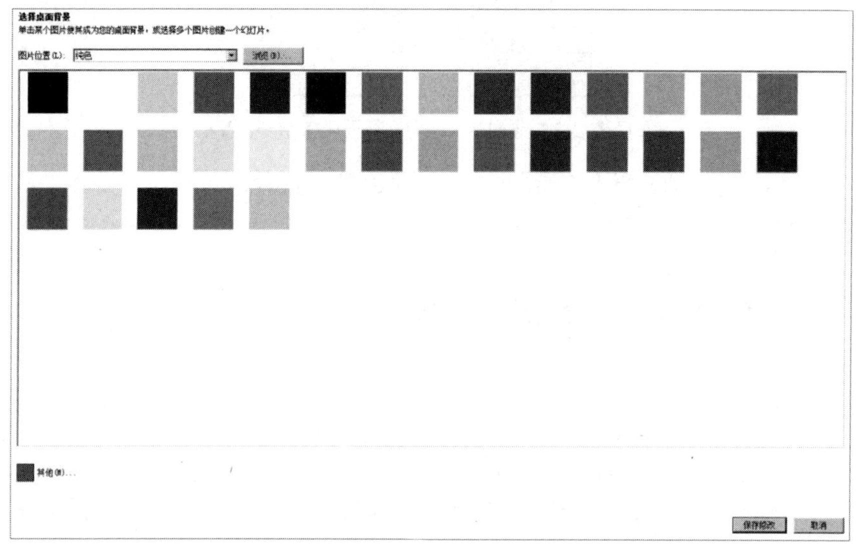

项目图 2-5　修改桌面背景

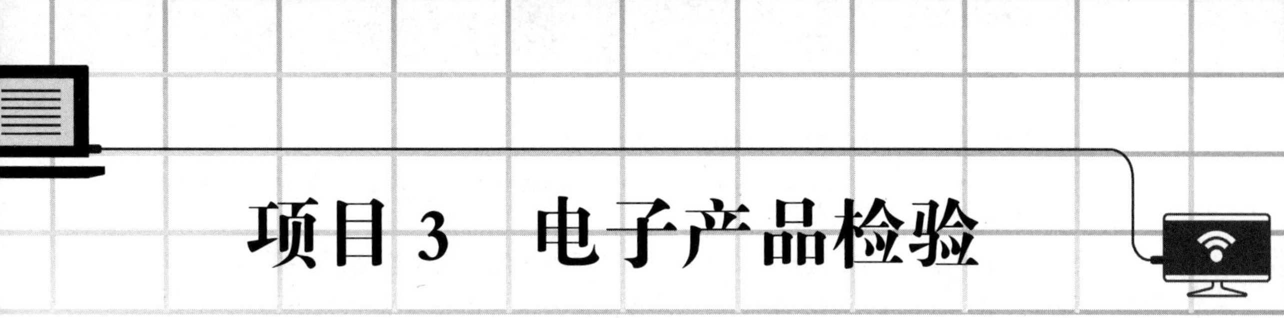

项目 3　电子产品检验

电子产品检验是电子产品制造过程中的最后一道工序，掌握电子产品检验技能对于生产电子产品的人员来说，是一项必不可少的要求。

任务 1　常见电子产品功能和性能要求（◇☆）

1．计算机类产品

计算机类产品的功能、存储器容量和主频等性能（如 CPU 频率、总线速度、网络特性等）及其参数应符合国家标准要求。

2．显示器类产品

显示器类产品的亮度、对比度、亮度一致性、视角、响应时间、色彩一致性、色域覆盖率、灰度等级、显示尺寸、点距、分辨率、能效应符合国家标准要求；其扩展功能，如触摸功能、声音输入及输出功能、亮度自动调整功能、接口功能、摄像头功能等，应符合国家标准要求。

3．打印机类产品

打印机类产品的接口、信息编码、行宽、行间距和字间距、纸处理功能、打印速度、打印精度、色带及色带盒、硒鼓、墨盒、噪声、警告、自检等功能应符合国家标准要求。

4．电子投影机类产品

电子投影机类产品的相关色温、光输出、照度均匀性、对比度、通断比、固有分辨力、清晰度、输入格式兼容性、调焦距离与成像大小、色度误差、像素缺陷点、梯形校正能力、整机消耗功率、待机消耗功率、电网电源适应性、遥控距离、受控角、整机质量等应符合国家标准要求。

任务 2　电子产品外观检验与一般外观故障的修复（◇☆）

检验工具：无。

1．电子产品外观

（1）电子产品表面不应有明显的凹痕、划伤、裂缝、变形和污迹等。表面涂层均匀，不应起泡、龟裂、脱落和磨损，金属零部件无锈蚀及其他机械损伤。

（2）电子产品表面说明功能的文字、符号、标志应清晰、端正、牢固，并应符合相关国家标准的规定。

（3）电子产品的零部件应紧固无松动，可插拔部件应可靠连接，开关、按钮和其他控制部件应灵活可靠，布局应方便使用。外接插头应符合相关国家标准的规定。

（4）显示器类产品显示的图形与字符应清晰可辨别。

外观合格产品如项目图 3-1 所示。

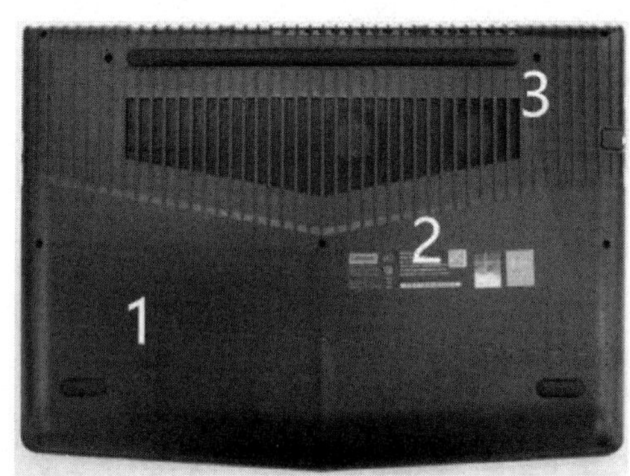

项目图 3-1　外观合格产品

2．一般外观故障的修复

（1）轻微划痕，一般用棉布蘸取少量砂蜡，来回擦拭就可消除。

（2）中度划痕，可用抛光机进行抛光，经抛光之后，就可以重新使用。

（3）深度划痕是无法用研磨的方法修复的，需要更换新的塑料外壳。

（4）有漆膜或镀层的机壳上的划痕，可以采取补漆、空气喷涂的方法进行修复。

任务 3　电子产品安全检验（☆）

检验工具：示波器、电阻测试仪、电流测试仪、绝缘耐压测试仪（见项目图 3-2）。

一般检验环境条件如下。

温度：15～35℃。

相对湿度：25%～75%。

大气压：75～106kPa。

1．抗电强度试验

抗电强度是指电容器两个引出端连接起来的引出端与金属外壳之间所能承受的最大电压，有时又把抗电强度叫作绝缘耐压。描述电容器抗电强度的指标有以下几项。

（1）击穿电压：电容器正常漏电的稳定状态被破坏的电压。

（2）试验电压：在短时间内（一般为 5～60s）电容器能承受的最大直流试验电压。试验电压通常为额定直流工作电压的 1.5～3 倍。

（3）额定直流工作电压：电容器长期安全工作的最高直流电压。

（4）交流工作电压：电容器长期工作时所允许接通的交流电压有效值。

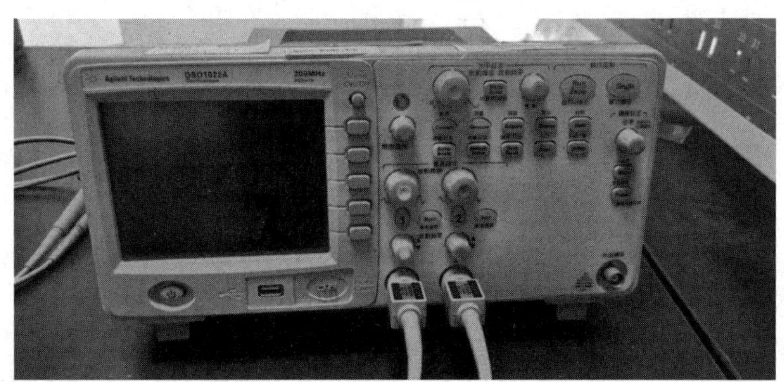

项目图 3-2　绝缘耐压测试仪

2. 直流电源适应能力试验

从标称电压值向正方向调节直流电源电压，使其偏离标称电压值+5%，运行检查程序一遍，受试样品工作应正常；从标称电压值向负方向调节直流电源电压，使其偏离标称值−5%，运行检查程序一遍，受试样品工作应正常。

从标称电压值同时向正、负方向调节直流电源电压，使其偏离标称电压值±5%，运行检查程序一遍，受试样品工作应正常。

3. 电线组件试验

电线组件试验按产品对应的国家标准的规定进行。

4. 噪声试验

噪声试验应在产品空闲的状态下，按对应的国家标准的规定进行。

5. 电磁兼容性试验

电磁兼容性试验包括无线电偏扰试验、谐波电流试验及抗扰度试验，一般用专业设备按对应的国家标准的规定进行。

任务 4　电子产品环境检验（☆）

任何电子产品都处在一定的环境之中，在环境的作用下使用、贮存或运输，并受这些环境的影响。电子产品环境检验一般参照国家标准并按照使用地区要求进行。

1. 温度下限试验

（1）工作温度下限试验。

受试样品须进行初始检测。严酷程度按照规定的工作温度下限值。加电运行检查程序 2h，受试样品工作应正常。恢复时间为 2h。

（2）贮存、运输温度下限试验。

严酷程度按照规定的贮存、运输温度下限值。受试样品在不工作条件下存放 16h。恢复时间为 2h，并进行最后检测。

为防止试验中受试样品结霜和凝露，允许将受试样品用聚乙烯薄膜密封后进行试验，必要时还可以在密封套内装吸潮剂。

2. 温度上限试验

（1）工作温度上限试验。

受试样品须进行初始检测，严酷程度按照规定的工作温度上限值。加电运行检查程序 2h，受试样品工作应正常。恢复时间为 2h。

（2）贮存、运输温度上限试验。

严酷程度按照规定的贮存、运输温度上限值。受试样品在不工作条件下存放 16h。恢复时间为 2h，并进行最后检测。

3. 恒定湿热试验

（1）工作条件下的恒定湿热试验。

严酷程度按照规定的工作温度和湿热上限值，受试样品须进行初始检测。试验持续时间为 2h，在此期间加电运行检查程序，工作应正常。恢复时间为 2h，并进行最后检测。

（2）贮存、运输条件下的恒定湿热试验

受试样品须进行初始检测。严酷程度按照规定的贮存、运输温度和湿热上限值，受试样品在不工作条件下存放 48h。恢复时间为 2h，并进行最后检测。

高温试验箱如项目图 3-3 所示，步入式恒温恒湿试验箱如项目图 3-4 所示。

项目图 3-3　高温试验箱

项目图 3-4　步入式恒温恒湿试验箱

4. 振动试验

（1）试验说明。

将受试样品按工作位置固定在振动台上，进行初始检测。使受试样品在不工作的状态下，按照规定值，分别在 3 个互相垂直的轴线方向进行振动。

（2）初始振动响应检查。

在给定频率范围内，在一个扫频循环上完成试验。试验过程中记录危险频率，一个试

验方向上最多不超过 4 个危险频率。

（3）定频耐久试验。

用在初始振动响应检查中记录的危险频率进行定频试验，如果两种危险频率同时存在，则不能只选其中一种。

若在试验规定的频率范围内无明显危险频率，或危险频率超过 4 个，则不做定频耐久试验，仅做扫频耐久试验。

（4）扫频耐久试验。

按规定的频率范围由低到高，再由高到低，作为一次循环。按规定的循环次数进行试验，已做过定频耐久试验的样品不再做扫频耐久试验。

（5）最后振动响应检查。

已做过定频耐久试验的受试样品须做此项试验，已做过扫频耐久试验的样品可将最后一次扫频试验作为最后振动响应检查。本试验须将记录的共振频率与初始振动响应检查记录的共振频率相比较，若有明显变化，则应对受试样品进行修整，然后重新进行该项试验。

试验结束后，进行最后检测。

电动振动试验系统如项目图 3-5 所示。

项目图 3-5　电动振动试验系统

5．冲击试验

受试样品须进行初始检测，在安装时要注意重力影响，按规定值，在不工作条件下，分别在 3 个互相垂直的轴线方向各进行一次冲击。试验后进行最后检测。

6．碰撞试验

对受试样品进行初始检测，使运输包装件处于准备运输状态，按国家标准的规定进行预处理 4h。

将运输包装件按国家标准的要求和本任务的规定值进行碰撞试验，分别在 3 个互相垂直的轴线方向进行碰撞。试验后按产品标准的规定检查运输包装件的损坏情况，并对受试样品进行最后检测。

7．运输包装件跌落试验

对受试样品进行初始检测，使运输包装件处于准备运输状态，按国家标准的规定进行预处理 4h。

将运输包装件按国家标准的要求进行跌落试验，要求六面三棱一角各跌落一次。试验后按产品标准的规定检查运输包装件的损坏情况，并对受试样品进行最后检测。

跌落实验台如项目图 3-6 所示。

项目图 3-6　跌落实验台

项目4 产 品 包 装

任务1 包装材料准备（△）

材料及工具领取是进行产品包装的首要任务，领取的材料及工具主要包括包装纸箱、缓冲材料、辅助工具等，然后准备包装标签。下面对包装材料的准备情况进行介绍。

1. 材料及工具领取

本任务需要的主要材料及工具包括包装纸箱、缓冲材料、胶带、剪刀等，如项目图 4-1 所示。

项目图 4-1 主要材料及工具

1）包装纸箱

（1）瓦楞纸箱。

瓦楞纸箱分为开槽型、套合型、折叠型、滑盖型、固定型、预黏合型等几大类。

电子产品通常使用开槽型纸箱中最常见的 0201 型纸箱包装，如项目图 4-2 所示。

（2）折叠纸箱。

折叠纸箱具有加工成本低、储运方便、适用各种印刷方式、适用于自动包装、便于销售和陈列、回收性好、利于环境保护等特点。

项目图 4-2　0201 型纸箱

在折叠纸箱前首先要看懂纸箱折叠图，如项目图 4-3 所示。纸箱按照纸箱折叠图进行折叠、装订（这个过程一般由纸箱生产厂家完成），在产品包装前，纸箱要进行上、下封装，封装过程如项目图 4-4 所示。

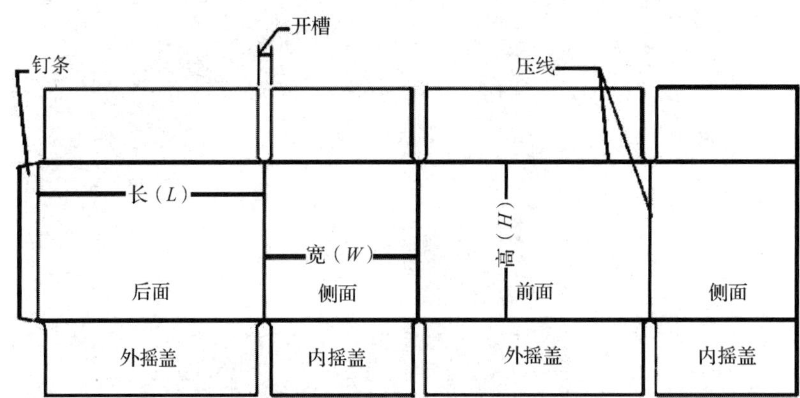

项目图 4-3　纸箱折叠图

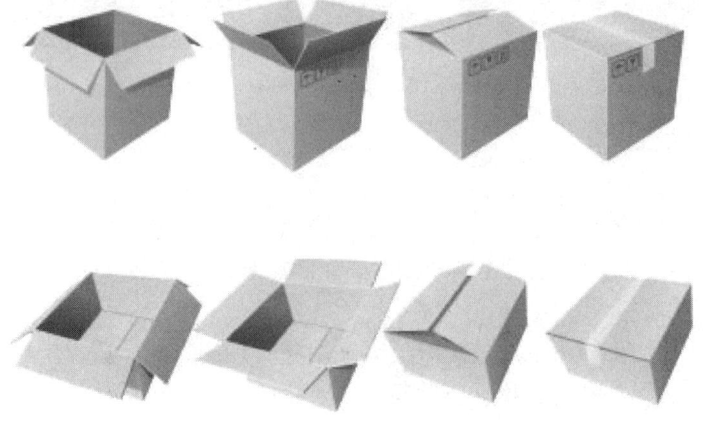

项目图 4-4　纸箱封装过程

2）缓冲材料

目前包装上常用的缓冲材料有四大类，分别是泡沫塑料、气垫薄膜、纸浆模塑及纸质缓冲包装材料。

（1）泡沫塑料。

泡沫塑料由于具有良好的缓冲性能和吸振性能，因此成为广泛使用的缓冲材料。泡沫塑料具有轻、易加工、保护性能好、适应性广、价廉物美等优势，但是也存在着体积大、废弃物不能自然风化、焚烧处理会产生有害气体等缺点。在环境污染严重的情况下，泡沫塑料对环境的危害引起人们的极大重视。虽然随着科技的发展已经研制出可降解的塑料，但是这种塑料价格昂贵，处理条件要求严格，且不能百分之百地降解，因此这种可降解塑料的大范围推广应用受到限制。泡沫塑料将逐渐被其他环保缓冲材料替代。泡沫塑料如项目图 4-5 所示。

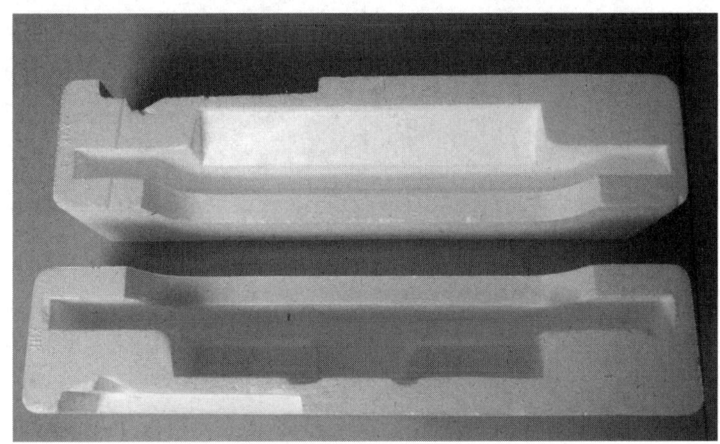

项目图 4-5 泡沫塑料

（2）气垫薄膜。

气垫薄膜是利用一种特殊工艺在两层塑料薄膜之间封入空气，在一面形成一个个突出的、均匀连续的气泡制成的，气泡的形状主要有圆筒形、半圆形和钟罩形。气垫薄膜如项目图 4-6 所示。

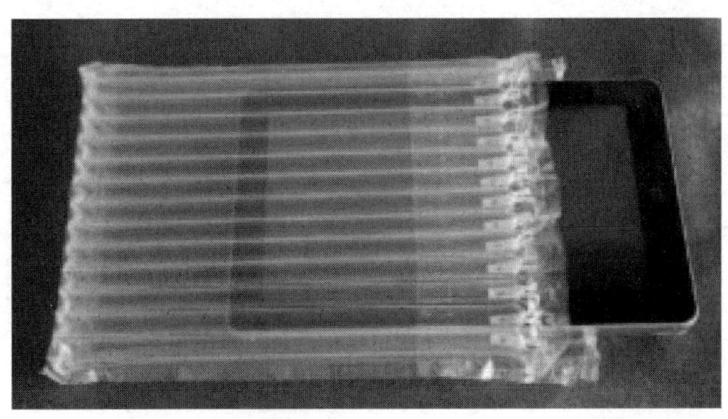

项目图 4-6 气垫薄膜

气垫薄膜可以制成各种形状、大小的袋、套、垫、筒等容器，广泛用于药品、工艺品、仪器、仪表等物品的包装。同时，它是目前唯一透明的缓冲材料，因此常用于销售包装。

（3）纸浆模塑。

纸浆模塑以纸浆（或废纸）为主要原料，经碎解制浆、调料后注入模具中成型、干燥而得。纸浆模塑原料来源丰富，生产与使用过程无公害，产品轻，抗压强度大，缓冲性能好，并且具有良好的可回收性。纸浆模塑在我国发展较快，但因其强度有限，目前只在一些小型电子产品、水果、蛋类等物品的缓冲包装中使用，未能用于较重产品的缓冲包装。纸浆模塑如项目图 4-7 所示。

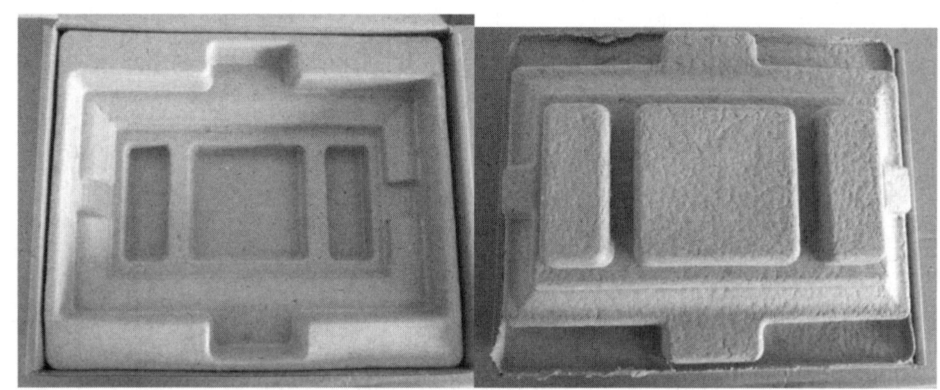

项目图 4-7　纸浆模塑

（4）纸质缓冲包装材料。

纸质缓冲包装材料的使用不是太广泛，泡沫塑料在价格和性能上的优势使纸质缓冲包装材料的发展受到了限制。近几年来，严重的环境污染问题促使人们把目光转移到环保型缓冲包装材料的发展上，纸质缓冲包装材料就是其中一类。目前市场上使用较多的纸质缓冲包装材料有瓦楞纸板和蜂窝纸板，如项目图 4-8 所示。

瓦楞纸板具有加工性良好、成本低、使用温度范围比泡沫塑料宽、没有包装公害等优点。其也存在一些缺点，如表面较硬，在包装高级商品时不能直接接触内装物的表面，因为内装物与瓦楞纸板之间出现相对移动会损坏内装物表面；耐潮湿性能差；复原性小；等等。

项目图 4-8　纸质缓冲包装材料

3）辅助工具

产品包装所用到的辅助工具根据包装的需要相差较大，本项目的辅助工具包括胶带和剪刀，分别如项目图 4-9 和项目图 4-10 所示。

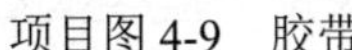
项目图 4-9 胶带

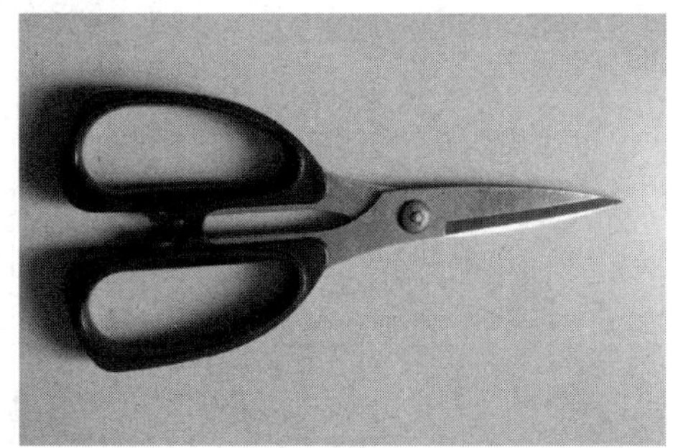

项目图 4-10 剪刀

2. 包装标签准备

根据不同的产品准备相应的包装标签。以能效标识标签为例，能效标识即能源效率标识，该标签是附在耗能产品上的最小包装物，用于标示产品能源效率等级等技术性能指标，贴该标签的目的是为用户和消费者的购买决策提供必要的信息，以引导和帮助消费者选择高能效节能产品。能效标识标签如项目图 4-11 所示。

项目图 4-11 能效标识标签

任务 2 产品装箱（△◇）

1. 包装缓冲材料

产品包装常用的缓冲材料有四大类，分别是泡沫塑料、气垫薄膜、纸浆模塑及纸质缓冲包装材料。电子产品通常使用泡沫塑料作为缓冲材料，附件材料通常用气垫薄膜包裹。

2. 将产品放入包装箱

开槽型瓦楞纸箱的填充方式通常有 4 种，分别是盖面填充、底面填充、端面填充及侧面填充。

电子产品通常使用盖面填充和底面填充两种方式，分别如项目图 4-12 和项目图 4-13 所示。

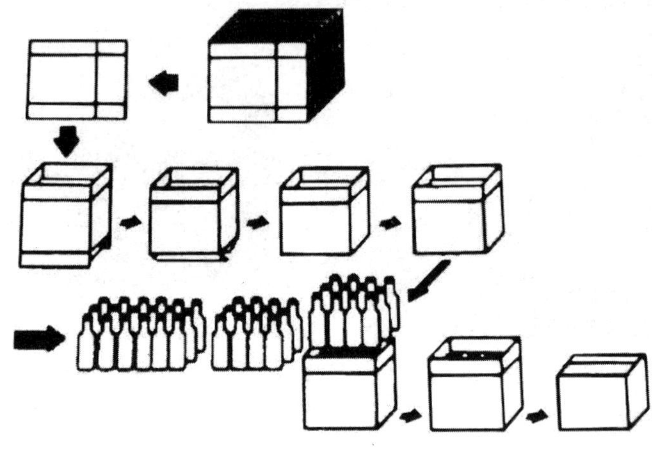

项目图 4-12　盖面填充

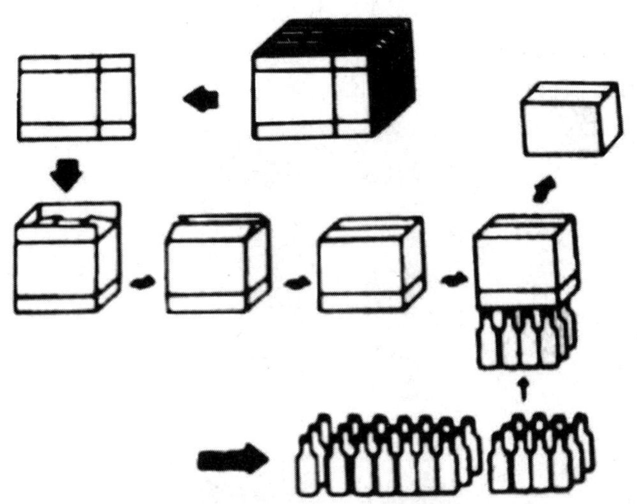

项目图 4-13　底面填充

3．封箱方式

国际纸箱箱型标准规定了 4 种封箱方式。

（1）黏合剂封箱。用热熔胶或冷制胶作为黏合剂。

（2）胶带封箱。国际纸箱箱型标准规定的 4 种胶带封箱方式如项目图 4-14 所示。

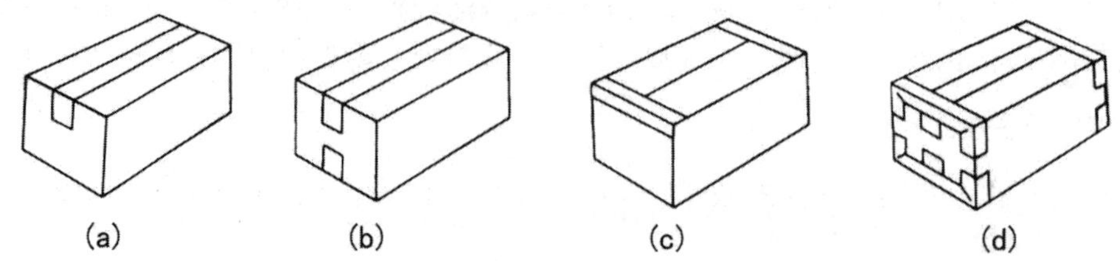

项目图 4-14　国际纸箱箱型标准规定的 4 种胶带封箱方式

（3）连锁封箱。常见的 0201 型纸箱的连锁封箱方式如项目图 4-15 所示，其他箱型的连锁封箱方式视结构而定。

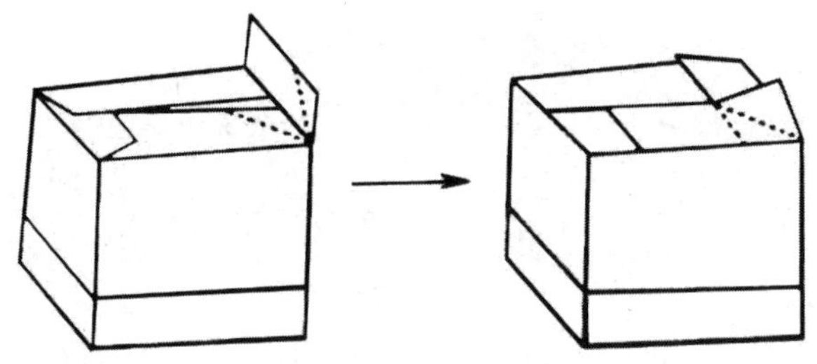

项目图 4-15　常见的 0201 型纸箱的连锁封箱方式

（4）U 形钉封箱。国际纸箱箱型标准规定的 2 种 U 形钉封箱方式如项目图 4-16 所示。

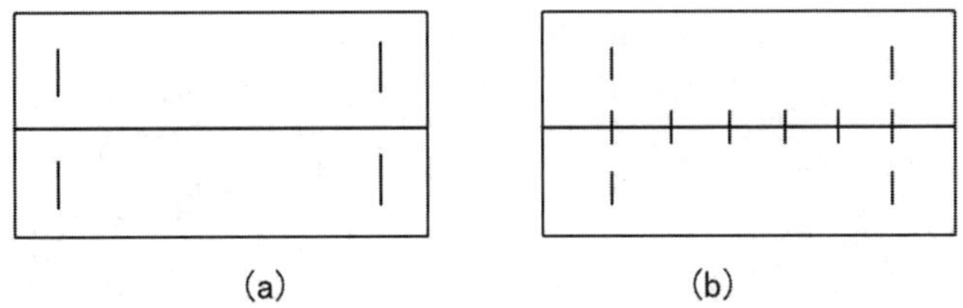

项目图 4-16　国际纸箱箱型标准规定的 2 种 U 形钉封箱方式

4．LED 显示器及相关部件的装箱过程

（1）准备好 LED 显示器及相关部件和及包装材料，如包装纸箱、包装袋、泡沫塑料、LED 显示器、LED 显示器底座、电源线、数据线等。LED 显示器及相关部件如项目图 4-17 所示。

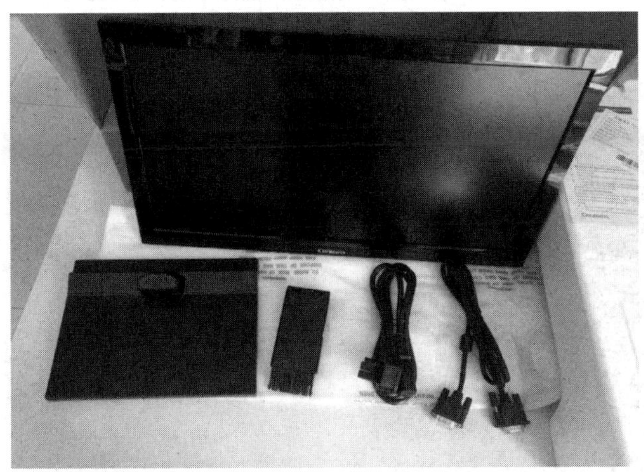

项目图 4-17　LED 显示器及相关部件

（2）将 LED 显示器装入包装袋，并用泡沫塑料卡住 LED 显示器，如项目图 4-18 所示。

（3）将包好的 LED 显示器装到准备好的 0201 型纸箱中，如项目图 4-19 所示，在装箱时 LED 显示屏不要受力，防止被压坏。

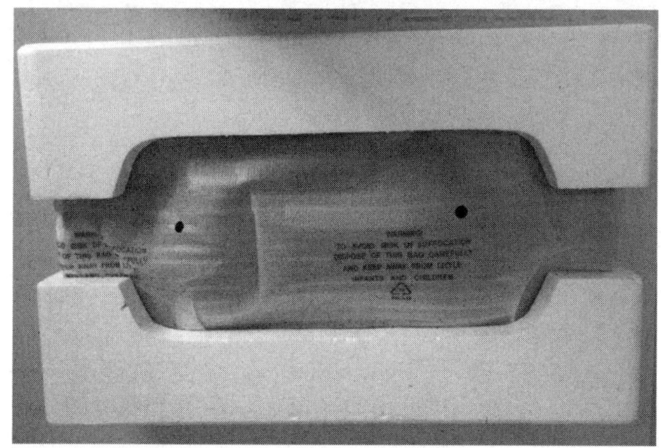

项目图 4-18　用泡沫塑料卡住 LED 显示器

项目图 4-19　将包好的 LED 显示器装入纸箱

（4）将 LED 显示器底座放到纸箱中相应的位置处，如项目图 4-20 所示。

项目图 4-20　将 LED 显示器底座装入纸箱

（5）将数据线和电源线放到纸箱中相应的位置处，如项目图 4-21 所示。

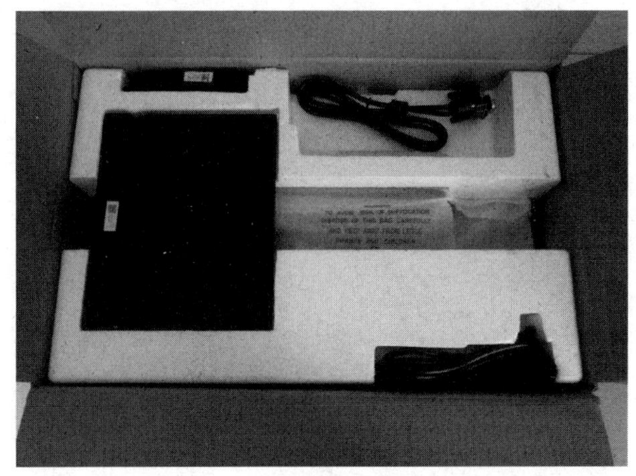

项目图 4-21　将数据线和电源线装入纸箱

（6）将装箱清单、说明书和保修卡等放到纸箱中相应的位置处，如项目图 4-22 所示。

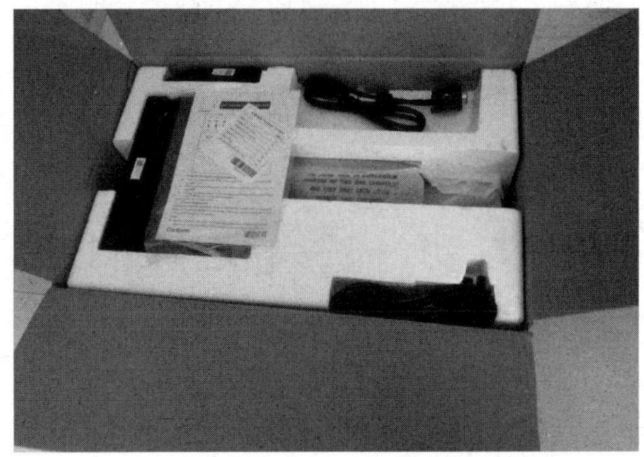

项目图 4-22　将装箱清单、说明书和保修卡等装入纸箱

（7）用胶带进行封装，如项目图 4-23 所示。封装完成如项目图 4-24 所示

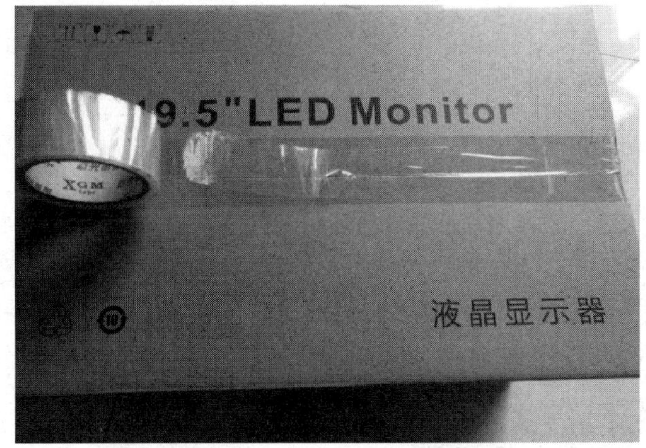

项目图 4-23　用胶带进行封装

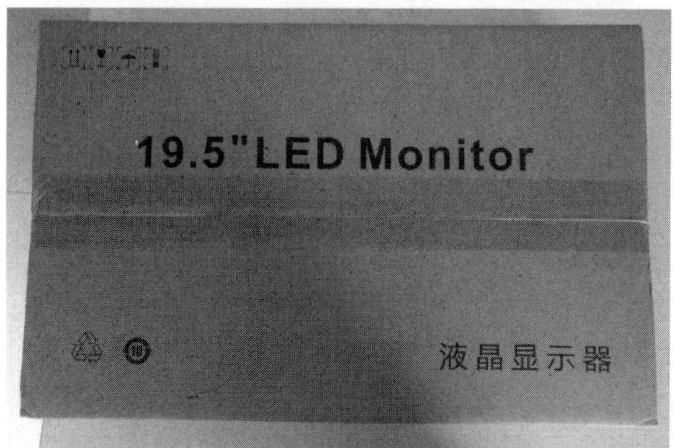

项目图 4-24　封装完成

（8）在纸箱上贴好能效标识标签和公司标签，如项目图 4-25 所示。

项目图 4-25　在纸箱上贴好能效标识标签和公司标签

（9）完成装箱和封装工作之后，整个装箱工作也就完成了，如项目图 4-26 所示。

项目图 4-26　装箱完成

任务 3　数据记录（◇）

1. 工单数据记录

工单，即工作单据，是由一个或多个作业组成简单的维修或制造计划，上级部门下达任务、下级部门领受任务的依据。工单可以是独立的，也可以是大型项目的一部分，可以为工单定义子工单。

工单数据记录表多用于记录、处理、跟踪一项工作的完成情况。工单记录表如项目图 4-27 所示，要根据产品包装过程及公司工作流程等情况来确定工单记录表中记录的内容。

工单记录表

序号	时间	接单人	工单号	内容	地点	完成情况	备注
1							
2							
3							
4							
5							
6							
7							
8							
9							
10							
11							
12							
13							
14							
15							

主管确认：

项目图 4-27　工单记录表

2. 完成质量追溯记录

质量追溯制是指在生产过程中，每完成一道工序或一项工作，都要记录其检验结果及存在的问题，操作者及检验者的姓名，操作及检验的时间、地点及情况分析，在产品的适当部位做出相应的质量状态标志。这些记录与带标志的产品同步流转。在需要时，很容易搞清责任者的姓名及出问题的时间和地点，职责分明，查处有据，这可以极大加强职工的责任感。

追溯记录表如项目图 4-28 所示，要根据公司工作流程及相关要求来确定追溯记录表中记录的内容。

追溯记录表

序号	产品名称	批号	规格	责任人	检验人	日期	备注
1							
2							
3							
4							
5							
6							
7							
8							
9							
10							
11							
12							
13							
14							
15							

XX公司

项目图 4-28　追溯记录表

项目 5　计算机网络设备

任务 1　计算机接口转换器（☆）

目前，绝大多数的 PC 主板都采用了内置网卡，但是在某些特定环境下，还需要再增加一块网卡。本任务以 TP-LINK TG-3269C 在华硕主板上的应用为例介绍有线网卡的使用。

1. 准备工作

1）安装环境

有线网卡需要安装到 PC 主板上，要将设备安装在通风、干燥、无强光直射的室内环境中，并且在安装时要断开 PC 主机电源。

在安装设备时要远离具有强磁场或强电场的电器，如微波炉、电冰箱、手机等。

在安装设备时要远离热源或裸露的火源，如电暖器、蜡烛等。

2）标准安装工具及防护装备

一字螺丝刀、十字螺丝刀、防静电手套。

2. 连接设备

1）准备网卡

拆开网卡包装，将网卡放置在操作台上备用。网卡的外观如项目图 5-1 所示。

项目图 5-1　网卡的外观

2）打开机箱

将 PC 主机机箱平稳地放在操作台上，拆下 PC 主机机箱盖上的螺钉，取下机箱盖露出主板。未安装设备的 PC 主板如项目图 5-2 所示，左侧淡蓝色插槽为 PCI 插槽。

项目图 5-2　未安装设备的 PC 主板

3）安装网卡

将网卡插入 PCI 插槽。

4）恢复机箱

将机箱盖盖上，拧好螺钉后插上电源。

3. 安装驱动程序

1）开机

计算机开机后，操作系统会自动识别设备，某些型号的网卡会自动识别并安装驱动程序，但是某些型号的网卡需要手动安装驱动程序。

在本任务中，计算机开机后需要将厂家提供的驱动软件光盘放入光驱。

2）进入操作系统的管理界面

在计算机桌面上右击“计算机”，在弹出的快捷菜单中选择“管理”命令，如项目图 5-3 所示。

3）选中网卡

在如项目图 5-4 所示的“计算机管理”窗口中单击“设备管理器”，单击“其他设备”前的三角，能看到“以太网控制器”前有黄色感叹号，说明未安装驱动程序，右击“以太网控制器”，在弹出的快捷菜单中选择“更新驱动程序软件”命令。

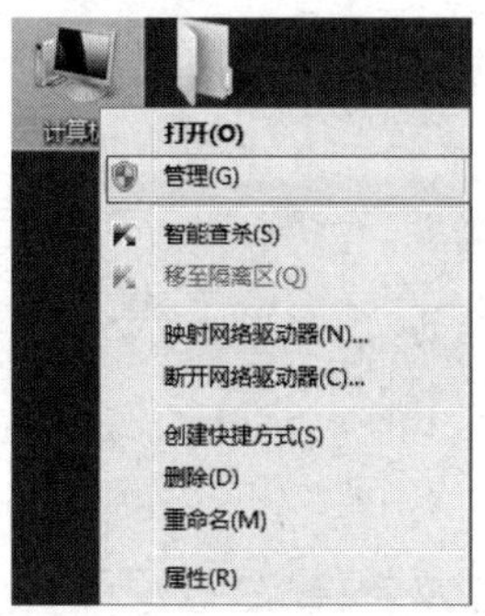

项目图 5-3 选择“管理”命令

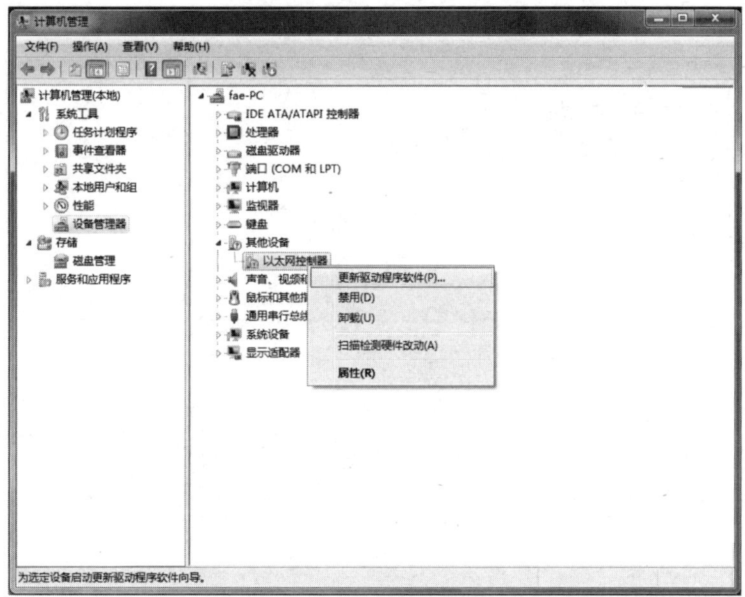

项目图 5-4 “计算机管理”窗口

4）选择驱动程序

选择“浏览计算机以查找驱动程序软件”命令，如项目图 5-5 所示。

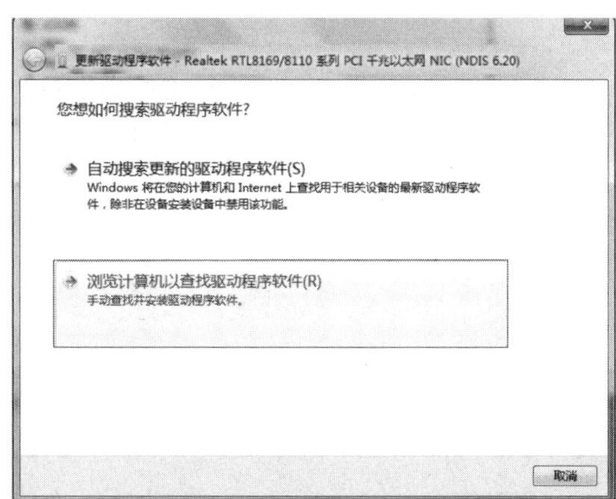

项目图 5-5 搜索驱动程序方式选择

在如项目图 5-6 所示的对话框中单击“浏览”按钮，选择对应系统的驱动程序，单击“下一步”按钮。

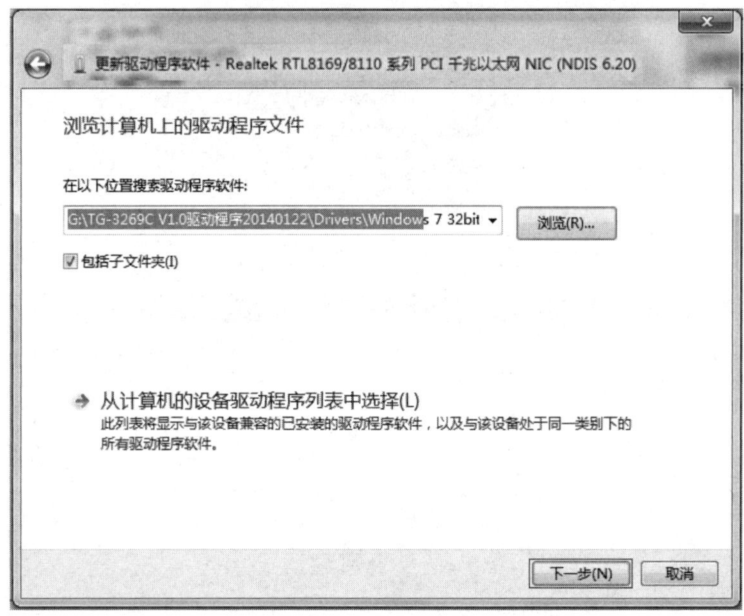

项目图 5-6　选择驱动程序

5）等待安装完成

如项目图 5-7 所示，接下来的安装过程大约需要几秒的时间。

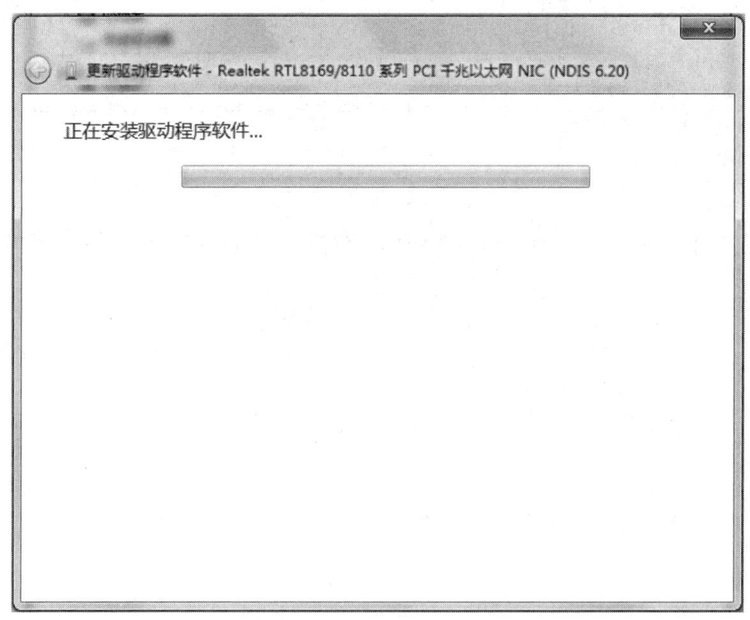

项目图 5-7　安装驱动程序

单击“关闭”按钮，完成驱动程序的安装，如项目图 5-8 所示。

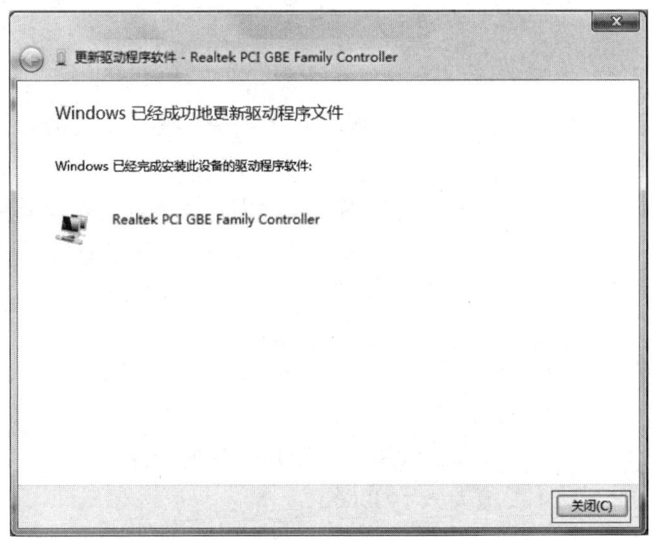

项目图 5-8　安装完毕

4．使用设备

网卡驱动程序安装完毕后，将网线插入网卡与交换机连接即可使用。

5．注意事项

使用前请提前咨询管理员获取网卡的配置参数。

任务2　调制解调器基本操作（☆）

ONT（光网络终端）广泛应用于FTTH场景，目前华为的EchoLife系列ONT定位为室内安装产品，用于桌面平放和挂墙安装。本任务以华为HG8240为例，讲解ONT的安装和使用步骤。

1．准备工作

1）安装环境

① 选址。

将设备安装在通风、干燥、无强光直射的室内环境中。

在安装设备时要远离具有强磁场或强电场的电器，如微波炉、电冰箱、手机等。

在安装设备时要远离热源或裸露的火源，如电暖器、蜡烛等。

② 防水。

在安装设备时应避开漏水或者滴水的地方（如空调、水管附近，房顶漏水、滴水处等）。

若有出户线缆，须做好避水措施，防止雨水顺着线缆进入设备。

③ 散热。

周围环境温度满足设备正常工作条件，建议选通风良好、无太阳直射的地方。

要在设备四周留出10cm以上的散热空间。

2）布放线缆

① 光缆。

光缆吊线钢丝不允许入户，在入户前接地或者剪断，光缆吊线钢丝距离人体可触摸的高度大于 3m。

光缆吊线钢丝剪断要求：钢丝剪断后固定在外墙瓷瓶上，从瓷瓶到室内 ONT 的光纤不带钢丝，此段不带钢丝的光纤通过固定夹固定在墙体上，每个固定夹的间隔距离最长为 50cm；对于无法剥离吊线钢丝的光纤，要求在入户前转接成无钢丝的皮线光纤。

② 用户电缆。

ONT 上连接的网线和电话线应始终在室内布线，对于实在不能避免出户的情况，出户线缆长度应小于 10m，并应避免架空走线。

网线、电话线均应避免与光缆吊线钢丝、交流电源线、CATVCable 等户外引入的线缆接触和平行走线，否则两者距离要大于 30cm。

③ 电源。

如果交流电从户外架空引入，建议使用防雷插排或防雷器，防雷排插和防雷器必须可靠接地。

交流输入电压范围：100～240V。

在电网环境特别恶劣的地区，若电压经常不稳，则需要考虑配置稳压装置。例如，若电压经常超过 240V，则需要考虑配置过压保护模块。

3）标准安装工具及防护装备

一字螺丝刀、十字螺丝刀、老虎钳、冲击钻、钉锤、万用表、防静电手套、绝缘胶带、光功率计。

2．连接设备

1）站点环境检查

设备应安装在通风、干燥、无强光直射的室内环境中。严禁将 ONT 安装在室外。

在安装设备时应避开漏水或者滴水的地方（如空调、水管附近，房顶漏水、滴水处等）；设备四周应用 10cm 以上的散热空间。

2）开箱验货

按纸箱上标明的数量，检查包装箱总件数。在检查包装箱时，如果出现外包装严重损坏或浸水的情况，则应停止开箱，查明原因，并向工程督导人员反馈。

打开包装箱，清点数量和类型及辅料是否与《快速入门》中装箱单上的一致。在运输、搬动和安装过程中，避免产品零部件与门、墙、货架等物体碰撞。

如果发现包装损坏、缺货、错货、多货或货物损坏的情况应及时记录。

3）安装 ONT

① 安装步骤。

在墙上标注出安装 ONT 的 2 个孔位，如项目图 5-9 所示，HG8240 的孔位间距为 111.5mm。

如项目图 5-10 所示，根据螺钉外径选用合适的钻头，用冲击钻在标注的位置处钻孔，清

洁后安装膨胀螺栓；用螺丝刀将螺钉拧入膨胀螺栓，露出约 3mm，然后将终端挂在螺钉上。

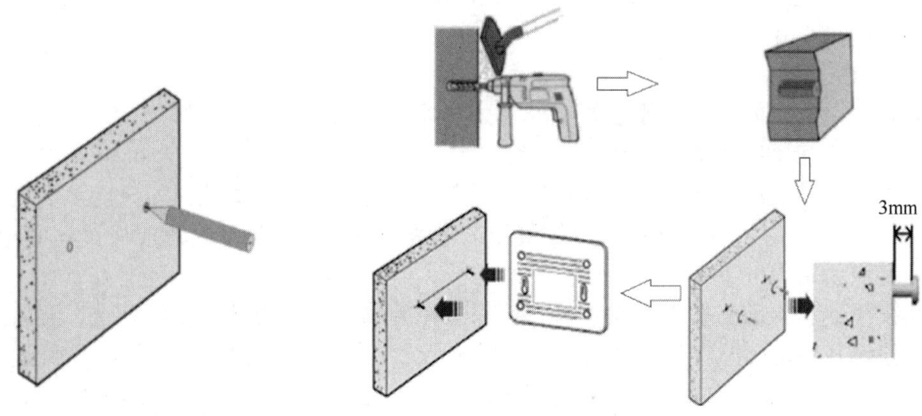

项目图 5-9　标注孔位　　　　项目图 5-10　安装 ONT 设备

在桌面上安装时，不需要以上步骤，只要选择合适的平坦桌面放置即可。

② 关键工艺。

在设备四周留出 10cm 以上的散热空间。

在挂墙安装设备时，用户端口应在下方，不能倒装，以免影响散热。

挂墙安装高度避免太低，以方便用户线插拔操作。

4）布放线缆

① 安装步骤。

布放从光纤分线盒到 ONT 的皮线光缆。对于皮线光缆从室外架空入户的场景，需要重点关注下面的关键工艺。

如项目图 5-11 所示，在室内安装 ATB，装配好入户的皮线光缆，留出尾纤接口。若不使用 ATB，则制作光缆快速连接器，直接与 ONT 对接，如项目图 5-12 所示。

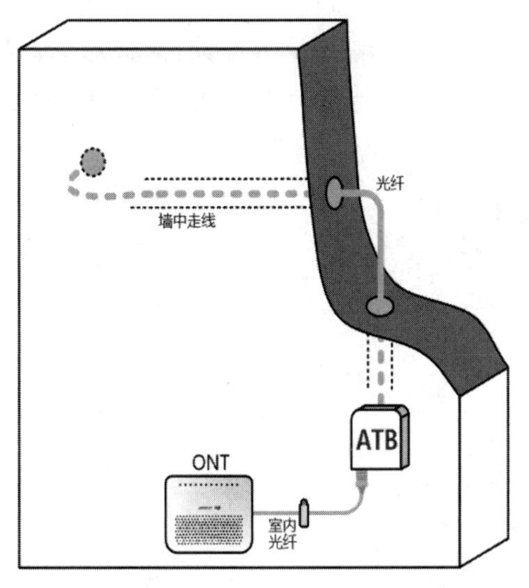

项目图 5-11　带 ATB 的安装方式

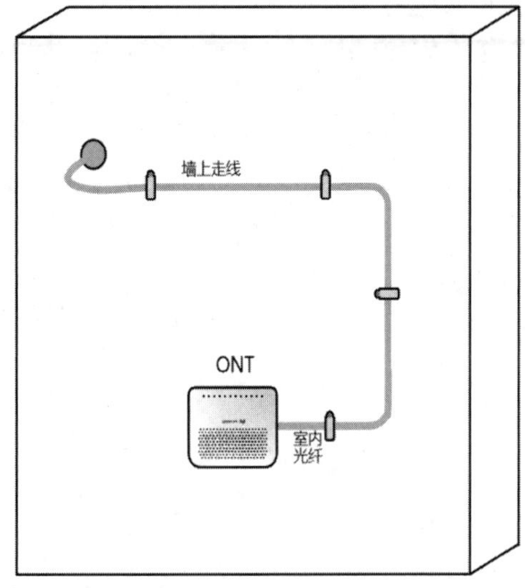

项目图 5-12　不带 ATB 的安装

在安装时注意以下要求：电源线、光纤、电话线、网线走线整齐；用光纤连接 OPTICAL 接口和墙上的光口；用以太网线连接 LAN 接口和 PC 的网卡接口或 IP 机顶盒的网络接口；用电话线连接 TEL 接口和电话或传真机。

② 关键工艺。

室外架空走线的皮线光缆必须选择室外型非金属加强件皮线光缆。

皮线光缆和尾纤的最小弯折半径必须大于 15mm。

户外的光缆吊线钢丝不允许入户，必须在入户前接剪断或接地，入户前至少高出地面 3m，避免人体触碰；若希望在室内保留光缆吊线钢丝，则必须在入户前将钢丝剪断 10cm 以上，避免引雷。

光缆吊线钢丝剪断要求：钢丝剪断后固定在外墙瓷瓶或者其他支撑件上，要避免跟人体和其他设备接触，从瓷瓶到室内 ONT 的光纤不带钢丝，此段不带钢丝的光纤通过固定夹固定在墙体上，每个固定夹的间隔距离最长为 50cm。

ATB 要安装在室外光缆入户进口处，室外光缆不能在室内走线，室内尾纤走线要做好固定，每个固定夹的间隔距离最长为 50cm。

ONT 上连接的网线和电话线应始终在室内布线，对于实在不能避免出户的情况，出户线缆长度应小于 10m，并应避免架空走线。

网线、电话线均应避免与光缆吊线钢丝、交流电源线、CATVCable 等户外引入的线缆接触和平行走线，否则两者距离要大于 30cm。

如果交流电从户外架空引入，推荐使用防雷插排或防雷器，防雷排插和防雷器必须可靠接地。

若有出户线缆，须做好避水措施，防止雨水顺着线缆进入设备。

5）设备上电

① 安装步骤。

将万用表的挡位调到“V～”的“600”挡，测量交流电源插排的电压。

将 ONT 电源适配器接入交流电源插排。设备上电后，观察 ONT 指示灯状态，检查设备供电、运行是否正常。

② 关键工艺。

交流供电电压范围应为 100～240V。如项目图 5-13 所示，ONT 上电后，“POWER”指示灯应为绿色、长亮状态。

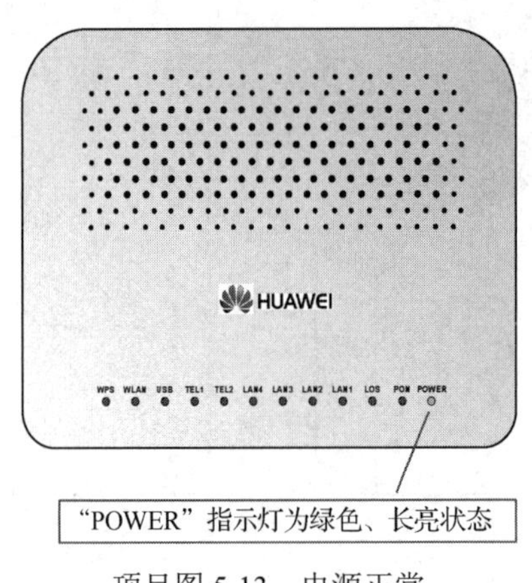

项目图 5-13　电源正常

6）业务开通确认

① 确认步骤。

用光功率计测试光纤下行光功率。

如项目图5-14所示，登录ONT配置网页，检查光模块信息页中的接收光功率。按当地运营商的要求，注册ONT，并开通业务。

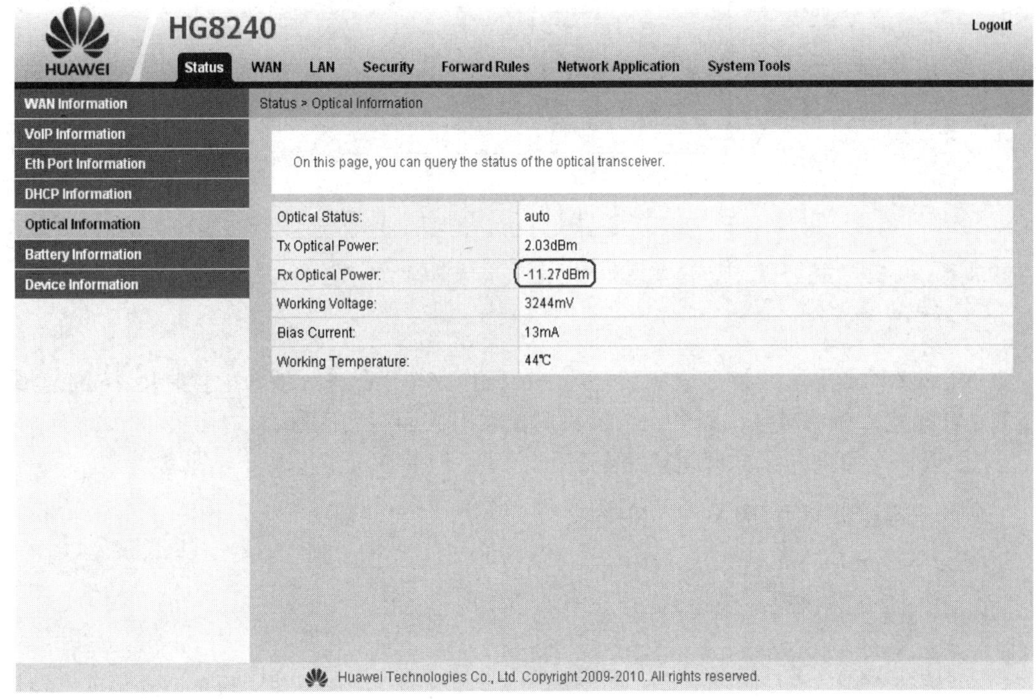

项目图5-14　ONT配置网页

浏览网页，验证上网业务是否开通，如登录百度网页，应能够正常浏览。拨打电话，验证语音功能是否开通，如拨打安装人员的手机号码，通话应能正常发起和结束。

如果开通了IPTV、Wi-Fi等业务，也需要通过检查对应业务功能是否正常的方式加以确认。

② 关键工艺。

用光功率计测量光口下行光功率，波长设置为1490nm，要求光功率为-8～-25dBm。

登录ONT配置网页，检查光模块信息页中的接收光功率，要求光功率为-8～-25dBm。如项目图5-15所示，ONT注册成功后，PON指示灯应为绿色、长亮状态。对于不同运营商和地区，ONT业务开通的方式可能会有不同，如LOID、Password方式，具体以当地运营商的要求为准。必须确认ONT业务开通成功，才能离开安装现场。

7）清理现场

清理安装现场遗留的杂物，整理现场工具及多余线缆。

将现场的垃圾装入空纸箱中带走。

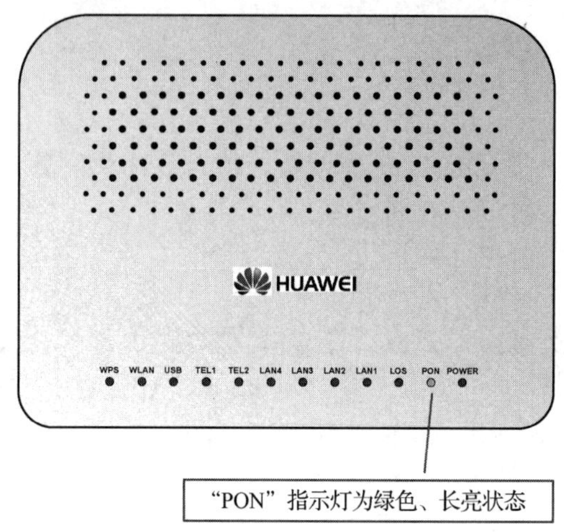

项目图 5-15　连接成功

3．参数配置

ONT 的参数配置，应该在去安装现场之前操作完毕。在进行参数配置时用 Telnet 登录 ONT 进行配置，命令参数根据各运营商机房配置不同而有所区别。

下面以一个实例介绍典型配置命令。

1）创建业务模板、DBA 与线路模板

① ont-srvprofilegponprofile-id301。

增加 ONT 业务模板，模板 ID 号是 301，ID 取值范围为 0～8192。

② ont-porteth4pots2。

该模板的 ONT 有 4 个 ETH 口，2 个 POTS 口，1 个 CATV（根据 ONT 的物理端口情况填写）。

③ commit。

确定模板内容。

④ quit。

退出模板。

⑤ dba-profileaddprofile-id301type3assure8192max20480。

创建 DBA 模板，模板 ID 为 301，保证带宽为 8MB，最大带宽为 20MB，ID 取值范围为 10～512。

⑥ ont-lineprofilegponprofile-id301。

增加 ONT 线路模板，模板 ID 号是 301，ID 取值范围为 0～8192。

⑦ tcont1dba-profile-id301。

配置 T-CONT1 并绑定 DBA 模板 301，ID 取值范围为 0～127。

⑧ gemadd1ethtcont1。

配置 GEM 索引 1 并绑定 T-CONT1，业务类型为 ETH，ID 取值范围为 0～1023。

⑨ gemmapping10vlan10。

配置 GEMPORT 端口映射到 vlan10。

⑩ commit。

确定模板内容。

⑪ quit。

退出模板。

2）添加 ONT，即 ONT 注册

① interfacegpon0/1。

进入 0 框 1 槽 GPON 单板。

② port0ont-auto-findenable。

打开 0 号 GPON 口的 ONT 自动发现功能，此时只要光纤连接正常，ONT 上电正常，ONT 就会上报自己的序列号，在 OLT 上可以看到 ONT 的序列号。

③ ontadd00sn-auth4857544331BD859Aomciont-lineprofile-id301ont-srvprofile-id301。

增加 0 号 GPON 口的 0 号 ONT（ID 取值范围为 0～127），采用序列号认证，序列号为 4857544331BD859A，OLT 对 ONT 的管理方式为 omci，使用 301 号线路模板和 301 号业务模板。ONT 序列号可以从 ONT 的背面看到，也可以在 OLT 上通过自动发现功能查询得到，ONT 由 OLT 下发配置。

④ quit。

3）查询 ONT 的状态

以上完成了 ONT 注册的所有操作，此时可以通过命令查询到 ONT 的状态，现以 2 号 PON 口下第 0 个 ONT 为例：displayontinfo20。ONT 注册成功后的状态查询如项目图 5-16 所示。

```
MA5680T(config-if-gpon-0/1)#display ont info 2 0
  -----------------------------------------------------------------------------
  F/S/P                     : 0/1/2
  ONT-ID                    : 0
  Control flag              : active
  Run state                 : online
  Config state              : normal
  Match state               : match
  DBA type                  : SR
  ONT distance(m)           : 32
  ONT last distance(m)      : -
  ONT battery state         : not support
  Memory occupation         : 52%
  CPU occupation            : 11%
  Temperature               : 50(C)
  Authentic type            : SN-auth
  SN                        : 4857544331BD859A (HWTC-31BD859A)
  Management mode           : OMCI
  Software work mode        : normal
  Isolation state           : normal
  ONT IP 0 address/mask     : 192.168.0.170/24
```

项目图 5-16　ONT 注册成功后的状态查询

【注意】

ONT 的状态必须是 active 激活、online 在线、normal 正常、match 匹配。此时 ONT 的 PON 指示灯由闪烁变为常亮，也可说明 ONT 注册正常。

4．使用设备

设备安装成功后，按安装要求连接电话和 PC 后即可正常使用。

5．注意事项

下面以 8240 为例说明安装过程中的常见问题。

（1）接上光纤并上电，查看 PON 指示灯的状态，若不亮，则 ONT 没有接收到光或者光衰大，用光功率计测试光纤的接收光功率是否在-14dB 到-24dB 之间，若低于标准值，则清洁光纤头，检查快速光接头，检查分线盒处的光功率。

（2）接上光纤并上电，查看 PON 指示灯的状态，若等待 5min 后仍然在闪烁，则有 3 种可能。

① 接收光功率为 ONT 的临界值，用光功率计测试，光功率在-24dB 左右或者小于-24dB（如-25dB），检查光缆或光接头故障，清洁光纤头。

② 设备之前在别处有过上线记录，联系测量室查找该 ONT 的 MAC 地址，看安装位置和资源系统位置是否冲突，若冲突，则由测量室进行拆机。

③ 对于新装的 ONT，在完成入网配置前（完成的标志是宽带上网正常，语音通话正常），不能掉电或者拔光纤，否则需要拆机重新配置。

（3）PON 指示灯常亮，说明 ONT 已正确注册，联系测量室看能否在资源系统中查找到该 ONT，若可以成功查找，则继续后续装机流程；若找不到，则联系接入中心处理。

（4）在开通宽带业务时，若出现 691 错误，则联系测量室查看绑定状态；若出现 678 错误，则联系测量室进行拆机操作；若重新上报后仍然出现 678 错误，则联系接入中心查看设备状态。

（5）在开通语音业务时，若 TEL1 或 TEL2 指示灯常亮，则表示语音业务已经正常；若这两个指示灯不亮或者慢闪，则联系测量室查看语音端口是否激活，联系机房查看媒体网关是否为故障状态、mgw 数据配置是否正确。若仍无法解决，则联系接入中心处理。

任务 3　路由器基本操作（☆）

路由器一般位于企业网内部网络与外部网络的连接处，是内部网络与外部网络之间数据流的唯一出入口，能将多种业务设置在同一设备上，极大地降低企业网络建设的初期投资与长期运维成本。企业可以根据用户规模选择不同规格的路由器作为出口网关设备。

本任务针对华为 AR 系列企业路由器 AR2240 的软件和硬件特征，介绍路由器安装前需要做的准备工作、安装过程和注意事项、后期维护，以及硬件模块常见的故障处理方法。

1．准备工作

1）安装环境

① 通风散热要求。

路由器四周留出 50mm 以上的散热空间，以利于机箱的散热。

② 洁净度要求。

路由器需要安装在干净整洁、干燥、通风良好、温度控制在稳定范围内的场所中。

安装场所内严禁出现渗水、滴漏、凝露现象。

③ 温湿度要求。

工作环境温度：0～45℃。

工作相对湿度：5%～95%，非凝露。

④ 防静电要求。

按照路由器接地的要求，首先将路由器正确接地。

佩戴防静电腕带以使路由器不受到静电放电的损害。

须确保防静电腕带的一端接地，另一端与佩戴者的皮肤良好接触。

⑤ 防腐蚀性气体条件要求。

安装场所内避免有酸性、碱性或其他腐蚀性气体。

⑥ 防雷要求。

信号线缆应沿室内墙壁走线，尤其应避免室外架空走线。

信号线缆应避开电源线、避雷针引下线等高危线缆走线。

⑦ 电磁环境要求。

设备使用中可能的干扰源，无论是来自设备或应用系统外部，还是来自设备或应用系统内部，都是以电容耦合、电感耦合、电磁波辐射、公共阻抗（包括接地系统）耦合的方式对设备产生影响，因此为达到抗干扰的要求，应做到对供电系统采取有效的防电网干扰措施；设备工作地最好不要与电力设备的接地装置或防雷接地装置合用，并尽可能相距得远一些；远离强功率无线电发射台、雷达发射台、高频大电流设备；必要时采取电磁屏蔽的方法。

2）检查机柜

① 宽度要求。

采用标准 19in 的机柜。

② 安装空间要求。

机柜必须要有足够的安装高度空间（≥3U，1U=44.45mm），机柜深度要为 600mm 或以上。

③ 接地要求。

机柜上要有可靠的接地点供路由器接地。

④ 散热要求。

机柜四周要留有一定的间隙。

对于封闭式的机柜，要确保机柜通风良好。

⑤ 滑道要求。

机柜要配备 L 形滑道。

当安装 AR2220/AR2240/AR2240C/AR3260/AR3670 路由器时，需要安装 L 形滑道。

在安装路由器时，若机柜的方孔条间距不满足要求，则需要安装 L 形滑道来承重。

3）检查电源

① 准备要求。

供电电源在路由器安装前应准备到位。

② 电压要求。

路由器的工作电压应在路由器可正常工作的电压范围内，路由器可正常工作的电压范围参见对应产品的硬件描述手册。

③ 插座及线缆要求。

如果外部供电系统提供的是交流制式插座，那么应配套使用当地制式的交流电源线缆。

如果外部供电系统提供的是直流配电盒，那么应配套使用直流电源线缆。

4）安装工具

钢卷尺、防静电腕带、裁纸刀、一字螺丝刀、十字螺丝刀、记号笔、斜口钳、万用表、浮动螺母、挂耳、M4 螺钉、M6 螺钉、L 形滑道。

2. 连接设备

1）将路由器安装到机柜中

路由器四周留出 50mm 以上的散热空间。

从路由器前面板方向看，冷风气流从左侧进入，热风气流从右侧排出。

当要在机柜中安装多台路由器时，建议路由器上下间隔大于或等于 1U，并且散热的气流走向要保持一致，否则会造成热风循环。

① 如项目图 5-17 所示，使用十字螺丝刀，用 M4 螺钉将挂耳固定在路由器两侧。

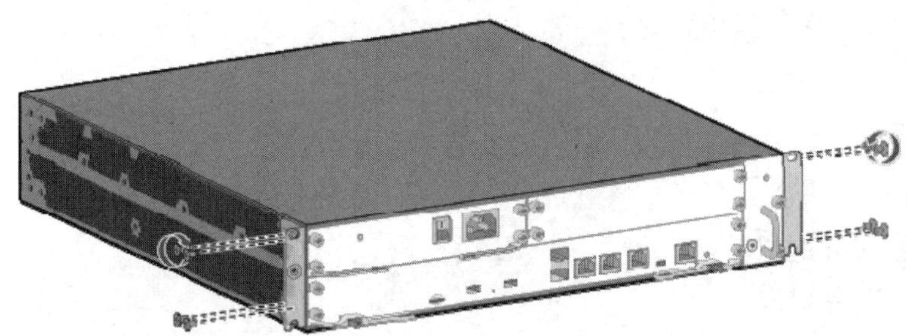

项目图 5-17 固定挂耳

② 标记浮动螺母和 L 形滑道的位置。

如项目图 5-18 所示，AR2240 路由器高 2U，对应机柜上、下 6 个方孔条之间的距离，用记号笔定位标记。

③ 安装浮动螺母和 L 形滑道。

根据标记好的浮动螺母的位置，使用一字螺丝刀在机柜前方孔条上安装 4 个浮动螺母，左、右各 2 个，保证左、右对应的浮动螺母在一个水平面上。

如项目图 5-19 所示，根据标记好的 L 形滑道的位置，使用十字螺丝刀，用 M5 螺钉将 L 形滑道固定在机柜的左、右两侧，L 形滑道的底边位置与记号笔标记的下边缘位置对齐。

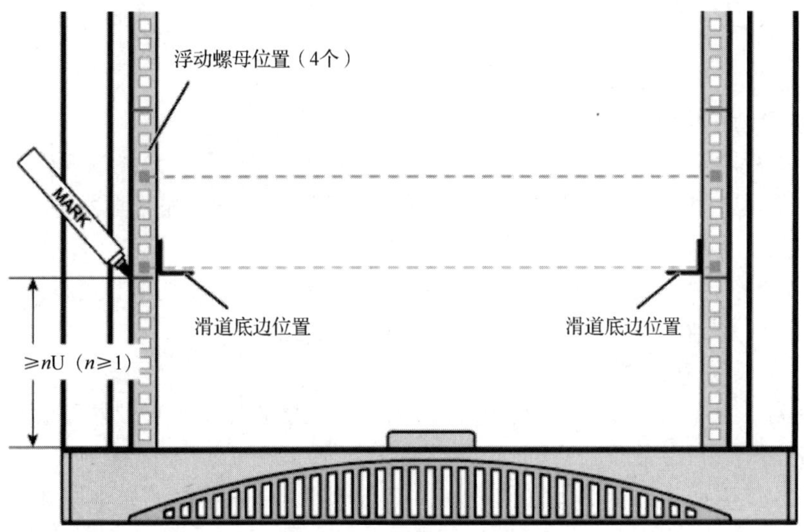

项目图 5-18　标记 L 形滑道

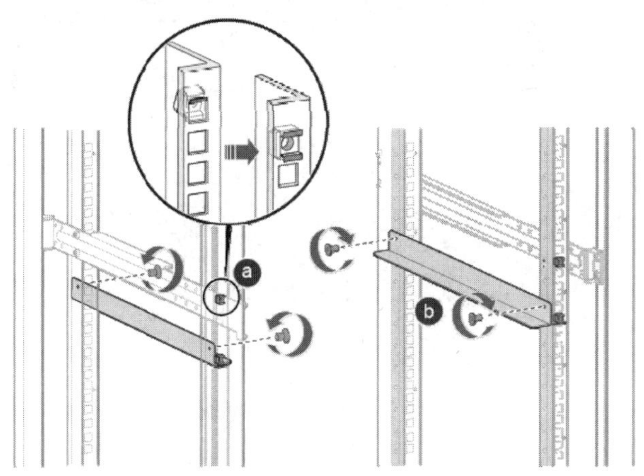

项目图 5-19　固定 L 形滑道

④ 安装路由器。

将路由器搬到机柜中，放置在 L 形滑道上，平稳地推入机柜，直至挂耳与机柜前方孔条表面贴紧。

如项目图 5-20 所示，使用 M6 螺钉将挂耳固定到机柜上。

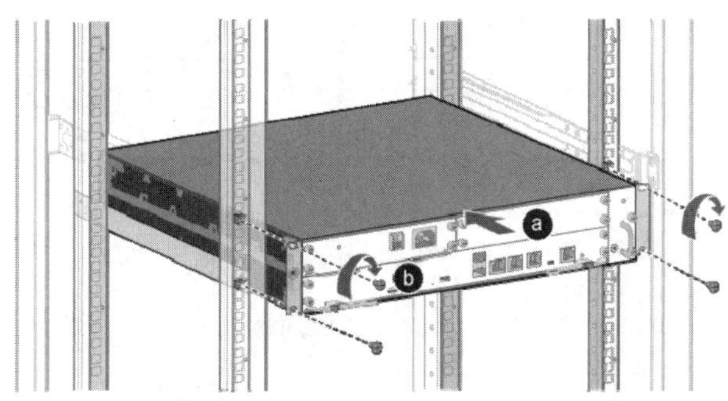

项目图 5-20　安装路由器

2）安装单板

所有单板都支持热插拔。

路由器不使用的槽位一定要安装假面板。

在安装单板时需要缓慢插入，如果在插入过程中遇到较大阻力或单板位置出现偏斜，那么必须将单板拔出后重新插入，禁止强行安装，避免损坏单板和路由器背板上的连接器。

单板必须安装在支持该单板的路由器槽位中。

① 佩戴防静电腕带。须确保防静电腕带的一端接地，另一端与佩戴者的皮肤良好接触。

② 拧开槽位上假面板的松不脱螺钉，并取下假面板。

③ SIC 单板到 SIC 槽位

如项目图 5-21 所示，将单板上的扳手打开，沿插槽的导轨水平推入单板，直至单板的面板贴紧设备。

将扳手往里压紧，直至单板完全进入插槽，并拧紧单板两侧的松不脱螺钉。

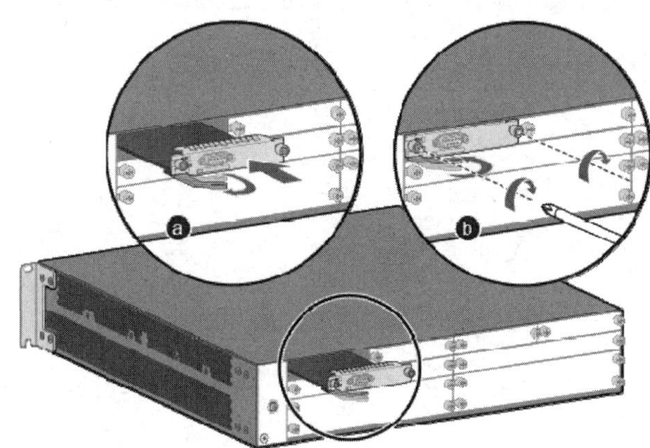

项目图 5-21　安装单板

3）连接接地线缆

① 佩戴防静电腕带。须确保防静电腕带的一端接地，另一端与佩戴者的皮肤良好接触。

② 连接接地线缆。

如项目图 5-22 所示，使用十字螺丝刀，拧下位于后面板接地端子上的 M4 螺钉，将拧下的 M4 螺钉妥善放置。将接地线缆的 M4 螺钉一端对准接地端子上的螺钉孔，然后用 M4 螺钉固定。将接地线缆的 M6 螺钉一端与机柜的接地端子相连。

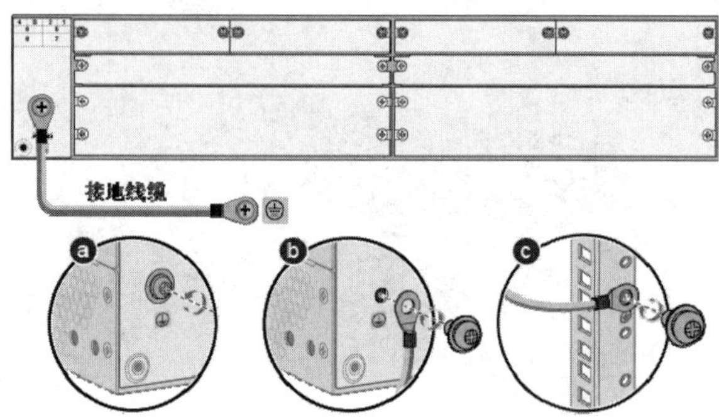

项目图 5-22　连接接地线缆

③ 检查。

接地线缆与接地端子连接牢固可靠。使用万用表的欧姆挡测量路由器接地点与接地端子之间的电阻，该电阻应小于 5Ω。

4）连接配置线缆

连接 console 配置线缆如项目图 5-23 所示。

将 console 配置线缆的一端（RJ45）连接到路由器的 CON/AUX 接口（RJ45）上。将 console 配置线缆的另一端（DB9）连接到管理 PC 的串行接口（COM）上。

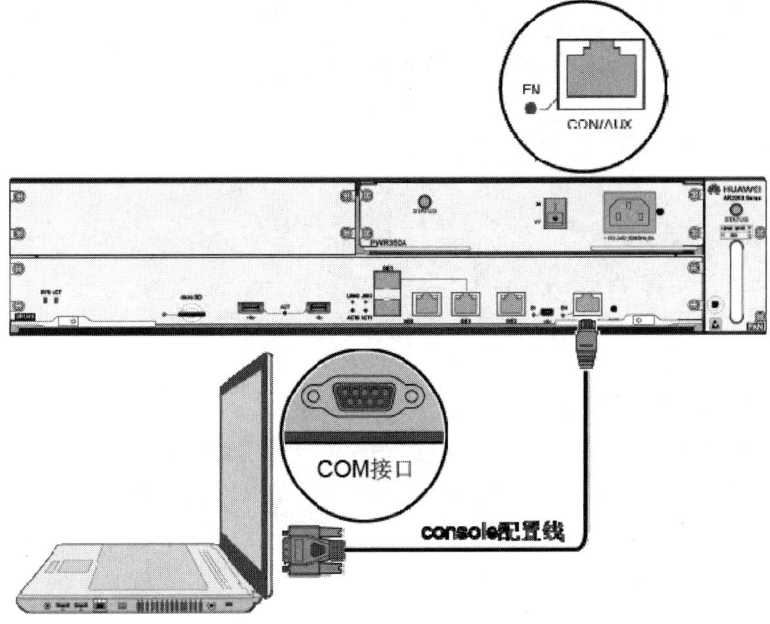

项目图 5-23　连接 console 配置线缆

5）连接以太网线缆

① 根据端口数量和工勘距离选择对应网线的数量和长度。

② 在每根网线的两端粘贴临时标签并用记号笔填写上编号，操作方法参见网线的工程标签。

③ 将网线沿机柜一侧布放，穿过机柜顶部（上走线）或底部（下走线）的信号线缆走线口来布线。

④ 将网线的一端连接到路由器的以太网接口上，另一端连接到对端设备的以太网接口上。

⑤ 将连接好的网线理顺，避免交叉，用扎线带绑扎，扎线带多余的部分用斜口钳剪掉。

⑥ 拆除网线上的临时标签，然后分别在网线两端距离连接器 2cm 处粘贴正式标签。

⑦ 检查。

以太网线两端标签填写要正确、清晰、整齐、朝向一致。

网线、插头应无破损和断裂，连接正确、可靠。

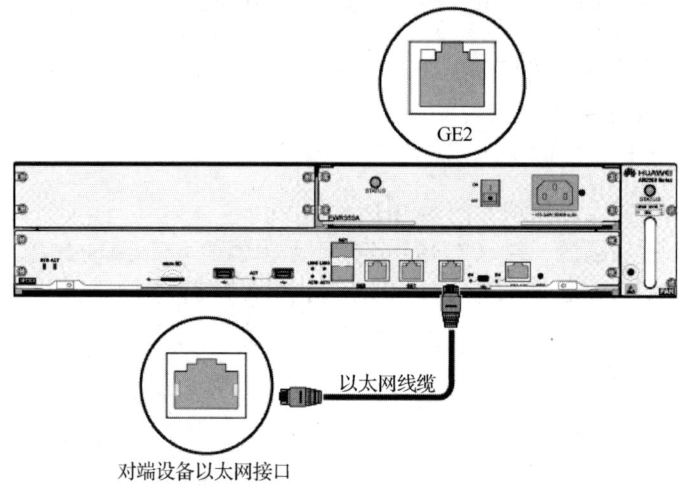

项目图 5-24　连接以太网线缆

6）连接光模块和光纤

路由器要求使用经华为认证过的光模块，未经华为认证的光模块的可靠性无法保证，可能导致业务不稳定。由未经华为认证的光模块导致的问题，华为将不承担责任，并在原则上不予以解决。

不要过度弯折光纤，其曲率半径应不小于 40mm。

光纤绑扎得不要过紧，以免降低光纤的传输性能，影响设备的通信质量。

① 将光模块沿光接口平稳滑动直至完全插入，正确安装后光模块簧片会发出“啪”的响声。

如项目图 5-25 所示，在安装光模块时，如果按一个方向无法完全插入，请勿强行推入，将光模块翻转 180° 后重新插入即可。

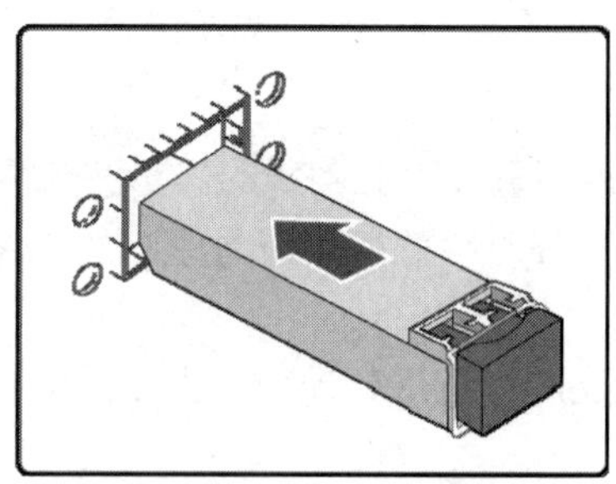

项目图 5-25　连接光模块

② 取下光模块的防尘塞。

取下的防尘塞应妥善保管，以便在拔出光纤后，再将其安装在光模块上，保护光接口不受灰尘污染。

③ 在进行光纤连接前，将光纤两头粘贴上临时标签，以防混淆。光纤标签的填写方法参见光纤的工程标签。

④ 取下光纤连接器上的保护帽，然后将光纤的一端插入光模块，另一端连接到对端设备。

如项目图 5-26 所示，要注意光纤连接器的发送端和接收端不要接反，可参考光模块接口处的标识。

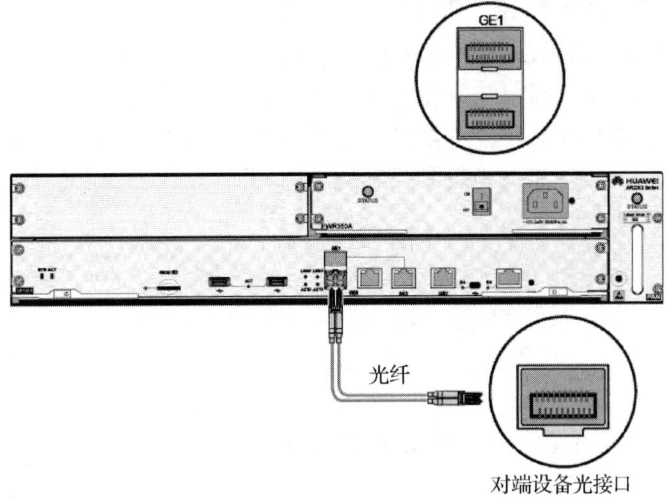

项目图 5-26　连接光纤

⑤ 将连接好的光纤理顺，避免交叉，并每隔 150～300mm 的长度用扎线带绑扎一次。

⑥ 将所有的临时标签更换成正式光纤标签。

7）上电与下电

① 上电。

先打开供电电源开关，再打开路由器上的电源开关，路由器启动。

路由器启动后，先检查电源模块的 STATUS 指示灯显示是否正常，再检查其他部件的指示灯状态是否正常，路由器正常运行时的指示灯状态如项目图 5-27 所示。

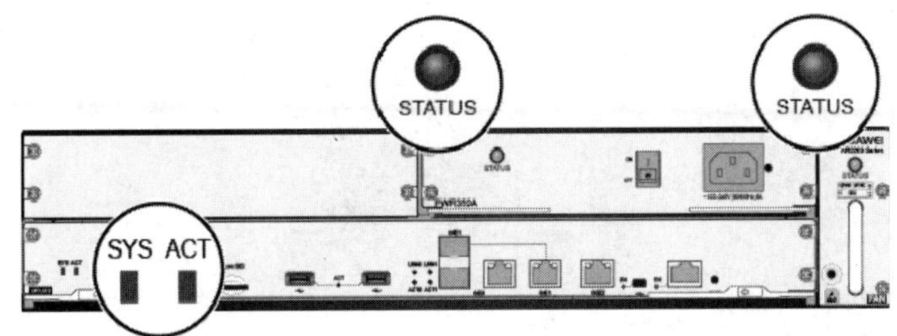

项目图 5-27　路由器正常运行时的指示灯状态

② 下电。

先关闭路由器上的电源开关，再关闭供电电源开关。

3. 参数配置

路由器的参数配置内容较多，包括接口配置、LAN 配置、WAN 配置、路由配置、IP 地址配置、可靠性配置、安全配置、QoS 配置、网络管理配置等。

路由器的参数配置操作复杂，命令也很多，本任务以一个企业组网为例来讲解路由器的参数配置，读者可以参考设备手册来获取更多的配置信息。

1）组网要求

AR1 为华为 AR2440 路由器，作为某企业出口网关。该企业包括两个部门，分别为两个部门终端规划两个地址网段，即 192.168.1.1/24 和 192.168.2.1/24，网关地址分别为 192.168.1.1 和 192.168.2.1。部门 1 内的 PC 为办公终端，地址租用期限为 30 天，DNS 服务器地址为 202.96.64.68。部门 2 内的大部分 PC 为出差人员所用，地址租用期限为 2 天，DNS 服务器地址为 202.96.64.68。企业内地址规划为私网地址且需要访问 Internet 公网，因此需要通过配置 NAT 实现私网地址到公网地址的转换。连接 AR1 接口 G0/0/0 的对端 IP 地址为 202.100.1.2/24。

2）系统拓扑

根据组网要求，可以得到如项目图 5-28 所示的示例拓扑图，LSW1 为部门 1 的内部二层交换机，LSW2 为部门 2 的内部二层交换机，这两个交换机不做特殊配置。

两个部门的 PC 均采用 DHCP 的方式获取 IP 地址，所以 PC 不需要做特别配置。

在本示例中，所有设备均使用 RJ45 的超五类双绞线连接。

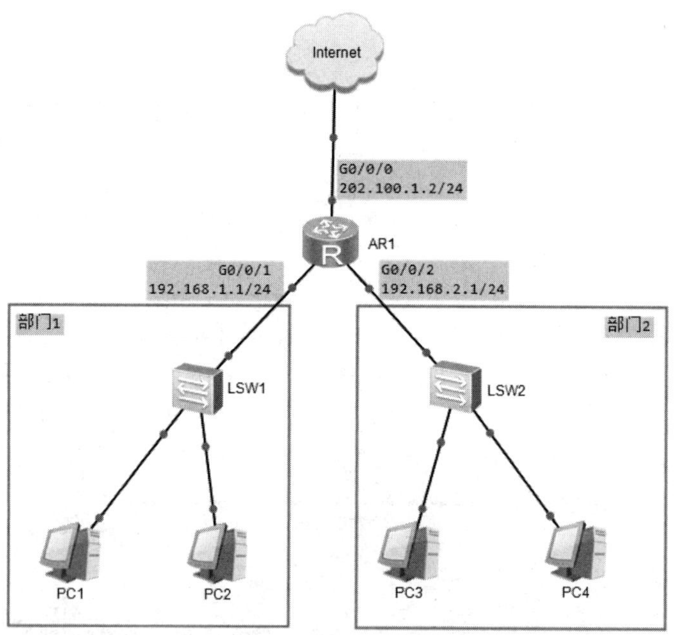

项目图 5-28　示例拓扑图

3）参数配置步骤

在参数配置命令中，灰色底色部分为配置成功后路由器给出的响应。

① 进入系统配置视图，修改设备名称为 AR1。

```
<Huawei>system-view
Entersystemview,returnuserviewwithCtrl+Z.
[Huawei]sysnameAR1
[AR1]
```

② 在路由器上启用 DHCP 功能。

[AR1]dhcpenable

```
Info:Theoperationmaytakeafewseconds.Pleasewaitforamoment.done.
```

③ 为部门 1 配置 DHCP 信息。

[AR1]ippoolip-pool1

```
Info:It'ssuccessfultocreateanIPaddresspool.
```

[AR1-ip-pool-ip-pool1]gateway-list192.168.1.1 //配置网关地址

//配置地址池 IP 地址范围

[AR1-ip-pool-ip-pool1]network192.168.1.0mask255.255.255.0

[AR1-ip-pool-ip-pool1]excluded-ip-address192.168.1.2 //配置地址池中不分配的地址

//配置 DHCP 客户端使用的 DNS 服务器的 IP 地址

[AR1-ip-pool-ip-pool1]dns-list202.96.64.68

[AR1-ip-pool-ip-pool1]leaseday30 //配置 IP 地址租期为 30 天

[AR1-ip-pool-ip-pool1]quit //返回上一级视图

```
[AR1]
```

④ 为部门 2 配置 DHCP 信息。

[AR1]ippoolip-pool2

```
Info:It'ssuccessfultocreateanIPaddresspool.
```

[AR1-ip-pool-ip-pool2]gateway-list192.168.2.1 //配置网关地址

//配置地址池 IP 地址范围

[AR1-ip-pool-ip-pool2]network192.168.2.0mask255.255.255.0

[AR1-ip-pool-ip-pool2]excluded-ip-address192.168.2.2 //配置地址池中不分配的地址

//配置 DHCP 客户端使用的 DNS 服务器的 IP 地址

[AR1-ip-pool-ip-pool2]dns-list202.96.64.68

[AR1-ip-pool-ip-pool2]leaseday30 //配置 IP 地址租期为 30 天

[AR1-ip-pool-ip-pool2]quit //返回上一级视图

```
[AR1]
```

⑤ 进入部门 1 网关接口，配置地址与 DHCP 信息。

[AR1]interfaceGigabitEthernet0/0/1 //进入接口

[AR1-GigabitEthernet0/0/1]ipaddress192.168.1.124 //配置网关地址

[AR1-GigabitEthernet0/0/1]dhcpselectglobal //接口工作在 DHCP 全局地址池

[AR1-GigabitEthernet0/0/1]quit

⑥ 进入部门 2 网关接口，配置地址与 DHCP 信息。

[AR1]interfaceGigabitEthernet0/0/1 //进入接口

[AR1-GigabitEthernet0/0/1]ipaddress192.168.2.124 //配置网关地址

[AR1-GigabitEthernet0/0/1]dhcpselectglobal //接口工作在 DHCP 全局地址池

[AR1-GigabitEthernet0/0/1]quit

⑦ 配置 acl，允许进行 NAT 转化的内外地址网段为 192.168.0.0/16。

[AR1]aclnumber2000

[AR1-acl-basic-2000]rule5permitsource192.168.0.00.0.255.255

⑧ 在企业网出口端口配置 IP 地址和 NAT 工作方式。

[AR1]interfaceGigabitEthernet0/0/0

[AR1-GigabitEthernet0/0/0]ipaddress202.100.1.2255.255.255.0

[AR1-GigabitEthernet0/0/0]natoutbound2000//做 EasyIP 方式的 NAT，实现私网地址到公网地址的转换

⑨ 配置默认路由，保证出接口到对端路由可达。

iproute-static0.0.0.00.0.0.0202.100.1.1

4．使用设备

路由器配置完毕后，即可正常使用，在使用时需要注意机房内的温度、湿度、电源电压要在合适的范围内。

5．注意事项

1）安装环境

安装前需要确认如下事项。

① 机柜已被固定好。

② 机柜内路由器的安装位置已经布置完毕。

③ 如果相对湿度大于 70%，须加装除湿设备，如带除湿功能空调、专用除湿机等。

2）检查机柜

在安装路由器时，当机柜的方孔条间距不满足要求时，需要安装 L 形滑道来承重。

3）检查电源

产品包装内的电源线作为随设备发货的附件之一，只可与本包装内的主机配套使用，不可用于其他设备。

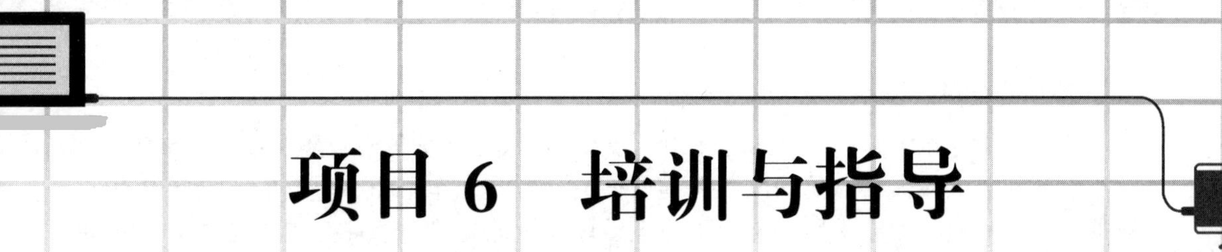

项目 6　培训与指导

任务 1　安全防护用品使用培训与指导（☆）

计算机属于精密电子产品，内部空间狭小、结构复杂，所以在对计算机硬件进行拆装、维修的过程中要正确使用安全防护用品，做好安全防护工作，确保人身安全，避免设备、设施和周围环境受到损害。

1. 防静电手套

静电会对电子元器件造成很大的危害，人体静电放电的瞬间，电压可达 2kV 至上万伏。虽然放电时间短、电量很小，但足以毁坏集成电路。因此，在拆装计算机之前，一定要做好防静电工作。

戴防静电手套可有效地解决这个问题，防静电手套是采用特种防静电涤纶布制作的，基材由涤纶和导电纤维组成，具有良好的弹性和防静电性能，可以避免人体产生的静电对产品造成破坏。防静电手套如项目图 6-1 所示。

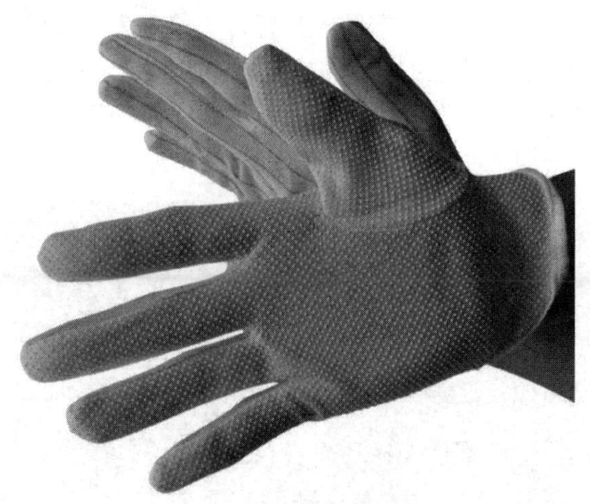

项目图 6-1　防静电手套

在使用防静电手套时，需要注意以下几个方面。

（1）防静电手套在使用后应清理干净，保存时避免高温、潮湿的环境。

（2）应定期检验防静电手套的防静电性能，不符合规定的不能使用。

（3）防静电手套应尽量避免接触酸、碱等有机溶剂和化学试剂，以免腐蚀。

此外，由于机箱内部框架和部分硬件具有尖锐的棱角，因此戴防静电手套还可以保护手部免受一些物理伤害。

2．防静电手环

防静电手环由导电松紧带、活动按扣、弹簧 PU 线、保护电阻及插头或鳄鱼夹组成，是一种用于释放人体内存留的静电以起到保护电子元器件作用的小型设备。防静电手环按种类可分为有绳防静电手环、无绳防静电手环及智能防静电手环，按结构可分为单回路防静电手环及双回路防静电手环。有绳防静电手环如项目图 6-2 所示，无绳防静电手环如项目图 6-3 所示。

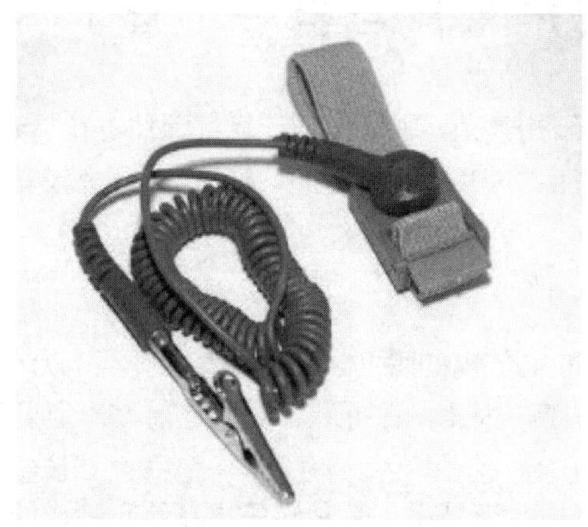

项目图 6-2　有绳防静电手环

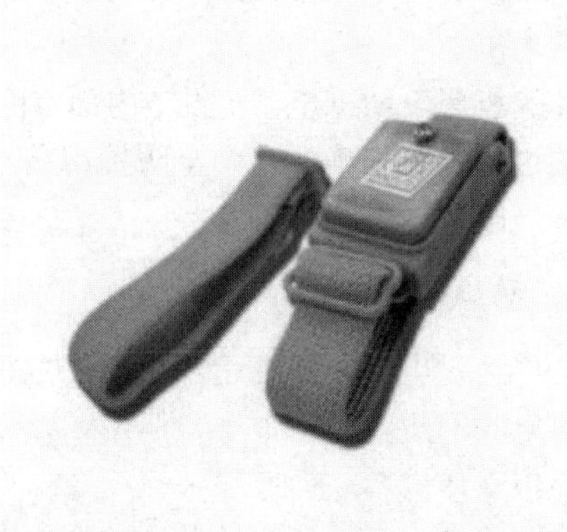

项目图 6-3　无绳防静电手环

以有绳防静电手环为例，有绳防静电手环是生产线上使用最为广泛的防静电设备，不但在架设及操作上十分方便，而且非常经济实惠，其原理为通过腕带及接地线，将人体内的静电排放至大地，故在使用时腕带必须与皮肤接触，不要太紧也不要太松，通过调节“拉键”型的锁定结构，调整至适合自身手腕的松紧度，如项目图 6-4 所示。使用接地线要直接接地，并确保接地线畅通无阻才能发挥最好的效果。

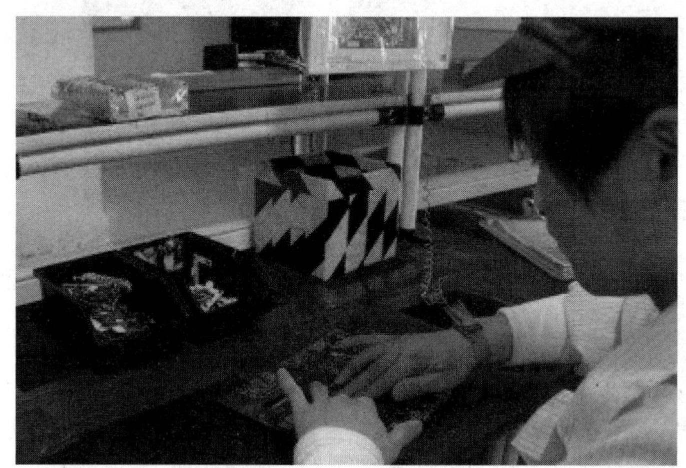

项目图 6-4　佩戴有绳防静电手环

3．防尘口罩

有的计算机使用的时间很长，机箱内部会积聚大量灰尘，在拆装机箱时可根据具体工

作环境，选择佩戴防尘口罩或普通口罩，以避免吸入粉尘、有害气体等物质。防尘口罩是从事和接触粉尘的作业人员必不可少的防护用品，主要用于含有低浓度有害气体和蒸汽，以及会产生粉尘的作业环境。防尘口罩如项目图 6-5 所示。

项目图 6-5　防尘口罩

在佩戴好防尘口罩后，应进行气密性检查：双手捂住口鼻处，呼气，若感觉有气体从鼻夹处漏出，则应重新调整防尘口罩的位置；若感觉有气体从防尘口罩两侧漏出，则进一步调整侧后方口罩带的位置。

任务 2　装配工具使用培训与指导（☆）

1．螺丝刀

在拆装计算机的过程中，通常会用到两种螺丝刀，一种是十字螺丝刀，另一种是一字螺丝刀，如项目图 6-6 所示。

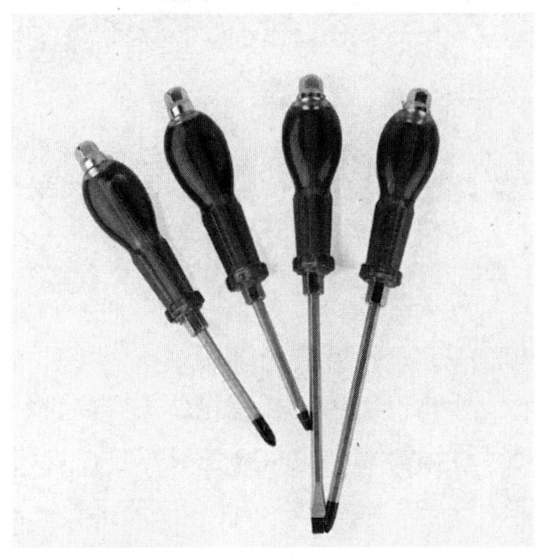

项目图 6-6　十字螺丝刀和一字螺丝刀

将螺丝刀的刀头对准螺钉顶部的凹坑，固定，然后开始旋转手柄。根据规格标准，顺时针方向旋转为拧紧，逆时针方向旋转为拧松。十字螺丝刀可以应用于十字螺钉。螺丝刀的基本使用方法如下。

（1）根据所要拆装的螺钉选择规格合适的螺丝刀。

（2）选用的螺丝刀的刀头要与螺栓或螺钉上的槽口相吻合。若刀头太薄，则容易折断；若刀头太厚，则无法完全嵌入槽内，容易使刀头或螺栓、槽口损坏。

（3）在使用时，不可将螺丝刀当作撬棒或凿子来使用。

（4）在拆装电器的螺钉时，必须先断开电源，严禁带电作业。

（5）在开始拆装时，一定要握住螺丝刀的手柄，然后将螺丝刀的刀头与螺钉上的槽口对准，用力均匀，避免拧坏螺钉。

（6）在上螺钉时将螺钉装入螺钉腔中，将螺钉尖顶在目标物上，另一只手拧动螺丝刀的手柄即可。在卸螺钉时将螺丝刀顶在螺钉上，另一只手拧动螺丝刀的手柄即可。在用手握持螺丝刀时，手心抵住手柄端，让螺丝刀刀头与螺栓或螺钉槽口处于垂直吻合状态。

（7）当开始拧松螺钉时，要用力将螺丝刀压紧后再用手腕的力量旋转螺丝刀，当螺栓松动后，即可使手心轻压螺丝刀的手柄，用拇指、中指和食指快速旋转螺丝刀。

2. 尖嘴钳

尖嘴钳主要用于剪切线径较小的单股与多股导线，以及给单股导线接头弯圈、剥塑料绝缘层等，能在较狭小的工作空间操作，不带刃口者只能进行夹捏工作，带刃口者能剪切细小零件，钳柄上套有额定电压为500V的绝缘套管，如项目图6-7所示。

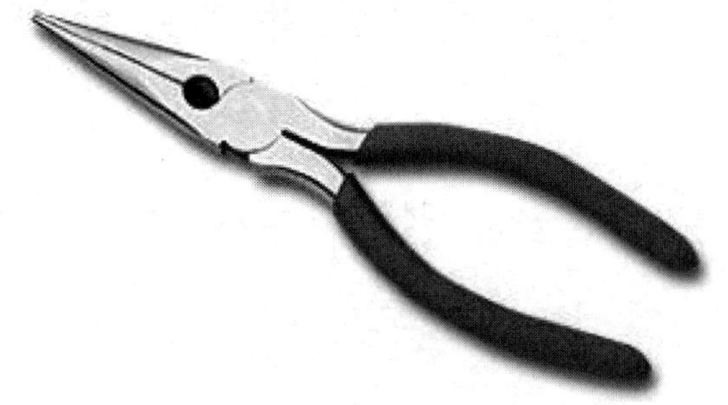

项目图 6-7　尖嘴钳

尖嘴钳一般用右手操作，在使用时握住尖嘴钳的两个手柄，开始夹捏或剪切工作。在使用时注意刃口不要夹到手，使用完放回原处，不使用时应在表面涂上润滑防锈油。

3. 镊子

镊子是用于夹取块状物、金属颗粒及其他细小东西的一种工具，如项目图6-8所示，可用于夹持导线、元件及集成电路引脚等，适合在狭小空间进行夹取操作。

用手捏住镊子两侧，对准目标物，用镊头夹住目标物，均匀用力地将其平稳取出，注意角度，不要让目标物从镊头滑落。

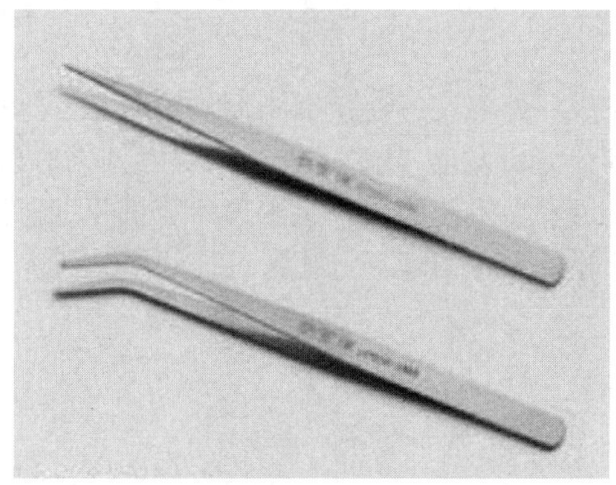

项目图 6-8　镊子

任务3　装配培训与指导（☆）

为了提高装配调试效率，提升产品质量，减少失误和事故，应对装配人员进行有针对性的培训。

1. 培训内容

（1）了解产品的基本构造。
（2）掌握各种工具的正确使用方法。
（3）掌握装配流程中每个工序所规定的正确操作方法。
（4）能读懂产品说明书等技术参考文档。
（5）能正确识别物料的名称、数量及状态。
（6）能够区分良品与不良品。
（7）能够对产品进行质量检测。

2. 装配注意事项

（1）工作时间不允许闲谈，工装穿戴要整齐。
（2）尊重领导，服从指挥。
（3）勤学好问，不要蛮干。
（4）装配前检查工具、物料是否正确、齐全。
（5）检查是否已切断电源，释放身体静电，切不可带电作业。
（6）装配结束后要将工作台清理干净，装好工具以免丢失。
（7）要有责任感和质量意识。

任务4　质量检测和调试操作培训与指导（☆）

产品装配完成后，要对产品进行质量检测和调试操作，以确保产品符合质量标准并能够满足用户需求。

1. 开机检测

当计算机主机装配完成，外部设备连接完毕后，接通显示器和主机的电源并按下主机上的电源开关。可以听到计算机发出“嘀”的一声，还会听到 CPU 风扇和电源风扇转动的声音。正常启动计算机后，显示器的屏幕上出现计算机开机自检画面，表示计算机主机各部件工作正常。如果计算机未正常运行，那么可按照组装计算机的流程重新检查并进行调试操作。

2. 调试方法

1）插拔法

有些故障是由部件松动与插槽接触不良，或者连接的用于扩展功能的新硬件与系统不匹配引起的，可用插拔法进行调试，其操作步骤如下。

（1）先关机断电，释放身体静电，再将可疑部件拔出，然后重新正确插入，加电开机，观察故障是否排除。

（2）将可能引起故障的部件逐一拔下，每拔一个都要观察计算机的运行情况，以此确定故障源。

2）交换法

在计算机硬件故障调试过程中，如果怀疑某个部件可能有问题，而且身边有硬件型号相同的计算机，可以使用交换法快速对故障源进行确定。交换法主要有以下两种方式。

方式一：用正常的部件替换可能有故障的部件，将正常部件安装到故障计算机上，若计算机恢复正常，则说明故障源确实是被替换的部件。

方式二：将可能有故障的部件安装到能正常工作的计算机上，若计算机不再正常工作，则说明故障源确实是这个新安装的部件。

3）最小系统法

最小系统法是指在计算机启动时只安装最基本的设备，包括 CPU、显卡和内存，连接显示器和键盘，若计算机能正常启动，则说明核心部件没有问题，然后依次加上其他设备，每次添加设备都要观察计算机的运行情况，以此确定故障源。

一般在开机后系统没有任何反应的情况下，可使用最小系统法。若系统不能启动并发出报警声，则很可能是核心部件发生故障，可通过报警声来定位故障。

4）清洁法

若计算机在比较差（如灰尘多、温度和湿度比较高等）的环境中运行，则很容易产生故障。针对这种情况可采用清洁法进行调试和维护，其操作步骤如下。

（1）使用软刷清理主机内部的灰尘，尤其是 CPU 风扇特别容易积灰尘，可将其拆卸下来，仔细清理 CPU 风扇叶片和散热片缝隙处。

（2）可将 CPU 与散热片上老化的硅脂擦拭干净，均匀地涂抹一层新硅脂。

（3）使用橡皮擦拭部件的金手指，解决因氧化而导致的问题。

5）诊断程序测试法

通过诊断程序对计算机进行检测，常用的两种诊断程序是主板 BIOS 中的 POST（Power

On Self Test，加电自检）程序和高级诊断软件。

POST 程序在计算机启动后会针对计算机硬件，如 CPU、主板、存储器等，进行检测，结果会显示在硬件可以控制的输出接口设备（如显示屏、打印机等）上。根据检测结果分析故障原因。

高级诊断软件实际上是系统原理和逻辑的集合，用高级诊断软件对计算机进行测试，即用计算机公司专门为检查、诊断计算机而编制的软件来帮助查找故障原因，如果发现问题所在，要尽量了解故障所在范围，并且范围越小越好，这样才便于寻找故障原因和排除故障。

反侵权盗版声明

举报电话：(010)88254396；(010)88258888

传　　真：(010)88254397

E-mail：dbqq@phei.com.cn

通信地址：北京市万寿路 173 信箱　电子工业出版社总编办公室

邮　　编：100036